U0170193

〔美〕乔治·伽莫夫 著

石若琳 译

从一到无穷大

科学中的事实和臆测

One Two Three ... Infinity

·杭州·

图书在版编目(CIP)数据

从一到无穷大：科学中的事实和臆测 /（美）乔治·伽莫夫著；石若琳译. —杭州：浙江工商大学出版社，2023.8

ISBN 978-7-5178-5310-7

Ⅰ. ①从… Ⅱ. ①乔… ②石… Ⅲ. ①自然科学—明普及读物 Ⅳ. ①N49

中国国家版本馆 CIP 数据核字(2023)第 014314 号

从一到无穷大：科学中的事实和臆测

CONG YI DAO WUQIONG DA：KEXUE ZHONG DE SHISHI HE YICE

〔美〕乔治·伽莫夫 著；石若琳 译

责任编辑 郑 建 徐 凌

责任校对 沈黎鹏

封面设计 Lika

责任印制 包建辉

出版发行 浙江工商大学出版社

（杭州市教工路 198 号 邮政编码 310012）

（E-mail：zjgsupress@163.com）

（网址：http://www.zjgsupress.com）

电话：0571-88904980，88831806（传真）

排 版 北京琦字文化传播有限公司

印 刷 北京盛通印刷股份有限公司

开 本 710mm × 1000mm 1/16

印 张 18.25

字 数 257 千

版 印 次 2023 年 8 月第 1 版 2023 年 8 月第 1 次印刷

书 号 ISBN 978-7-5178-5310-7

定 价 50.00 元

“是时候了，”海象说，“来聊聊吧。”……

——刘易斯·卡罗尔《爱丽丝镜中奇遇记》

前　言

原子、恒星和星云是怎么形成的？熵和基因又是什么？空间可不可以弯曲？火箭的喷口为什么收缩？我们会在本书中一一解答，当然还有其他有意思的主题。

最初，我想搜集最为有趣的现代科学常识和理论编入书中，能让读者和科学家一样，对宇宙微观和宏观的两个表现方面有一个总体的了解。在实现这个宏大计划的同时，我并不想做到面面俱到、逐一赘述，以免写出一本卷帙浩繁的百科全书。所以书中讲到的主题都经过精挑细选，涵盖基本科学知识的各个领域，尽量不会有遗漏的地方。

所有的主题都是根据其重要性和趣味性来挑选的，而并不是一味地寻求简单，所以各章节的内容难易程度也必然不同。比较简单的章节可能小孩都能看懂，但是有的章节需要潜心研读才能领会。希望就算是非科学领域的读者，在阅读过程中也不会觉得生僻晦涩。

你可以注意到，本书的最后章节重点讨论“宏观宇宙”，这部分内容的篇幅相较“微观世界”短很多。主要因为我在《太阳的诞生和灭亡》（*The Birth and Death of the Sun*）和《地球传记》（*Biography of the Earth*）[①] 两本书中，已对宏观宇宙的诸多问题进行了详细描述，本书再做任何细节的重复都显得多余。因此在这一部分，我只概述

① 两本书均由维京出版社出版（纽约），分别出版于 1940 年、1941 年。

了行星、恒星、星云的物理常识和运行规律，只有在讨论近几年科学知识的进步所带来的新问题时，才会展开详细介绍。基于此，我们主要研究两个新观点：一个关于恒星大爆炸——“超新星”，由目前所知物理界的最小粒子，也就是所谓的“中粒子”造成；另一个则关于最新的行星理论，它否定了现在我们普遍认同的观点，即行星是太阳和其他恒星碰撞的产物，重新肯定了康德和拉普拉斯[①]原来的观点，让这个几乎被人遗忘的理论重回大众视野。

我想借此机会，感谢很多艺术家和插图画家，通过拓扑变换你们的作品，才有了本书中点缀文字的插图（详见第二部分第三章）。最想要感谢的是玛丽娜·冯·诺依曼小朋友，在她看来，除了数学，她和她著名的父亲冯·诺依曼[②]不相伯仲，在其他学科上，她懂得都更多。她最先读了本书的原稿，告诉我其中她不能理解的地方，我才放弃了把这本书当作儿童科普读物的想法。

乔治·伽莫夫

1946年12月1日

① 康德和拉普拉斯提出的星云说是最早的、科学的天体演化学说。——译注

② 美籍匈牙利数学家、计算机科学家、物理学家，20世纪最重要的数学家之一。——译注

1961年版前言

大多数科学方面的书籍，在出版发行几年后都会过时，特别是关于迅速发展的科学分支的书。从这个角度来说，很幸运，我在13年前首次出版的《从一到无穷大》没有沦落至此。这本书基于当时科学界很多新的重大发现，并将这些内容囊括其中。所以为了让书中的内容跟上时代的步伐，我对某些地方进行了修改和补充。

其中，最重要的科技进步就是科学家们通过氢弹爆炸的热核反应，成功释放了原子能，朝着热核反应过程中的可控能量释放又迈进了一步。在本书第一版的第十一章，我们讲到了热核聚变的原理以及其在天体物理学中的应用，我们在本书第七章末添加的内容很好地概述了这方面的最新成果。

除此之外，还有其他新的发现，包括估算的宇宙年龄从原来的20亿—30亿年增加到了50亿年以上。另外，借助加利福尼亚帕洛马山上的200英寸（注：约5米）的海尔望远镜，我们完成了最新的天文距离尺度的修订。

根据生化领域的新进展，我重新绘制了图101，修改了相关内容，并在第九章末尾增加了简单生命体合成的新内容。在第一版我写道："没错，在生命和非生命物质之间有一个过渡步骤，有一天——也许就在不久的将来——某位卓越的生物化学家能够用普通的化学元素合成病毒分子，由此宣告：'我为死亡物质带来了生命！'"几年前，加利福尼亚的科学家真的完成了，或者差不多完成了这一壮举。在第九章末，我们也会简要讲到相关研究的内容。

新版还有一个变动，我在第一版的扉页写了题献："献给我梦想成为牛仔的儿子伊戈尔。"很多读者写信问我，伊戈尔的梦想实现了吗？答案是否定的，他大学主修生物，明年夏天就要毕业了，打算从事基因研究工作。

乔治 · 伽莫夫

科罗拉多大学

1960 年 11 月

目　录

第一部分　数字游戏

第二部分　空间、时间和爱因斯坦

第三部分 微观世界

第四部分　宏观宇宙

第一部分

数 字 游 戏

第一章　大数字

1. 你最多能数到几

有这么一个故事：两个匈牙利贵族决定玩一个游戏，谁说出来的数字最大就算谁赢。

“来吧，”其中一个说，“你先说。”

另一个贵族经过一番冥思苦想，才说出来他能想到的最大的数字。

“3。”他说。

现在轮到第一个贵族为难了，他绞尽脑汁憋了足有一刻钟，最后还是选择了放弃。

“你赢了。”他输得心服口服。

可能碰巧这两个匈牙利贵族没什么学识[①]，也可能整个故事是对他们的蓄意污蔑。就算不是匈牙利人，霍屯督人[②]之间肯定也有过类似的对话。据资深的非洲探险家说，许多霍屯督部落的语言中没有大过 3 的数字。如果你问任何一个当地部落的居民，他有几个孩子，或者手刃了几个敌人，只要数字超过 3，他们肯定会统一回答“许多”。也就是说，霍屯督人，哪怕是最骁勇善战的勇士，在数数方面也比不过美国的幼儿园小孩儿，毕竟这些小孩儿能够轻而易举地数到 10。

如今，我们早已习惯了大数字的书写，想写多大就能够写多大——无论

① 还有一个类似的故事：一群匈牙利贵族相约攀登阿尔卑斯山，却在远足途中迷了路。其中一个贵族掏出地图，钻研了良久之后向大家宣布：“我知道我们在哪了！”“在哪？”其他人急切地问。“看见前面那座大山了吗？我们就在它的山顶上。”

② Hottentots，旧称，南部非洲的土著居民。现一般称 Khoekhoe，科伊科伊人。——编者注

是用美分计算军费，还是用英寸丈量恒星间的距离——只要在某个数字后面加上足够的 0 就可以了。你可以不断加 0，写到手酸，不知不觉中你写出的数字就能比宇宙中原子的数量还要多。顺便说一下，宇宙①中原子的数量是 300 000 000 000 000 000 000 000 000 000 000 000 000 000 000 000 000 000 000 000 000 000 000 000 000 000。②

也可以简写成：3×10^{74}。

10 的右上角写有“74”，表示这是 10 的 74 次方，即在 1 后面有 74 个 0。也就是说宇宙中原子的数量是 3 和 74 个 10 连乘所得的数。

但是古人不懂这种“简易计数”法，事实上，这种计数方法是在不到 2000 年以前，印度一位数学家发明的。这位数学家的姓名我们已无从考证，在他这一伟大发明之前——这确实是个伟大的发明，尽管我们通常不会去想它的伟大之处——十进制中的每一位数都是用特定的符号来替代，要写出这一位上的数字是几，就要重复几遍这个符号。比如，古埃及的 8732 是这么写的：

而恺撒③大帝时期的文官会把这个数字写成下面这样：

MMMMMMMMDCCXXXII

后面的这组符号你肯定觉得很眼熟，因为直到现在，还会有一些地方使用罗马数字——比如记录书的卷数、章节，或者在气派的纪念碑上篆刻某个历史事件的时间。鉴于古人所需要记录的数字超不过几千，那个时候根本没有千位数以上的数字符号。所以哪怕是最精通数学的罗马人，如果要求他写出“100 万”来，他也会手足无措。他充其量也就能连续写 1000 个“M”来

① 目前最大的望远镜所能观测到的范围内。

② 根据科学家的最新估算，宇宙原子数量约为 10^{82} 个。——编者注

③ 罗马共和国末期杰出的军事统帅、政治家。——译注

代表 100 万，又费时又费力（如图 1 所示）。

图 1

一个穿着类似于盖乌斯·尤利乌斯·恺撒时期的罗马人，试图用罗马数字写出“100 万”。用这种方式就算写满整个墙板，连“10 万”也写不到

对于古人来说，那些特别大的数字都是“不可数”的，比如夜空中有多少星星，大海里有多少条鱼，抑或是海滩上有多少颗沙粒。就像霍屯督人没法数到“5”，只能用“许多”来表示这一数量。

公元前 3 世纪，著名的数学家阿基米德①（Archimedes）凭借其卓越的才识，在当时提出了书写大数字的方法。在他的著作《数沙者》（*The Psammites*，或叫 *Sand Reckoner*）中，阿基米德制定出了一种计算地球上所有海滩上的沙粒数目的方法：

有人认为沙子的数量是无限大的、数不清的；我这里所说的沙子不

① 伟大的古希腊哲学家、百科式科学家，在数学、物理力学方面贡献卓越，静态力学和流体静力学的奠基人，并且享有“力学之父”的美称。阿基米德、高斯和牛顿并列为世界三大数学家。——译注

> 仅限于西拉丘兹或者整个西西里岛，而是地球上所有的沙粒，不管这个地方是否有人居住。也有人认为沙子的数量是固定的，但是我们没有一个足够大的数字能够将这个数量描绘出来。如果假设地球是一个大沙子堆，所有的大海和沟壑都被沙子填满，一直填到最高的山峰那么高，那么持有这种观点的人更可以拍着胸脯保证，比沙子的数量还大的数字，是没有办法用语言或者符号表示出来的。我想说的是，我的方法不仅能表示出上述地球上所有沙子的数量，哪怕是整个宇宙中沙子的数量，都大不过我写的数字。

阿基米德在《数沙者》中所描述的书写大数字的方法，和我们当代的科学计数法已经很接近了。他先使用了古希腊算术中的最大数字“Myriad”，表示1万；然后介绍了自己新创造的数字“Myriad Myriad”，1万个1万，即1亿，并用“An Octade”表示，作为第二级计数单位；第三级计数单位为“Octade Octades”，即1亿个1亿；第四级计数单位为“Octade Octade Octades”。以此类推。

在我们看来，写出一个大数字实在不用这么大动干戈，占用书上好几页篇幅。但是在阿基米德那个时代，这不仅是一项伟大的发明，更为数学的发展掀开了新的篇章。

为了计算出到底需要多少颗沙粒才能把宇宙填满，阿基米德首先要弄清楚宇宙究竟有多大。在那个时代，人们认为整个宇宙都包裹在一个水晶球里，球体表面镶嵌着繁星。同时期萨摩斯的天文学家阿利斯塔克斯（Aristarchus）估算出地球到水晶球边缘的距离大约为10 000 000 000视距①，即大约1 000 000英里。

结合宇宙的大小和沙粒的尺寸，阿基米德进行了一系列令当代高中生头大的计算，最终得出结论：

---

① 古希腊的1视距相当于606英尺零6英寸，约188米。——译注

> 根据阿利斯塔克斯所估算出的宇宙大小，要将其填满，所需要的沙子数量不超过一千万个第八级计数单位。①

值得注意的是，阿基米德估算出的宇宙半径比当今科学家们所观测出的数字要小得多。10 亿英里的距离，也就比地球到土星的距离多一点。在后文中我们还会讲到，目前望远镜的观测范围大概是 5 000 000 000 000 000 000 000 英里，要填满可以观测到的宇宙，需要的沙子数将超过 10^{100}（即 1 后面有 100 个 0）粒。

和本章开头讲到的宇宙中的原子数量 3×10^{74} 相比，这个数字要大得多。但我们不能忽视一点，那就是宇宙并不是由原子堆砌而成的；实际上，宇宙空间每立方米大约包含 1 个原子。

要用到大数字，我们不必大费周折把宇宙用沙子填满。其实，很多乍一看非常简单，似乎答案就在几千之内的问题，往往会涉及很大的数字。

比如印度的舍罕王（Shirham），就曾深受其害。传说当时的大维齐尔②西萨·本·达希尔（Sissa Ben Dahir）将自己发明的象棋献给了舍罕王，舍罕王龙颜大悦要奖赏他一番。聪明的大维齐尔想要的奖赏似乎并不多。"陛下，"他跪在舍罕王面前说，"能不能在棋盘的第一个格子里放 1 粒小麦，第二个格子里放 2 粒，第三个格子里放 4 粒，第四个格子里放 8 粒，在每一个次序的格子中放的麦粒都必须是前一个格子中麦粒数目的 2 倍。亲爱的陛下，我想要的奖赏就是可以把 64 个格子都装满的小麦。"

"我忠诚的臣仆，你想要的并不多。"舍罕王大声宣布。同时暗自窃喜，大臣把这么有意思的游戏献给自己，用这种方式让他选择赏赐，既彰显了君

① 按照我们的计数方法，1000 万个第八级单位就是：1000 万（10 000 000）× 第二级单位（100 000 000）× 第三级单位（100 000 000）× 第四级单位（100 000 000）× 第五级单位（100 000 000）× 第六级单位（100 000 000）× 第七级单位（100 000 000）× 第八级单位（100 000 000），也可以简写成 10^{63}（1 后面有 63 个 0）。

② 伊斯兰国家历史上对宫廷大臣或宰相的称谓。——译注

王的慷慨，又不至于破费太多。“我当然会答应你谦卑的请求。”说着舍罕王令侍卫取来一袋麦子。

计算开始了，第一个格子里放1粒小麦，第二个格子里放2粒，第三个格子里放4粒……就这样放着放着，第二十个格子还没填满，一袋小麦已经见底了。舍罕王下令拿来了一袋又一袋小麦，但是每个格子需要的小麦越来越多。很快舍罕王就意识到，就算倾尽全印度的小麦，也没有办法兑现自己的承诺。要满足西萨·本·达希尔的请求，足足需要18 446 744 073 709 551 615粒小麦！①

图2

高明的大维齐尔西萨·本·达希尔精通数学运算，他在向印度舍罕王索要奖赏

① 这位聪明的大维齐尔索要的小麦数量，可以用以下公式表示：

$$1+2+2^2+2^3+2^4+\cdots+2^{62}+2^{63}$$

在数学运算中，如果一连串的数字以相同倍数（这里的倍数是2）增长，这些排列在一起的数字就叫作等比数列，相邻两项的比叫作数列的公比。等比数列的和为最后一项（2^{63}）乘以公比（2）减去第一项（1），再比上公比减1（2–1=1），即：

$$\frac{2^{63}\times 2-1}{2-1}=2^{64}-1$$

通过计算，上面的公式值等于18 446 744 073 709 551 615。

尽管比不上宇宙中的原子数量，但这个数也够大了。假设 1 蒲式耳[①]的小麦是 5 000 000 粒，要满足西萨 · 本 · 达希尔的请求，需要 4 万亿蒲式耳的小麦。全世界范围内小麦平均年产量也不过 2 000 000 000 蒲式耳，这么算下来，大维齐尔要的小麦数量相当于全球 2000 年小麦的总产量！

就这样，舍罕王意识到自己欠了大维齐尔一大笔钱，他只有两个选择：慢慢还债，或者杀了他一了百了。我们猜想他肯定选择了后者。

关于大数字还有一个故事，也源于印度，这是一个关于“世界末日”的问题。爱好数学的史学家 W.W.R. 鲍尔（W.W.R.Ball）在他的书中写道：[②]

> 贝拿勒斯神殿的穹顶下，是世界的中心。那里摆放着一块黄铜板，铜板上有 3 根金刚石针，每根针都差不多 1 腕尺高（一个希腊腕尺近似于 18.22 英寸，约 46.38 厘米），像蜜蜂身体那么粗。梵天在每根金刚石针上都放了 64 片纯金圆盘，挨着铜板的最大，从下到上越来越小，这就是梵天塔。根据神的要求，每天值班的僧侣要把这些金盘从一根金刚石针转移到另一根金刚石针上，夜以继日，不能停歇。并且每次只能移动一片金盘，而且不论在哪根针上，必须是大盘在下，小盘在上。当所有 64 片金盘都从梵天创造世界时所放的那根针上移到另一根针上时，神塔、寺庙、婆罗门信徒都会化作尘埃，随着一声巨响消失无影，世界末日就要到来。

图 3 为我们描绘出了故事中的场景，只是金盘画得不够多。你也可以用普通的硬纸板和铁钉来代替金盘和金刚石针，做成类似的玩具，自己试着解开这个印度传说中的谜题。找到金盘的移动规律并不难，每片金盘的移动次数都是前一片的 2 倍。第一片最小的金盘只需要移动 1 次，但是后面金盘的

---

① 蒲式耳，欧美容量和重量单位。在美国，1 蒲式耳相当于 35.238 升，约 27.22 千克。——编者注

② W. W. R. 鲍尔，《数学游戏与欣赏》（麦克米伦出版社，纽约，1939 年）。

移动次数按照几何级数递增。所以当 64 片金盘全都移到另一根针上时，移动的总次数将和西萨 · 本 · 达希尔想要的麦粒数一样多。①

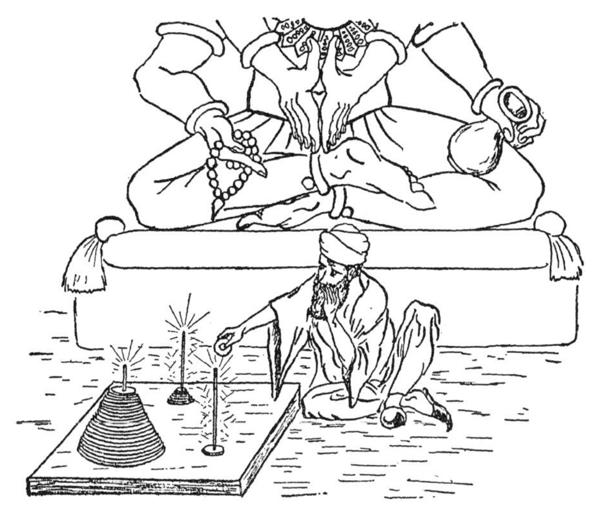

图 3

在巨大的梵天像前，一名僧侣正在解决“世界末日”的问题。因为画起来困难，图中的金盘不到 64 片

将梵天塔的金盘从一根针上移动到另一根针上到底需要多久？哪怕负责做这项工作的僧侣不分昼夜地工作，一年四季都不停歇，且保持每秒钟移动一次金盘的速度，我们知道一年有大约 31 558 000 秒，那么要完成这项任务一共需要 5800 亿年多一点儿。

有意思的是，我们可以把传说中关于世界末日的预言与当今科学所预测的宇宙年龄进行比较。根据当今宇宙进化理论，恒星、太阳，以及包括地球

① 如果我们只有 7 片金盘，则需要移动：

$$1+2^1+2^2+2^3+\cdots+2^6\text{，或者}$$

$$2^7-1=2\times2\times2\times2\times2\times2\times2-1=127$$

如果你移动金盘的速度够快，而且不会犯错，这也需要一整个小时才能完成。而 64 片金盘需要移动的次数为：

$$2^{64}-1=18\ 446\ 744\ 073\ 709\ 551\ 615$$

这和西萨 · 本 · 达希尔想要的麦粒数一样多。

在内的所有行星都是大约 30 亿年前从一片混沌演变而来。[①] 我们还知道，让恒星，特别是太阳持续燃烧的“原子燃料”（太阳的主要组成部分就是氢和氦）足以继续维持 100 亿—150 亿年（详见章节“初创之日”）。由此可知，整个宇宙的寿命必然小于 200 亿年，和印度神话里的 5800 亿年更是没法比较！当然，这只是个传说！

文献中可考证的最大数字，可能和著名的“印刷行数问题”有关。假设我们制造出一台能持续工作的印刷机，这台机器可以每一行自动选择字母表中的字母和符号，然后一行接着一行地印刷。那么这台机器肯定是由许多单独的圆盘组成的，每个圆盘的边缘都刻着所有会用到的字母和符号。这些圆盘和汽车里程表上的数字圆盘类似，都是边缘相互扣合，这样后面的圆盘每转动一圈，前面的圆盘就会转动一格，整卷的纸会随着印刷自动卷入。制作一台这样的全自动印刷机并不难，它的整体形态大致如图 4 所示。

启动印刷机，看看它不停地运作能印出什么。大部分印出的内容都是不知所云，类似于下面这样：

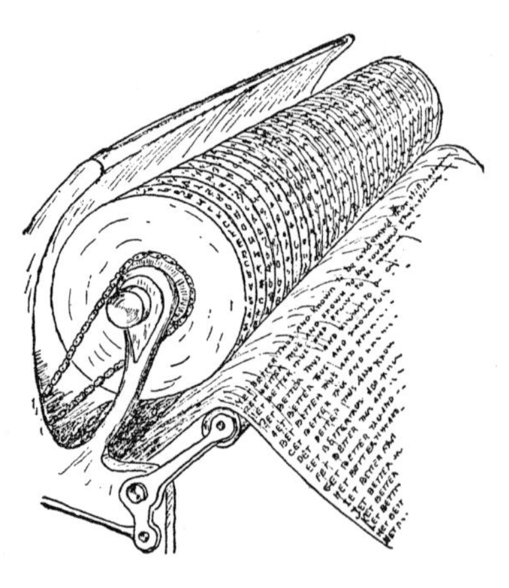

图 4
一台自动印刷机准确地印刷出了一行莎士比亚的诗

“aaaaaaaaaaa⋯”

或者

“booboobooboobo⋯”

抑或者：

“zawkporpkossscilm⋯”

不过由于这台印刷机能随意组合字母和符号，印出所有可能的词句，在这些颠三倒四的话语中，还是有一些有意义的句子的。当然，也有很多句子完全词不达意，比如：

“马有 6 条腿和……”

① 根据目前主流的“宇宙大爆炸”的观点，宇宙诞生于约 130 亿年前，太阳系的形成时间约在 45 亿年前；预计的宇宙寿命还有 240 亿年左右。——编者注

或者

“我喜欢吃松脂煲苹果……”

但是如果仔细寻找，还能找到莎士比亚的作品被印刷了出来，甚至那些莎士比亚扔了的草稿！

实际上，如果一直印刷下去，这台印刷机可以印出自人类发明文字以来，写过的所有词句：每一行的散文和诗歌、各种报纸上的社论和广告、每一部沉闷的科技专著、每一封情书、每一张留给送奶工的纸条……

同时，印刷机还能印出未来几百年后可能创作的作品。从圆形转盘里转出的纸张上，我们可以看到 30 世纪的诗歌、未来新的科学发现、第 500 届美国国会上的演讲稿，以及未来 2344 年行星际间的交通事故明细等。还可能印刷出满篇还没有创作出来的小故事或者长篇小说，这样一来，出版商只要在自家的地下室里放上一台这种印刷机，从成堆的印刷垃圾中挑选编辑一些佳作就可以——其实，这和他们现在的工作也没什么差别。

为什么不能这样做呢？

我们先来计算一下，要将所有可以用到的字母和符号的所有组合都打印出来，需要印多少行呢？

英文字母表里有 26 个字母，还会用到 10 个数字（0，1，2，3，4，5，6，7，8，9）和 14 个常用的标点符号（空格、逗号、句号、冒号、分号、问号、感叹号、破折号、连接号、引号、省略号、方括号、圆括号和大括号），这总共是 50 个符号。假设印刷机有 65 个齿轮，对应每行印刷的 65 个位置。每行印刷的第一个符号可以有 50 个不同选择，第二个符号也将有 50 个选择，这一共就是 $50 \times 50=2500$ 种可能。根据前两个符号的不同组合，第三个符号又有 50 个不同选择，后面的符号也是这样。以此类推，第一行中不同符号任意组合次数可以写成：$50 \times 50 \times 50 \times \cdots \times 50$。一共是 65 个 50 相乘，也可以写成 50^{65}，这个数字相当于 10^{110}。

要体会到这个数字究竟有多大，我们可以假设宇宙中的每一个原子都是一台印刷机，那么我们一共有 3×10^{74} 台印刷机在同时工作，再试想这些印刷机自宇宙诞生起就开始工作，到现在这些机器已经运作了30亿年，或者10^{17}秒。如果这些印刷机的工作速度相当于原子振动的频率，也就是每秒能印刷10^{15}行。那么到现在，这些印刷机一共印出了$3\times10^{74}\times10^{17}\times10^{15}=3\times10^{106}$行——仅仅完成了总工作量的三千分之一。

由此可见，要从这些随即打印的稿件中挑选材料，要花很长很长的时间！

2. 数学中的无穷大

上一部分，我们讲到了数字，以及很多大数字。尽管这些大数字和西萨·本·达希尔要的小麦数一样，大到我们难以想象，但这些数字都是有限的，只要时间足够，任何人都能悉数写到最后一位。

但是有一些无穷大的数字，无论我们写多久都不可能写完。比如“所有数字的数量”肯定是无穷的，“一条线上所有几何点的数量”肯定也是无穷的。除了无穷大，这些数字还有什么其他特点呢？或者，我们能不能试着比较两组无穷大的数字，看看哪组数量更多呢？

我们可以试想一下，“所有数字的数量和一条线上所有几何点的数量比较，哪个数字更大？”这个问题乍一看似乎是天方夜谭，但却引起了德国著名数学家格奥尔格·康托尔（Georg Cantor）的思考，他由此创造了“超穷数理论”。

如果想比较两组无穷数的大小，我们的首要难题就是这些数字既难以名状，又不能悉数写下来。这就好比霍屯督人打开自己的宝箱，想看看自己的财宝中是玻璃珠多还是铜币多。前面我们讲过，霍屯督人最多只能数到3。因为不会数，他就要放弃比较自己所拥有的玻璃珠和铜币的数量了吗？大可不必，只要他够聪明，把玻璃珠和铜币一一比较，就能得到答案。他要做的就是在每个玻璃珠旁放一枚铜币，以此类推……如果最后玻璃珠没了，还有铜币，那他的铜币就比玻璃珠多；如果最后铜币没了，还剩下玻璃珠，那玻璃珠就更多。如果二者同时用完，那么他拥有的玻璃珠和铜币一样多。

图 5

一名非洲土著和格奥尔格·康托尔教授一样，比较的数量都超出了他们的计算范围

在比较两组无穷大的数量时，康托尔也用到了同样的方法：如果把两组无穷大的数字进行配对，使一组中的每一个数字都对应另一组中的数字，如果所有数字都能一一对应，那么这两组无穷大的数量一样多；但是，如果两组数字不能这样进行匹配，或者其中一组有剩下的数字，那么这组无穷大的数字更多，或者说这组无穷数比另一组更大。

在比较无穷数量的时候，这无疑是最合理，也是唯一可行的办法。但是，一经比较你就会发现，结果往往会让你大吃一惊。以所有的偶数集合和奇数集合为例，我们理所应当地认为所有的偶数和奇数的数量是相等的，通过刚才讲到的方法我们也会得到这个结论，偶数和奇数可以一一对应如下：

1	3	5	7	9	11	13	15	17	19	等等
↕	↕	↕	↕	↕	↕	↕	↕	↕	↕	
2	4	6	8	10	12	14	16	18	20	等等

通过这个表格可以看出，每个奇数都有一个偶数对应，反之亦然。因此，偶数的数量和奇数的数量是两个一样大的无穷数。似乎我们很轻易地就能得到这个结论。

但是等等，你觉得哪个无穷数更大：是包含了奇数和偶数在内的所有数字，还是所有的偶数？你肯定会觉得所有数字的数量更大，因为这里面不仅包含了所有偶数，还有所有的奇数。但这只是你的直觉，想得到正确的答案我们还是要通过上面的方法，把两个无穷大的数字逐一对比。令人吃惊的是，这样得到的结果和我们想的并不一样。下表中一侧是所有的数字，另一侧是所有的偶数，并将它们逐一对应：

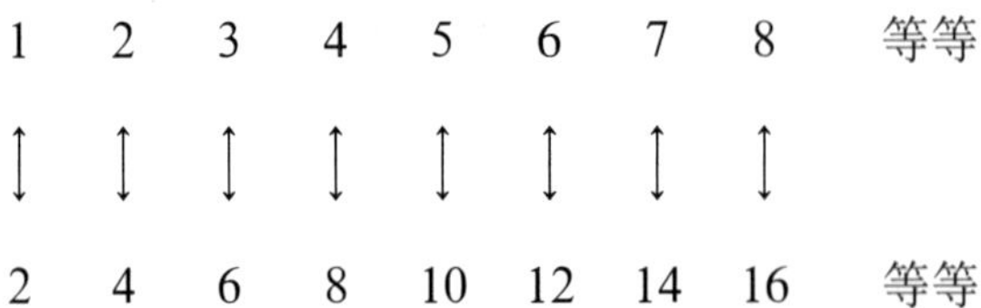

1	2	3	4	5	6	7	8	等等
↕	↕	↕	↕	↕	↕	↕	↕	
2	4	6	8	10	12	14	16	等等

根据无穷数的比较原则，偶数的数量和所有数字的数量都是一样大的无穷数。这样听起来似乎很矛盾，毕竟偶数只是所有数字的一部分，但是不要忘了我们讨论的是无穷数，无穷数有着不一样的特点。

实际上，无穷数中的部分是可能和整体一样多的！这方面最好的例证，就是德国著名数学家戴维·希尔伯特（David Hilbert）的一个故事。在他的演讲中，曾这样描述过无穷数字自相矛盾的特性：[①]

> 假设某旅馆中有一定数量的房间。现在所有的房间都已经住满了，但又来了一位想要住店的旅客。“实在是抱歉，”旅馆老板说，“已经没有空房间了。”现在假设一家旅馆有无穷多间客房，所有的房间也都住满了。这里也来了一位想住店的旅客。

① 摘自理查德·科朗特（Richard Courant）讲述的《希尔伯特故事全集》，该书从未出版，甚至并不存在，但是这些故事却广为流传。

“当然可以！”旅馆老板说着，忙把住在N1号房的客人安排到了N2号房，又把N2号房的客人安排到N3号房，以此类推……就这样，把腾出来的N1号房给新来的客人住。

现在还是假设有一家旅馆有无穷间客房，并且所有的房间都住满了。又来了无穷个新客人想要住店。

“没问题，先生们！”旅馆老板说，“稍等片刻。”

他把N1号房的客人安排到N2号房，N2号房的安排到N4号房，N3号房的安排到N6号房，以此类推……

现在所有的奇数房间都空了出来，新来的无穷个客人都能轻松入住了。

哪怕是在战乱中的华盛顿，也很难想象出希尔伯特故事中的情节。但这个故事充分说明了和普通数字相比，无穷数有不同的特点。

根据康托尔的无穷数比较法则，我们可以证明像$\frac{3}{7}$或$\frac{735}{8}$这类简分数和所有整数的数量是一样多的。实际上我们可以根据下面的规则排列所有的分数：先写出分子与分母的和为2的分数，这样的分数只有一个，即$\frac{1}{1}$；再写出分子和分母的和为3的分数，即$\frac{2}{1}$和$\frac{1}{2}$；然后写出和为4的分数，即$\frac{3}{1}$，$\frac{2}{2}$和$\frac{1}{3}$。按照这个规律继续写，我们将得到一个无穷的分数集，里面包含所有能想到的分数（如图5所示）。现在我们在分数集的上方对应写出所有的整数，可以发现无穷大的整数和无穷大的分数之间的对应关系，由此可知这两个无穷的数目相同！

“嗯，这些方法不错。”你可能会说，“但是这不就更说明了所有的无穷数都是一样多的吗？既然这样，把这些无穷数比来比去有什么意义呢？”

不，这么想是错的。实际上，我们可以轻易找出比所有整数或者分数数量更多的无穷数。

现在我们一起来回顾一下本章开头提到的问题，把线上点的数量和所有的整数比较，会发现这两组无穷数并不一样多。线上的点比所有的整数或者分数都多。要证明这一点，我们还使用上面的方法，把线上的点（假设这条线段长 1 英尺，即 30.48 厘米）和整数一一对应。

线段上的每个点都可以表示成线段一端到这个点的距离，这个距离可以写成一个无限小数，比如 0.735 062 478 005 6…或者 0.382 503 756 32…。[①]这样我们就可以把所有的整数数量和无限小数的数量进行比较。那么，这里的无限小数和刚才提到的诸如$\frac{3}{7}$或者$\frac{8}{277}$这样的最简分数有什么区别呢？

我们在数学课中学过，最简分数可以转换成无限循环小数。因此，$\frac{2}{3}=0.666\,66\cdots=0.\dot{6}$，$\frac{3}{7}=0.428\,571\,428\,571\,428\,571\,4\cdots=0.\dot{4}28\,57\dot{1}$。我们已经知道了所有最简分数的数量和整数的数量一样多，那么无限循环小数的数量也和整数的数量一样多。但是线段上的点不仅有无限循环小数，更多的是无限不循环小数。而且很明显，这些小数不能和整数或者分数对应。

如果真有人能对应上，无非也是如下形式：

N	
1	0.386 025 630 78…
2	0.573 507 620 50…
3	0.993 567 532 07…
4	0.257 632 004 56…
5	0.000 053 205 62…
6	0.990 358 385 67…
7	0.555 227 305 67…
.	……………
.	……………

① 假定线段的长度为 1 英寸，所以这里列出的小数都小于数字 1。

.　...............

.　...............

.　...............

显而易见，我们不能写出无穷个带有无限小数位的数字，所以上面表格的作者，在列出这些数字的时候肯定也是基于某种规律的（就像我们根据规律列出简分数一样）。这张表格的规律，能保证所有的小数都能写到上面与整数对应。

但是，我们很容易就能发现，上面的表格是经不住推敲的，因为我们能写出很多表上没有的无限小数。怎么才能做到这一点呢？很简单，只要写出这样一个小数：小数点后第一位和不是表格中 N1 小数点后的第一位，第二位不是 N2 小数点后的第二位，以此类推，我们会得到类似这样的分数：

	不是 3	不是 7	不是 3	不是 6	不是 5	不是 6	不是 3	不是 5	…
	↓	↓	↓	↓	↓	↓	↓	↓	
0.	5	2	7	4	0	7	1	2	…

不管表格中的数有多少，肯定找不出上面的分数。如果表格的作者告诉你，你说的数字出现在表中的 137 行（或者任意一行），你可以立马反驳他：“这不可能是同一个分数，你所说的分数小数点后第 137 位和我想到的这个不一样。”

因此可知，我们没有办法把线上的点和整数一一对应，也就是说线上的点比整数和分数的数量更多、更无穷大。

我们刚才讨论的都是 1 英寸线段上的点。但根据“无穷算法”，我们可以轻而易举地证明上述理论适用于任何长度的线。事实上，不管线的长度是 1 英尺、1 英寸还是 1 英里，上面点的数量都是一样多的，要证明这点可以参考图 6。这里我们需要比较 *AB* 和 *AC* 两条不一样长的线段上点的数量。为了将两条线段上的点一一对应，我们从 *AB* 上的每一个点，向 *AC* 引 *BC* 的平行线。每条平行线与 *AB*、*AC* 的交点分别为 *D* 和 D^1，*E* 和 E^1，*F* 和

F^1……由此可知，*AB* 上的每个点在 *AC* 上都有对应的点，反之亦然。根据康托尔的无穷数比较法则，这两个无穷一样多。

通过分析无穷大，我们还会有更惊人的发现：一个平面上所有点的数量等于一条线段上所有点的数量。我们还是假设有长度为 1 英尺的线段 *AB* 和正方形 *CDEF*（如图 7 所示）。

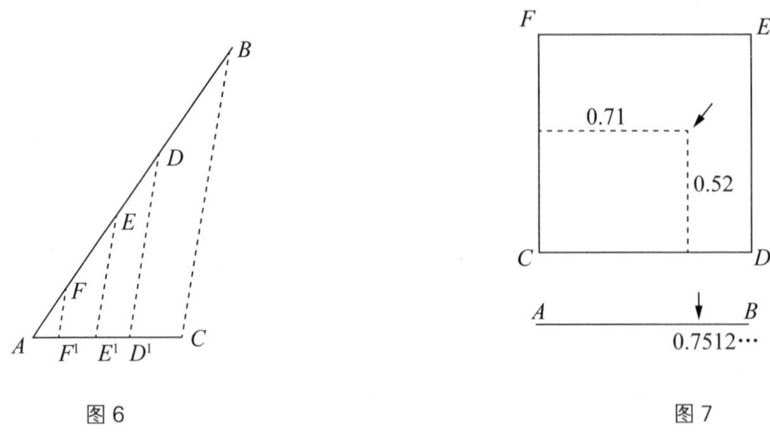

图 6　　图 7

假设线段上的每一个点都可以用特定数字表示，比如 0.751 203 86…我们可以用小数点后奇数位和偶数位上的数字组成两个新的分数。上面的例子可以分写成：

0.7108…

和

0.5236…

现在我们以正方形 *C* 点为原点，上面两个分数分别作为横坐标和纵坐标，找到线段上的点在正方形内的“对应点”。反之，如果我们在正方形内找到某点，坐标分别是：0.4835…和 0.9907…。

通过把两个分数按照上述规律组合，我们可以得到该点在线段上的对应点：0.498 930 57…。

显然，通过上面的方法我们把两组点一一对应了起来。线段上的每个点都能在正方形里找到对应点，正方形里的点也都能在线段上一一对应，不会落下。根据康托尔的无穷数比较法则，正方形内无穷个点的数量和线段上点的数量相等。

用同样的方法，我们还可以轻松证明立方体上无穷个点的数量和正方形内或者线段上无穷个点的数量相等。要进行这个实验，我们要把最开始线上的小数分成三部分[①]，再以这三个点为坐标，在正方体上找到“对应点”。并且，我们已经证明，长度不同的线段上点的数量一样多。那么大小不同的正方体或者正方形上，点的数量也一样多。

但是，尽管这些几何点比所有的整数和所有的分数的数量还多，在数学家们看来，这并不是最大的数字。事实上经研究发现，各种各样形状的曲线，包括不常见到的曲线，其数量大于几何点的数量。这也被我们称为无限序列中的第三级。

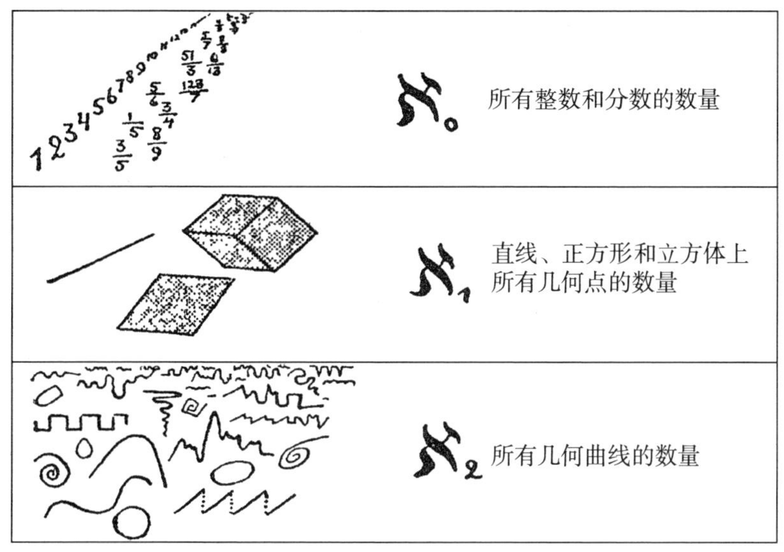

图 8
前三个无穷数

① 比如：0.735 106 822 548 312…，可以分成 0.718 53…，0.302 41…，0.562 82…。

根据“超穷数理论”创始人格奥尔格·康托尔的方法，无穷数可以用希伯来字母 ℵ（aleph）表示，在字母右下方的阿拉伯数字代表该数在无穷序列中的顺序。所有数字（包括无穷数）可以写成：

1，2，3，4，5，…，ℵ1，ℵ2，ℵ3，…

我们可以说“在一条直线上有 ℵ1 个点”，或者“所有曲线的数量为 ℵ2”。就像“世界上有 7 个大洲”“一副扑克有 52 张牌（大、小王除外）”一样。

综上所述，无穷数比我们能想到的任何数，或者任何能用的无穷集合还要多。我们已经知道 ℵ0 代表所有的整数数量，ℵ1 代表所有几何点的数量，ℵ2 代表所有曲线的数量。但是到目前为止，还没有人能用确定的无穷数定义出 ℵ3 的数量。似乎前三个无穷集可以涵盖我们能想到的任何数字，让我们和霍屯督人处于相反的境地，而这帮老朋友不管有多少孩子，都只能数到 3！

第二章　自然数和人造数

1. 最纯粹的数学

一般而言，特别是对于数学家来说，数学相当于科学界的女王。作为女王，自然会极力避免门不当户不对的联姻。比如，在某次“纯粹数学[①]与应用数学联合会议”上，有人请戴维·希尔伯特致开幕词，同时希望在他的帮助下能够借助这个机会，缓解台下两派数学家之间的敌对情绪。然而戴维·希尔伯特是这么说的：

> 总有人说，纯粹数学和应用数学之间相互敌对，实际上并非如此。纯粹数学和应用数学之间没有任何敌意，这种敌对情绪从来没有产生过，以后也不会有，因为纯粹数学和应用数学完全是两门不相干的学科，没有什么可争论的。

尽管人们追捧数学的纯粹，不愿意将它和其他学科混为一谈。但是其他学科，特别是物理学，特别喜欢和数学联系在一起，找尽机会“亲近结交”。实际上，几乎“纯粹数学”的所有分支都可以用来解释物质宇宙的特性。这其中甚至包含抽象群、非交换代数以及非欧几何[②]，通常人们认为这些分支最为纯粹，难以应用到其他地方。

但是到目前为止，有一个庞大的数学分支除了用作脑力训练外，尚未有任何实际应用，当之无愧获得“纯粹女王”之冠。这就是“数论”（研究整

① 又叫基础数学，是一门研究数学本身，不以实际应用为目的的学问。——译注

② 一般是指罗巴切夫斯基几何（双曲几何）和黎曼的椭圆几何。——译注

数的性质），它是“纯粹数学”中最为古老、复杂的分支之一。

也许看上去有些奇怪，数论作为最纯粹的数学分支，从某些角度来说，却是经验科学，或者实验科学。实际上，数论的大部分命题都源自与数字有关的各种实践，就像物理定律是在现实物体实验的基础上得来的。同时，和物理一样，有的数论命题在“数学上”得到了论证，有的还停留在经验阶段，等待着卓越的数学家解开这些谜团。

比如质数，质数是指在大于 1 的自然数中，除了 1 和它本身以外不再有其他因数的自然数，包括 1，2，3，5，7，11，13，17 等。[①] 而比如说 12，则可以分解成 2×2×3，就不是质数了，而叫作合数。

那么问题来了，质数的个数是无限的吗？是否存在一个最大的质数，比它大的任何数字都可以用已有质数的乘积表示出来？欧几里得（Euclid）最先想到了这个问题，他用非常简单的方法证明了质数的数量是无限的，并不存在最大质数。

要检验上述问题，我们假设质数的数量是有限的，并且我们用字母 N 代表已知的最大质数。然后我们把所有质数相乘，乘积再加上 1。可以简写成以下形式：

$$(1\times2\times3\times5\times7\times11\times13\times\cdots\times N)+1$$

这个式子得到的数字肯定比所谓的“最大质数”要大得多。同时，我们可以明确看出得到的数字不可以被任何质数整除，因为它除以任何质数都会余 1。

因此上述公式得到的数字要么是质数，要么是可以被比 N 大的质数整除的数。不管是哪个结果，都和我们最开始的假设相矛盾，即 N 是最大质数。

上述论证方法叫作归谬法，或者反证法，是数学家常用的论证方法之一。

确定了质数的数量是无限的，我们还面临着另一个问题：有没有一种简单的方法，能把所有质数按顺序列出来，不漏掉任何一个。希腊哲学家、数

① 按照当前的数学定义，1 既不是质数也不是合数。——译注

学家埃拉托色尼（Eratosthenes）最先提出了这种方法，即“埃拉托色尼筛选法”。我们要做的就是按顺序写下所有的整数 1，2，3，4，…，在所写的数字中划掉所有 2 的倍数，在剩下的数字中划掉 3 的倍数，然后是 5 的倍数，以此类推。通过埃拉托色尼筛选法，在前 100 个数字中，我们可以得到图 9，即 26 个质数。目前，人们已经用这个方法制作出了 10 亿以内的质数表。

图 9

但是，如果我们能想出一个可以快速、自动地找到所有质数，并且只有质数的公式，那就更简单快捷多了。可惜的是，经过几个世纪的努力，数学家们还是没有找到这样的公式。1640 年，法国著名数学家费马（Fermat）研究出一个公式，并误认为这个公式下产生的数字都是质数。

这个公式为：

$2^{2^n}+1$，n 代表连续数字 1，2，3，4，…。

根据这个公式，我们发现：

$$2^2+1=5$$

$$2^{2^2}+1=17$$

$$2^{2^3}+1=257$$

$$2^{2^4}+1=65537$$

$$\vdots$$

上面由这个公式所得的数，确实都是质数。但是大约一个世纪后，德国数学家欧拉（Euler）成功证明，按照费马公式得出的第 5 个数，即 $2^{2^5}+1$ 的计算结果 4 294 967 297 并不是质数。6 700 417 和 641 相乘可以得到这个数字。费马计算质数的公式也就不能成立了。

还有一个重要的公式，也能算出许多质数：

$$n^2-n+41$$

这个公式中的 n 也代表连续数字 1，2，3，4，…，把 40 以内的所有整数代入公式，得到的结果都是质数。但可惜的是，这盘棋败在了第 41 步。

实际上，$41^2-41+41=41^2=41\times41$。结果很明显是平方数，而不是质数。

还有另一个公式：$n^2-79n+1601$。这个公式适用于 1 到 79 的整数，但如果 n 是 80，得到的就不是质数了。所以到目前为止，还没有人能够找到一个公式，可以计算出所有的质数。

还有一个与数字有关的有趣的定理，既没有被证实也没有被推翻。1742 年哥德巴赫提出了以下猜想：任一大于 2 的偶数都可写成两个质数之和，这就是著名的“哥德巴赫猜想”（近代三大数学难题之一）。我们很容易就能发现，这个猜想完全适用于一些简单数字，比如，12=7+5，24=17+7，32=29+3。但是，尽管无数数学家耗尽心血，到现在我们还是无法证实这个猜想，但同时，又找不到能够推翻它的例子。1931 年，苏联数学家施尼雷尔曼（Schnirelman）成功推进了哥德巴赫猜想的研究进程，他证明了所有偶数都能表示成 30 万个以下质数的和。在他之后的苏联另一位数学家维诺格拉多夫 (Vinogradoff) 成功证实了所有偶数都能表示成 4 个质数的和。① 尽管维诺格拉多夫把质数从 30 万个降到了 4 个，但是要得到哥德巴赫猜想“2 个质数”的结论，似乎才是最难研究的部分。没有人知道答案多久能揭晓，也许几年，也许要等上几个世纪。②

这么看来，想找到能自动推导出任意大小的质数的公式，道路还很漫长。我们甚至无法确定这样的公式是否存在。

我们不妨考虑一个稍微简单一些的问题：在一定的数字区间内，质数所占的百分比是多少？随着数字的增多和数字区间的扩大，这个百分比能保持

---

① 此处疑作者笔误，维诺格拉多夫于 1937 年完全证明了“充分大的奇质数都能写成 3 个质数的和”，也即“哥德巴赫—维诺格拉多夫定理”。——编者注

② 关于哥德巴赫猜想，我国数学家陈景润在 1966 年就已详细证明了（1，2），他的结论是：任何一个偶数都可以表示为一个质数和不多于两个质数的乘积之和。这一成果大大推进了哥德巴赫猜想的研究工作。——编者注

恒定吗？如果不能，百分比是随着数字增加还是减少？想找到答案，我们可以试着数一数已确定的表格中质数的数量。通过这种方法可知，100 以内的质数是 26 个，1000 以内的质数是 168 个，100 万以内的质数有 78 498 个，10 亿以内的质数有 50 847 478 个。将质数的数量和数字区间一一对应，我们可以得到下表：

数字区间 1~N	质数数量	所占比例	$\frac{1}{\ln N}$	偏差 (%)
1 ~ 100	26	0.260	0.217	20
1 ~ 1000	168	0.168	0.145	16
1 ~ 10^6	78 498	0.078 498	0.072 382	8
1 ~ 10^9	50 847 478	0.050 847 478	0.048 254 942	5

首先，从上表我们可以看出，随着数字区间的增大，质数在区间中所占的比例在逐渐减少。但是没有哪个区间内的质数所占的比例为 0。

质数随着区间增大，所占比率变小的规律，能不能用简单一些的数学方法表示出来呢？当然能，而且适用于质数平均分布规律的定律，是整个数学学科中最伟大的发现之一。简单说来，质数数量在区间 1 到 N 中所占的比率，约等于 N 的自然对数[①]的倒数，并且 N 越大，两个数字越接近。

上表中的第四列就是 N 的自然对数的例数。如果把这一列的数字和第三列所占的百分比进行对比，可以发现同一行的两个数很相近。且 N 越大，这两个数越近。

正如数论中的很多理论一样，质数定理（质数分布理论的中心定理）最

① 简单来说，表中的普通对数乘以 2.3026，就能得到其自然对数。

开始也是基于经验发现的。并且在很长一段时间内，没有人能够通过详细的数学方法证明这一定律是否正确。直到 19 世纪末，法国数学家阿达马（Hadamard）和比利时数学家瓦莱 · 普桑（Vallee Poussin）通过极为复杂、困难的方法才成功证明了这个定理。具体方法我们在这里就不展开讨论了。

说到整数，不能不提的还有费马大定理，该定理和质数的性质问题属于不同的范畴。费马大定理的原理可以追溯到古埃及，那个时候，所有优秀的木匠就已经知道，如果一个三角形三条边的比值是 3 ∶ 4 ∶ 5，那么这个三角形肯定包含一个直角。这种三角形也被称作“埃及三角形”，古埃及人用这种三角形做木工尺。①

公元 3 世纪，丢番图（Diophantes，古希腊亚历山大后期的重要学者和数学家）想知道除了 3 和 4 外，还有没有两个数字的平方和等于另一个数字的平方。他确实找到了符合上述条件的数字（事实上，符合条件的数字组合有无穷个），并总结出了找到这类数字组合的规则。现在，所有边是整数的直角三角形，都可以统称为“毕达哥拉斯三角形”，而埃及三角形是人们发现的第一个毕达哥拉斯三角形。

毕达哥斯拉三角形的构建可以用简单的 x，y，z（x，y，z 为整数）组成代数方程表示出来：②

---

① 在初等几何课本中，毕达哥拉斯定理证明了 $3^2+4^2=5^2$。

② 根据丢番图的规则（取任意两数 a、b，且 $2ab$ 为完全平方数，设 $x=a+\sqrt{2ab}$，$y=b+\sqrt{2ab}$，$z=a+b+\sqrt{2ab}$。那么 $x^2+y^2=z^2$，通过简单的代数可以验证这个公式），我们可以试着把所有解建一个表格，表格最开始的部分是下面的形式：

$3^2+4^2=5^2$（埃及三角形）

$5^2+12^2=13^2$

$6^2+8^2=10^2$

$7^2+24^2=25^2$

$8^2+15^2=17^2$

$9^2+12^2=15^2$

$9^2+40^2=41^2$

$10^2+24^2=26^2$

⋮

$$x^2+y^2=z^2$$

1621 年，费马在巴黎买到了丢番图《算术》这本书的法语版，书中论述了毕达哥拉斯三角理论。他一边看书，一边在书上的空白处做笔记：尽管方程式 $x^2+y^2=z^2$ 有无穷个解，但是在方程 $x^n+y^n=z^n$ 式中，n 如果是大于 2 的整数，则无解。

“我找到了一个很好的证明方法，”费马补充道，“但是书的空白处不够大，写不下了。”

费马去世后，有人在他的书房找到了这本《算术》，他在书上的批注也由此公之于世。从那之后到现在已经过去了 3 个多世纪，在此期间，无数优秀的数学家绞尽脑汁地想要证明费马写在空白处的猜想，但都以失败而告终。直到现在还没有人可以解开这个谜题。值得庆幸的是，我们离最终证明该命题的目标越来越近，并且，在研究的基础上形成了新的数学研究分支，那就是“理想理论”，专门研究如何证明费马猜想的命题。欧拉成功证明了方程式 $x^3+y^3=z^3$ 和 $x^4+y^4=z^4$ 没有整数解。狄利克雷（Dirichlet）证明了 $x^5+y^5=z^5$ 没有整数解。在几代数学家的不懈努力下，我们现在可以证明如果 n 是小于 269 的整数时，方程没有整数解。但是对于任意指数 n，该方程是否有解，到目前还没有人能够给出证明。[①] 而且越来越多的人开始怀疑费马当时也没有想出证明的方法，或者他当时搞错了。后来有人悬赏 10 万德国马克，奖赏那些能够找到结果的人，因此越来越多人开始关注这个问题。当然，这些业余选手更不可能解开谜题。

当然，也有可能这个命题本身就是个伪命题，说不定有人能成功证明，两个整数的同次幂的和等于另一个整数的同次幂。但是要想找到答案，至少要从大于 269 的指数开始，这也不是一项简单的任务。

---

① 费马大定理在 1995 年由英国数学家安德鲁·怀尔斯（Andrew Wiles）所证明。——编者注

2. 神秘的 $\sqrt{-1}$

我们一起来进行一些高级运算：2×2=4，3×3=9，4×4=16，5×5=25。由此可知，4 的算术平方根是 2，9 的算术平方根是 3，16 的算术平方根是 4，25 的算术平方根是 5。①

但是负数有平方根吗？比如 $\sqrt{-5}$ 或者 $\sqrt{-1}$ 有意义吗？

理性地看，很明显上述表达形式没有任何意义。正如 12 世纪印度数学家婆什迦罗（Bhaskara）所说："正数和负数的平方都是正数。因此一个正数的平方根有 2 个，一个正数和一个负数。负数没有平方根，因为负数不是平方数。"

但是数学家都性格执拗，这种没有意义的公式越是反复出现，他们越是想把它说个明白。但是，无论是过去数学家遇到的简单算术问题，还是 20 世纪相对论框架下的时空统一问题，总会出现负数的平方根。

第一个把看似没有任何意义的负数平方根写到公式上的人，是 16 世纪意大利数学家卡尔达诺（Cardano）。他在讨论如何把 10 分成两个数，使这两个数的乘积是 40 的时候发现，尽管负数平方根看上去没有任何意义，人们却在两个不可能的数学表达式 $5+\sqrt{-15}$ 和 $5-\sqrt{-15}$ 中，得到了这个问题的答案。②

卡尔达诺尽管对上述表达式持保留态度，这些表达式看上去毫无意义，像是凭空想象出来的一样，不过他还是写出了负数的平方根。

---

① 找到其他数字的算术平方根也很容易，比如 $\sqrt{5}$ =2.236…，因为（2.236…）×（2.236…）=5.000…，同时 $\sqrt{7.3}$ =2.702…，因为（2.702…）×（2.702…）=7.300…。

② 证明如下：

$$(5+\sqrt{-15})+(5-\sqrt{-15})=5+5=10,$$

$$(5+\sqrt{-15})\times(5-\sqrt{-15})=(5\times5)+5\sqrt{-15}-5\sqrt{-15}-(\sqrt{-15}\times\sqrt{-15})$$
$$=(5\times5)-(-15)=25+15=40$$

尽管负数的平方根可能是想象出来的，但是如果有人敢这么写，也一定能解开如何按照上述要求分割数字 10 的疑问。自从有人敢于破冰，开始使用负数的平方根，也就是卡尔达诺所说的“虚数”(Imaginary number)。越来越多的数学家都开始用到这个表达式，尽管他们都对负数的平方根持保留态度，或者有诸多借口。德国著名数学家欧拉在 1770 年出版的代数著作中，多次用到“虚数”这一概念。但是同时，欧拉也在书中解释道：“负数的平方根，比如 $\sqrt{-1}$ 或 $\sqrt{-2}$ 都是虚数，是不可能存在的。因为它们代表负数的平方根，我们可以断言它们既不是 0，也不比 0 大或者比 0 小。所以负数的平方根是虚数，是不可能存在的。”

尽管对于虚数有诸多诟病和说辞，它还是很快成了数学不可或缺的一部分，就像分数、根式一样，如果不使用虚数，在数学中几乎寸步难行。

可以这么说，所有的虚数就像实数在镜子中虚拟的影像。人们可以从 1 开始，构建所有的实数，也可以从虚数的基本单位 $\sqrt{-1}$ 开始，构建所有的虚数，虚数单位可以用字母 i 表示。

很容易看出，$\sqrt{-9}=\sqrt{9}\times\sqrt{-1}=3i$，$\sqrt{-7}=\sqrt{7}\times\sqrt{-1}=2.646\cdots i$，以此类推，我们发现所有的实数都有对应的虚数。卡尔达诺最先把实数和虚数结合起来组成表达式，我们也可以效仿写出类似的混合式，比如 $5+\sqrt{-15}=5+\sqrt{15}\,i$。这种混合式也叫作复数（Complex number)。

自虚数踏入数学界，整整两个世纪间它似乎都蒙着一层神秘的面纱，让人觉得难以置信。直到两位业余数学家用简单的几何解释了虚数，才解开了人们的疑惑。这两个人就是挪威的勘探员维塞尔（Wessel）和在巴黎的会计员罗伯特 · 阿尔冈(Robert Argand)。

根据他们的解释，像 $3+4i$ 这类的复数可以根据图 10 的方法表示出来。这里的 3 对应水平方向的长度，即横坐标；4 对应垂直方向的长度，即纵坐标。

所有的实数（包括正数和负数）都可以用水平坐标上的点表示，而所有的纯虚数都可以用垂直坐标轴上的点表示。任意实数，比如 3，都可以在水平轴上找到对应的点，3 和虚数单位 i 相乘得到纯虚数 $3i$，且这个点的坐标肯定在垂直轴上。也就是说，实数和 i 的乘积在几何上，相当于把它绕原点逆时针旋转 90°（如图 10 所示）。

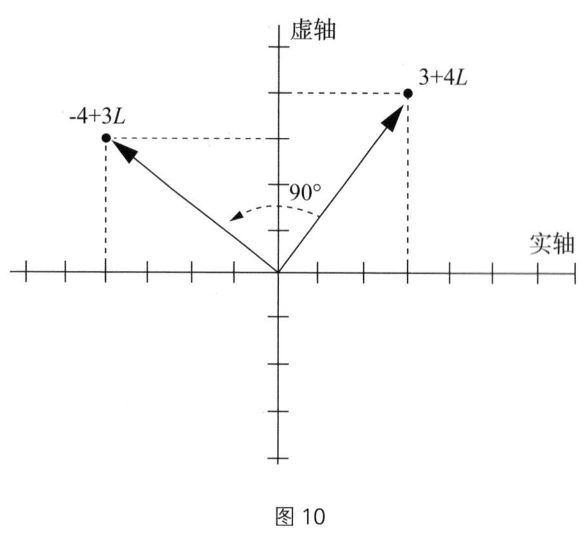

图 10

如果再把 $3i$ 和 i 相乘，就要在之前点的基础上再逆时针旋转 90°，那么这个点又回到了水平轴上，但是位于负数的一边。由此可知，$3i \times i=3i^2=-3$，也就是说，$i^2=-1$。与“逆时针 90 度旋转两次会到相反的方向”相比，“i 的平方等于 -1”就好理解多了。

该规律也适用于混合复数。把 $3+4i$ 和 i 相乘，可以得到：

$$(3+4i)\ i=3i+4i^2=3i-4=-4+3i$$

根据图 10 可以看出，点 $-4+3i$ 是对应点 $3+4i$ 逆时针旋转 90° 得到的。也可以在图 10 中看出，如果该数乘以 $-i$，则相当于把原点顺时针旋转 90°。

如果你还觉得虚数虚幻莫测，可以试着通过虚数的实际应用解决一个简单的问题，解开它神秘的面纱。

从前，有一个爱冒险的年轻人，他在祖父的各种文件中发现一张羊皮纸藏宝图，揭示了一处隐藏宝藏的位置。上面是这么写的：

> 航行到北纬____西经____[①]，有一座荒岛。岛的北岸是一片开阔的草地，只有一棵橡树和一棵松树长在上面。[②] 草地上还有一个以前用来处决叛徒的老旧绞刑架。从绞刑架向橡树走，记住你的步数；走到橡树下之后向右转 90°，再走同样的步数并打桩。然后回到绞刑架，朝松树走，同样记住步数；走到松树下后向左转 90°，再走同样的步数并打桩。宝藏就藏在两个木桩正中间的草地下面。

寻宝说明清楚、明了，年轻人看完立即准备好船，朝南航行而去。他找到了藏宝图上说的岛屿、草地、橡树和松树，但让人绝望的是，完全看不到绞刑架的影子。这份藏宝图是很多年前写下的，经过这么多年的风吹、日晒、雨淋，绞刑架的木头早就腐烂和泥土融为一体，似乎从来没有存在过。

这个喜欢冒险的年轻人经历了绝望、愤怒，开始像疯了一样在草地上乱挖。但是这个岛太大了，他徒劳一场只能两手空空地返程回家，那些宝藏很可能还藏在岛上。

这是个心酸的故事。但更令人心酸的是，如果这个年轻人懂数学，特别是虚数方面的知识，他也许就能满载而归了。尽管为时已晚，我们不妨一起试试，能不能帮他找到宝藏。

假设整个岛屿是一个复数平面，连接这两棵树底部作为实轴，找到两棵树线间的中点，穿过中点作垂直于实轴的线为虚轴（如图 11 所示）。我们假设两棵树距离的一半为一个单位，那么橡树在实轴 -1 的位置，松树在实轴 $+1$ 的位置。假设绞刑架的位置用希腊大写字母 Γ（伽马）表示，这个字母看起来就像个绞刑架。鉴于绞刑架不一定在两条轴上，我们设 Γ 为复数，且 $\Gamma=a+bi$，a、b 的具体含义见图 11。

---

① 为避免泄密，书中省略了原文件中具体的经纬度位置。

② 同样为了保密，此处没有透露真正的树种。很明显，热带岛屿上可能生长着很多种树木。

图 11
利用虚数寻宝

现在，我们根据之前讲到的虚数乘法法则，做一些简单的计算。如果绞刑架的坐标为 Γ，橡树的坐标为 -1，它们之间的距离和方向可以表示为：$-1-\Gamma=-(1+\Gamma)$。同理可知，绞刑架和松树之间的距离可以表示为 $1-\Gamma$。要想将两段距离分别顺时针（向右）、逆时针（向左）旋转 90°，根据虚数乘法法则，我们需要将两个数分别乘以 $-i$ 和 i，由此就可以确定两根木桩的位置：

$$\text{第一根木桩：}(-i)[-(1+\Gamma)]-1=i(\Gamma+1)-1$$

$$\text{第二根木桩：}(+i)(1-\Gamma)+1=i(1-\Gamma)+1$$

由于宝藏位于两根木桩中间，我们要算出上面两个复数和的一半，即：

$$\frac{1}{2}[i(\Gamma+1)-1+i(1-\Gamma)+1]=\frac{1}{2}[i\Gamma+\mathrm{i}-1+i-i\Gamma+1]=\frac{1}{2}(+2i)=i$$

可以看出，绞刑架的未知位置 Γ 在计算过程中被消掉了。所以无论绞刑架在哪里，宝藏肯定是藏在点 i。

也就是说，那位爱冒险的年轻人如果会做这种简单的运算，就不必大费周折把整个岛屿掘地三尺，只需去挖图 11 画叉的部位，就能顺利找到宝藏。

如果你还是不相信不用确定绞刑架的位置就能找到宝藏，那就找张纸画出两棵树，随便假定几个绞刑架的位置，再按照羊皮纸上的寻宝说明一步步探寻。你会发现，不管绞刑架在哪，最终都会到同一点，也就是复数平面上的 $+i$ 点。

通过 -1 的虚数平方根，我们还发现了另一个宝藏，这是一个惊人的发现：在四维几何学的规律下，我们三维空间和时间可以组合成一张四维图像。在下一章节中我们将学习爱因斯坦的研究和他提出的相对论，再进一步探讨这个问题。

第二部分

空间、时间和爱因斯坦

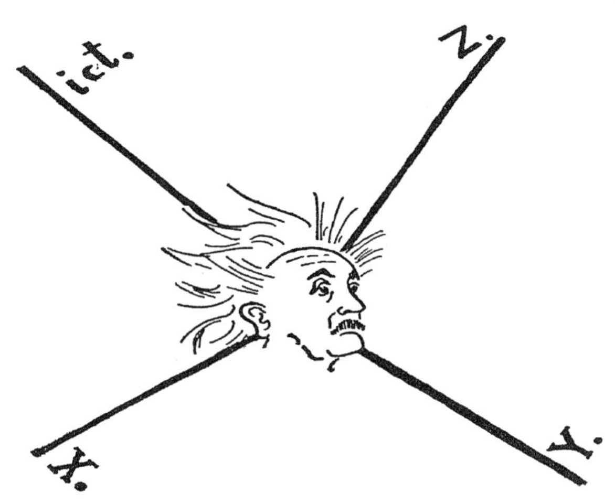

第三章　不寻常的空间特性

1. 维度和坐标

我们都知道空间是什么，但是如果真要给它下个定义，又觉得难以描述。也许你会说，我们就置身于空间之中，并在其中能够前后、左右、上下移动。我们所生活的物理空间最基本的特性之一，就是它有三个相互垂直的方向，我们称之为三维空间，或是三度空间，空间中的任何位置都可以用这三个维度表示出来。这就好比我们来到一个陌生的城市，询问下榻的酒店前台，某知名公司的办公室在哪，前台工作人员可能会说："往南走 5 个街区，再向右走 2 个街区，在大楼的第 7 层。"这个例子里的 3 个数字就是我们常说的坐标，分别代表街道、楼层和起点酒店大堂之间的关系。很显然，坐标系可以准确表示起点到目的地的关系，通过使用坐标系，不管起点是哪里，我们总能找到特定位置的方向。同时，只要我们知道新旧坐标之间的相对位置，通过简单的数学运算，就能通过旧的坐标推导出新坐标，这个过程叫作坐标转换。还要注意一点，这 3 个坐标不一定都要是表示距离的数字。实际上，在某些情况下，使用角坐标更加方便。

比如，纽约市的地址大部分都用直角坐标系表示街道和马路，但是莫斯科（俄罗斯）则更适合用极坐标系表示。这座古老的城市以克里姆林宫建筑群为中心，随处可见呈放射状的街道或者同心圆形状的环形大道。也正因为如此，在形容位置的时候，人们会自然而然地说在克里姆林宫北墙西北 20 街区外之类的话。

位于美国首都华盛顿的海军司令部大楼和国防部五角大楼，也形象地诠释了直角坐标系和极坐标系的不同适用情况。"二战"期间从事战争工作的人，对这两栋建筑肯定很熟悉。

图 12 包含多个例子，都是以不同方式来表示空间中某一点的 3 个坐标，其中有的坐标表示距离，有的坐标则表示角度。但是，因为我讨论的都是三维空间的问题，所以不管选择哪种坐标系，都需要 3 个数据才能准确确定位置。

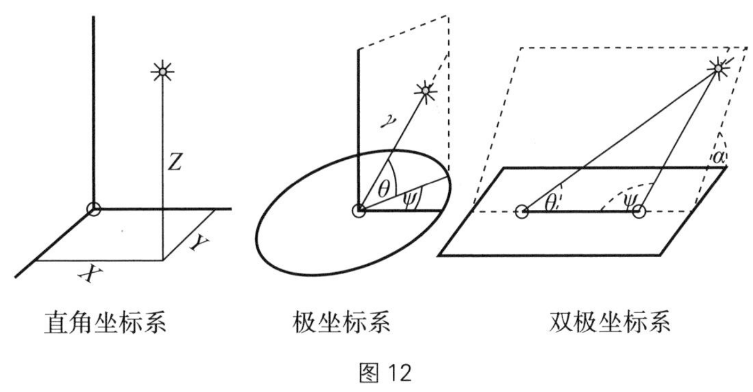

图 12

我们已经习惯了三维空间，因此再去想象有多个维度的超空间（我们后面会讲到，超空间是存在的）会有些困难。但是，想象少于三个维度的低维空间并不难。实际上，平面、球面，或者任何表面，都是二维空间，因为表面上点的位置只需用两个数字就可以被表示出来。同理，一条线（无论是直线还是曲线）都是一维空间，且线上点的位置只用一个数字就可以被表示出来。我们也可以说，一个点是零维空间，因为一个点只代表一个位置。但是，谁又会对点有多大兴趣呢！

生活在三维世界中，我们可以很轻松地以旁观者的角度，理解线或者表面的几何性质，但却很难把握三维空间的几何特性。这也就解释了为什么我们可以理解曲线，或者曲面相关的概念，但得知三维空间也是可以弯曲的时候，又会大吃一惊。

但是，只要掌握了曲率的概念，同时稍加练习，你会发现理解弯曲的三维空间其实很容易。通过这两章的学习，希望你可以轻松地解释弯曲的四维空间，尽管这个概念乍一看上去高深莫测。

但是，在开始四维空间的学习之前，让我们先来热热身，一起来学习一下一般的三维空间、二维平面和一维线的相关知识。

2. 无须测量的几何学

我们从学生时代就开始接触几何学，在我们的认知中，几何学即测量空间的科学[①]，其中包含大量有关距离和角度之间的数字关系的数学定理（比如著名的毕达哥拉斯定理，即勾股定理）。但是事实上，空间的很多基本特性都不需要对长度或者角度进行任何测量。这一类的几何学分支被称为位相分析，或者拓扑学[②]，是数学领域中最具挑战性的分支之一。

我们通过一个简单的例子，来看看拓扑学的应用。假设有一个封闭的几何表面，比如正圆球体，用许多线将其球面分成多个独立的区域。我们可以在球体上随意画几个点，并用不交叉的线把这些点连接起来。那么，球体上点的数量、线段的数量以及分割出的相邻区域的数量之间，存在着一定的关系吗？

首先我们要明确一点，如果我们选择的不是圆球体，而是一个像南瓜一样被压扁的扁球体，或者像黄瓜一样被拉长了形状的物体，在它们上面的点数、线段数以及区域数之间的关系和圆球体上的是完全一样的。实际上，我们可以随意拉伸或压缩橡皮球，只要没有剪断或撕坏它，那么都不会影响到我们上述的推想和结论。这一事实和几何学中一般的数量关系（比如线段长度、表面积或者几何体体积之间的关系）形成了鲜明的对比。确实，如果我们把一个正方体拉伸成一个平行六面体，或者把一个球体挤压成薄饼状，这些数量关系都会发生实质性的改变。

我们可以试着把划分出不同区域的球体上的每个区域都压平，使之形成一个多面体，之前每个区域的边界线就变成了多面体上每个面的棱。同理，之前的点也就变成了多面体的顶点。

---

① 几何学的英文 Geometry 一词，是从希腊语演变而来的，其原意是土地和测量。显而易见的是，古希腊人发明这个概念主要是源自其对房地产开发的兴趣。

② 这两个词分别源自拉丁语和希腊语，表示对物体位置的研究。

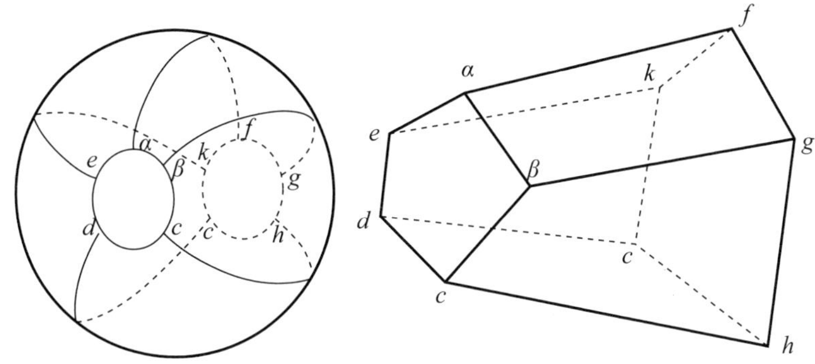

图 13
一个划分出多个区域的球体转换成一个多面体

于是，我们之前的问题可以直接被转换成一个新问题：任意形状的多面体的顶点、棱、面的数量之间，存在着一定的关系吗？

图 14 为 5 种常见的多面体，即正多面体（多面体每个面的棱数一样多，且顶点数也一样多），以及 1 个随意画出的不规则多面体。

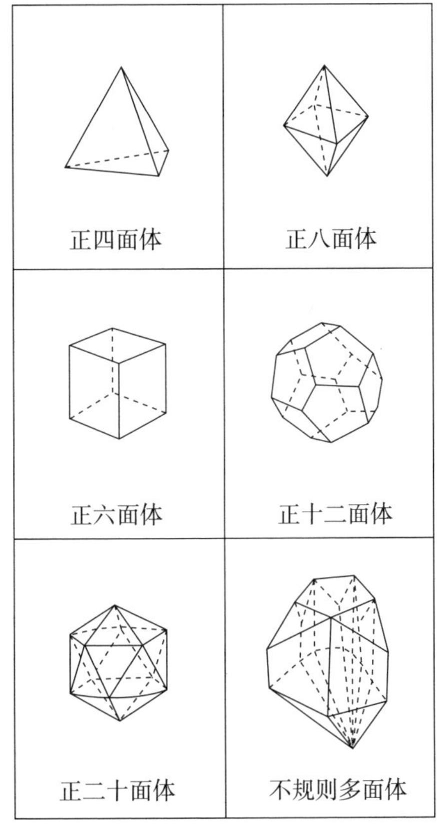

图 14
5 种正多面体（仅有 5 种）和一个不规则多面体

我们可以数出每个多面体内的顶点、棱和面的数量各是多少。然后看看，如果这 3 个数字之间有关系，是什么样的关系呢？

通过数相应的个数，我们可以制作出如下表格：

名称	V 顶点数量	E 棱的数量	F 面的数量	$V+F$ 顶点和面的数量和	$E+2$ 棱的数量加 2
正四面体 （金字塔）	4	6	4	8	8
正六面体 （正方体）	8	12	6	14	14
正八面体	6	12	8	14	14
正二十面体	12	30	20	32	32
正十二面体	20	30	12	32	32
不规则多面体	21	45	26	47	47

乍一看，图表前三栏的数字（V、E、F）之间并没有任何关系。但是通过仔细观察，你会发现，上述多面体的顶点和面的数量（$V+F$）都比棱的数量多 2（$E+2$）。由此，我们可以写出数学关系式：

$$V+F=E+2$$

上述关系式是不是仅适用于图 14 中的多面体？对于任意形状的多面体，这个等式还能不能成立？如果你画几个不同于图 14 的多面体，分别数一数顶点、棱和面的数量，就会发现这个等式适用于任意多面体。由此可知，$V+F=E+2$ 是拓扑学中通用的数学定理，因为这个等式不涉及边长或者面积，只是关于不同几何单元（即顶点、棱和面）的数量。

最早发现多面体内顶点、棱和面的数量关系的人，是 17 世纪法国著名的数学家勒内 · 笛卡尔（René Descartes），后来，另一位数学天才欧拉证明了这个等式的正确性，这个定理也因此被称为多面体欧拉定理。

欧拉定理的完整证明如下，这部分内容摘自 R. 柯朗（Richard Courant）和 H. 罗宾（Herbert Robbins）的著作《什么是数学？》。[①] 我们一起来学习一下，他们是怎么来论证欧拉定理的：

> 要证明欧拉的方程式正确，我们先假设有一个表面包着薄橡胶、空心的多面体，如图 15a。然后，我们切掉这个多面体的一个面，将剩下部分在平面上展开，如图 15b。显然，原多面体的面积和每个棱之间的角度随形态的改变而发生了变化。但是新的平面和原多面体的顶点、棱的数量一致，只是面的数量比原来少了一个，因为我们切掉了一个面。如果可以证明在新的平面上 $V-E+F=1$，再算上切掉的平面，就可以得出原多面体 $V-E+F=2$ 的结论。

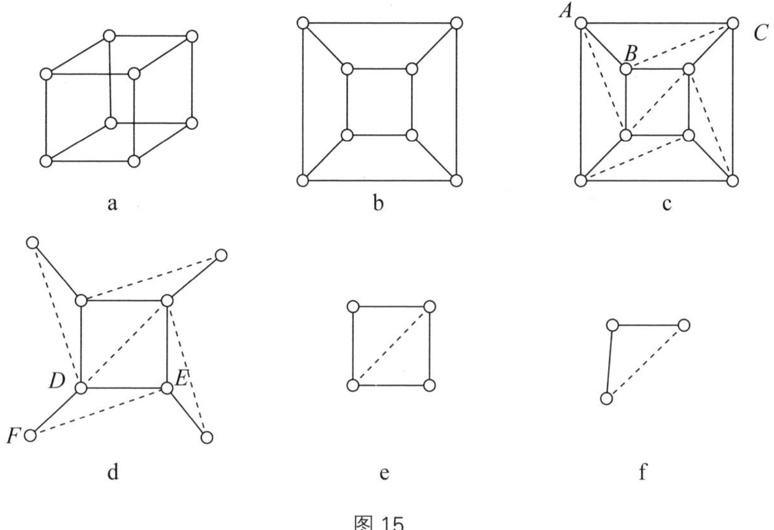

图 15

欧拉定理的证明。图中以立方体（正六面体）为例，但上述结果适用于任何形状的多面体

① 本书作者特别鸣谢柯朗博士、罗宾博士，以及剑桥大学出版社，感谢你们让我再次摘录《什么是数学？》这本书中的内容。通过这里的例子，对拓扑学感兴趣的读者，可以去阅读《什么是数学？》，其中有更详尽的讲解。

我们先试着把平面上的区域都划分成三角形：给不是三角形的形状画上对角线，这样一来，每个多边形都多了一条棱 E 和一个面 F，但是同时 $V-E+F$ 的结果不变。通过这种方式，将所有区域图形都转换成三角形，如图 15c。在这个三角网格里，$V-E+F$ 的数值和最初一样，而画对角线的方法并不会改变结果。

我们可以看出，有的三角形的边也是网格的边界。在这些以边界作边的三角形中，有的和△ ABC 一样，只有一条边是边界，还有一些三角形有两条边是网格边界。接下来，我们把这些三角形中不共用的部分去掉，如图 15d。还是以△ ABC 为例，我们去掉边 AC 和其相应的面，这样就只剩下了顶点 A、B、C 和边 AB 与 BC。而在△ DEF 中，我们去掉它的面、边 DF 和 FE，以及顶点 F。

像△ ABC 这类三角形，去掉不共用的部分之后，E 和 F 各减少 1，而 V 的数量并不受影响，所以 $V-E+F$ 保持不变；△ DEF 这类三角形中，V 减少 1，E 减少 2，F 减少 1，所以 $V-E+F$ 同样也保持不变。通过这种方法，我们可以逐一去掉以边界做边的三角形（去掉三角形的过程中，其边界也随之改变）。这样到最后，只会剩下一个三角形——3 条边、3 个顶点和 1 个面。在这个简单的图形中，$V-E+F=3-3+1=1$。我们已经证明了，在去掉三角形的过程中，$V-E+F$ 的数值仍不变。由此可知，在原平面网格中，$V-E+F$ 的数值等于 1，即切掉了一个面的多面体中也等于 1。我们可以得出结论，在完整的多面体中，$V-E+F=2$。这就完成了对欧拉公式的论证。

有趣的是，欧拉公式同时证明了只有 5 种正多面体，也就是我们在图 14 中所展示的那 5 个。

如果仔细推敲上述论述，可以发现，我们在绘制图 14 中不同规则的多面体时，抑或是通过数学计算论证欧拉定理时，都有一个前提条件，而这个前提在决策过程中极大地限制了我们。也就是说，我们上面选择的多面体，都是没有洞的。我在这里说的洞，并不像皮球上扯出来的洞那样，而更像是甜甜圈，或者胶圈轮胎中间封闭的洞。

图 16 则清楚地阐明了上述情况。我们可以看到，在图 16 中有两个不同的几何体，而且和图 14 中一样，都是多面体。

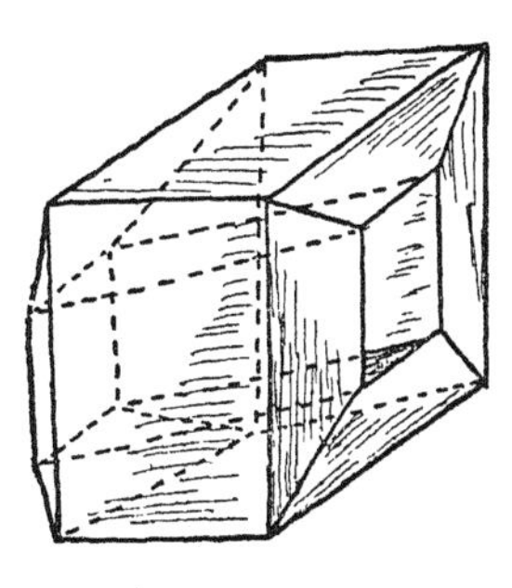

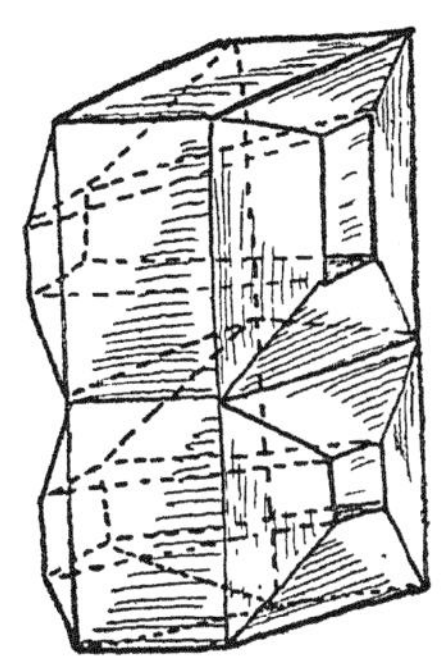

图 16

这两个图形和正方体一样，都是多面体。其中一个上面有一个洞，一个上面有两个洞。多面体的每个面都不是长方形，这在拓扑学中没有影响

下面，一起来试试欧拉定理是不是适用于上述多面体。

我们可以数出，第一个多面体一共有 16 个顶点、32 条棱和 16 个面，因此 $V+F=32$，而 $E+2=34$；第二个多面体一共有 28 个顶点、46 条棱和 30 个面，因此 $V+F=58$，而 $E+2=48$。这都不符合欧拉定理！

这又是为什么呢？到底是什么原因导致欧拉定理在上面的多面体上无法通用呢？

这里的难点实际上是：我们之前所提到的多面体，都类似于足球内胆或者气球，而这里中空的多面体更像个轮胎，或甚至是更复杂的工业橡胶产品。后面这类多面体的形态，并不能通过数学操作进行论证。因为在欧拉定理的证明过程中，我们需要“切掉多面体中空的一面，将剩下的形体在平面上拉伸展平”。

如果我们拿的是一个足球内胆，用剪刀减掉一部分后，还是可以完成上述操作的。但是如果把足球内胆换成车轮内胎，无论多努力都做不到这一点。如果单看图 16 没有办法说服你，可以找个旧轮胎试试！

但是请千万不要以为，这些复杂的多面体的 V、E 和 F 之间不存在任何关系。实际上，它们之间是有关系的，只是和欧拉定理不一样。类似甜甜圈的多面体，或者文绉绉一点，环形多面体，它们的 $V+F=E$；而在椒盐脆饼形状的多面体上，$V+F=E-2$。实际上，对于有洞的多面体，都适用于公式 $V+F=E+2-2N$，而 N 代表洞的数量。①

另一个和欧拉定理相关的拓扑学问题，就是所谓的“四色问题”。假设有一个球面，且球面也被分割成许多独立的区域。而我们现在要给球面上的区域涂颜色，但是相邻两个区域（即有公共边的区域）不能涂一样的颜色。要完成这项任务，最少需要几种颜色呢？很明显，两种颜色是绝对不够的，因为如果三个边界会合于一点的话（比如美国地图上的弗吉尼亚州、西弗吉尼亚州和马里兰州，如图 17 所示），我们就需要把这 3 个州涂成不同的颜色。

同样，找到一个需要 4 种颜色的例子也不难，比如德国吞并奥地利时期的瑞士，如图 17 所示。②

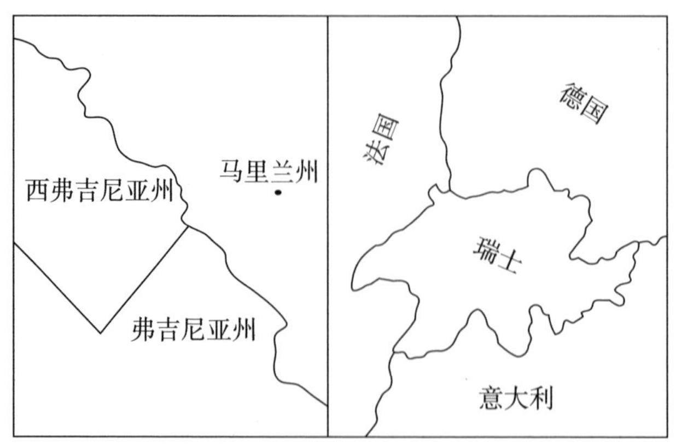

图 17

马里兰州、弗吉尼亚州和西弗吉尼亚州的拓扑图（左图）；瑞士、法国、德国和意大利的拓扑图（右图）

① 也即“亏格”，代数几何和代数拓扑中最基本的概念之一，其定义是：若曲面中最多可画出 n 条闭合曲线同时不将曲面分开，则称该曲面亏格为 n。——编者注

② 在德国吞并奥地利之前，这部分的地图只用 3 个颜色就可以：把瑞士涂成绿色；把法国和奥地利涂成红色；把德国和意大利涂成黄色。

但是，不管你在地球仪上或者纸质地图上怎么尝试①，都不可能构建出一张需要超过 4 种颜色的地图。似乎不管地图多么复杂，4 种颜色就足以保证相邻区域为不同的颜色，且不会有任何混淆。

这么说来，若这种说法是正确的，人们应该可以通过数学方法将其证明推导出来，但是，经过了几代数学家的不懈努力，我们还是做不到这一点。有的数学问题就是这样，尽管我们深信不疑，但是却又苦于无法想出证明其正确性的方法，四色问题就是一个典型的例子。在这个问题上最先进的研究成果，是成功证明了 5 种颜色绝对能完成任务。通过欧拉关系式，人们基于地图上国家的数量、边界的数量以及多国交界处三边、四边等交界点的数量，得到了上面的结论。

这个证明过程和我们要探讨的主题关系不大，在这里我们就不再赘述了。但是读者可以在闲暇的夜晚（说不定还会秉烛夜读），从众多介绍拓扑学的书中选择一本，并好好研读一番。如果有人能够成功证明不需要 5 种颜色，仅用 4 种颜色就可以，或者对现有的证明结果有所怀疑，能通过自己画图来证明 4 种颜色无法让所有相邻区域颜色不一样，他将名垂青史，成为纯粹数学界里程碑式的人物。②

讽刺的是，难以在球体或者平面解决的涂色问题，可以以一种相对简单的方式证明（在像甜甜圈或者椒盐脆饼这类复杂的面上）。比如，已经有人成功证明了，如果要给甜甜圈状的图形的不同区域涂色，且保证相邻区域颜色不同，用 7 种颜色就够了，同时也画出了需要 7 种颜色的实例。

如果哪位读者不怕头疼，也可以准备一个轮胎和 7 种颜色的颜料，试着在轮胎表面的不同区域涂色，让每种颜色周围都有 6 种不同颜色。能做到这点的人，可以拍着胸脯说“我是甜甜圈界的行家”。

---

① 在涂色问题上，无论是用地球仪还是平面地图，得到的结果都是一样的。因为一旦我们在地球仪上解决了这个问题，只需要在某个涂好色的区域撕个小洞，就可以将其“展开”成一张平面图。这也是一个典型的拓扑学转换。

② 1976 年，数学家借助电脑运算首次得到一个完全的证明，四色问题也终于成为四色定理。——编者注

3. 翻转空间

到目前为止，我们所讲的拓扑学的特性，都是基于各种面，也就是都局限于只有二维的子空间。但是，在我们所生活的三维空间中，也会有类似的问题。基于此，涂色问题在三维空间中可以转换为这种形式：我们需要用不同形状的不同材料来构建一个空间马赛克，同时保证两块相同材质的材料不能有接触面。那么，我们至少需要多少种不同的材料？

球面或者环面上的涂色问题，又能被类比成什么呢？有没有某种特殊的三维空间，它和普通空间之间的关系类似于球面或者环面和普通平面的关系？这个问题乍一看上去似乎毫无意义。但实际上，尽管我们可以想到许多不同形状的面，却倾向于相信三维空间仅有一种，即是我们生活的物理空间。这种想法是一种会带来严重后果的错觉，只要我们稍加想象，就可以想到与欧几里得几何课本中的空间完全不同的三维空间。

之所以我们觉得想象特殊的三维空间有些困难，主要是因为我们就生活在三维空间中。作为“当局者”，我们没有办法像研究不同奇怪形状面的时候那样，去做个“局外人”。但是，通过一些思维训练，我们会发现征服这些特殊的空间也没有那么难。

我们先试着构建一个类似于球面的三维空间。毋庸置疑，球面最主要的特性就是其虽然没有边界，却有确定的面积，且整个球面转一圈连接到了一起。我们能不能想出一个以相似方式被封闭住的三维空间呢？不妨先想出两个被球面包裹住的球体，就像是被苹果皮包住的苹果一样。

想象把两个球体“重叠到一起”，并使它们共用一个表面。在这里我们不是要将两个物体，比如两个苹果，挤到一起，以达成苹果皮粘到一起的效果，这是肯定不可能的。苹果就算是被挤烂了，也不能穿透对方。

我们先试想苹果里面有一只虫子，虫子把苹果的球体吃成了错综复杂的通道。假设苹果中有两只虫子，一只黑虫子和一只白虫子，它们可能从邻近的地方钻进果肉内，但是它们互相厌恶，在苹果球体的通道方面不会有任何交集。两只虫子吃来吃去，到最后，这个苹果会变成图 18 的样子，其内部充斥着相互交缠的两条通道。但是，尽管黑白两虫的通道距离很近，如果想要从一个迷宫进入另一个迷宫，就必须要先回到苹果皮上。如果这些通道越来越窄、数量越来越多，且越来越长，我们就可以把苹果内部看成两个相互重叠的独立空间，仅仅通过表面连到一起。

如果不喜欢虫子，那么你可以试着想象两个封闭的走廊和楼梯，就比如上一届的纽约世博会[①] 建造的大球形建筑。里面的每个楼梯系统贯穿了整个球体建筑，但是如果你想从一个楼梯去相邻的另一个楼梯，你必须先回到两个楼梯系统相交汇的球体表面，然后再进入球体里面。假设两个球体相互重叠、互不冲突，而你的一个朋友其实离你很近，只不过你俩如果想见上一面或者握握手，就需要绕上一大圈！需要注意的是，两个楼梯系统的交汇点在球体内部或外部并没有什么区别，因为我们总是可以改变整体结构，那么外

图 18

① 指的是 1939 在纽约举办的世博会。——编者注

面的交汇点就可以推到里面，而里面的交汇点也可以翻到外面。关于我们构建的模型，还要注意另一点，就是尽管所有通道的长度加在一起是有限的，但这些通道并没有尽头。你可以从走廊或者楼梯上一直走，且绝不会有墙壁或者围栏挡路。同时，只要你走的时间够长，肯定能走回到一开始的起点。如果可以站在外部看整个结构，你会发现，一个人之所以最后会沿着通道走到开始的起点，只是因为走廊逐渐绕了回来。但是对于里面的人来说，甚至难以想象若是跳出整个球体会是什么样子，只会觉得虽然这里大小有限，但是却无明显的边界。

在下一章节中，我们将学到这种没有边界，且又不是无限的“自我封闭的三维空间”，对探讨宇宙的总体性质非常有用。实际上，尽管我们能观测到的有限，但是通过目前最大量程的望远镜，我们可以看出，这些巨大的空间似乎开始弯曲，有一种自我迂回、封闭的倾向。就像上面例子中，被虫子吃了的苹果里面有一条条通道。但是在讲这些令人兴奋的问题之前，我们还要先学习一下宇宙的其他特性。

关于虫子和苹果之间的问题我们还没有讲完，下面，我们不妨一起来想一想：这个被虫吃过的苹果能变成甜甜圈吗？不要误会，我们不是打算让苹果有甜甜圈的味道，而是说看上去像甜甜圈的形状。毕竟我们在这里探讨的是几何问题，而不是研究烹饪问题。还是以我们之前讲到的两个苹果为例，两个新鲜的苹果“相互交叉”，而它们的表面“粘到了一起”。假设有一只虫子，在一个苹果里吃了一个宽宽的环形通道，如图 19 所示。但是注意，这个通道只存在于一个苹果里，但通道外的每个点都属于两个苹果上的点。同时，只有环形通道内部的果肉还没有被虫子吃掉。而这个通道的内壁，就组成了“两个苹果的合体”的一个自由面（如图 19a 所示）。

现在，我们能不能把这个被虫吃过的苹果转变为一个甜甜圈形状呢？当然我们假设苹果内部的材料可塑性很强，因此我们可以随意改造，但是注意不能将其弄破。为了更好地操作，我们可以把苹果的部分切掉，在塑形完成后再粘回去。

第一步先解开两个合在一起的“双重苹果”的表皮，并把它分成两部分，如图 19b 所示。为便于后续进程中的使用，我们分别以 I 和 I′ 来标记这两个没有被粘在一起的表面，这样也能帮助我们在完工后，再把它们粘回原来的位置。接下来，将有蛀虫的苹果切成两半，且同时保证切割面穿过苹果

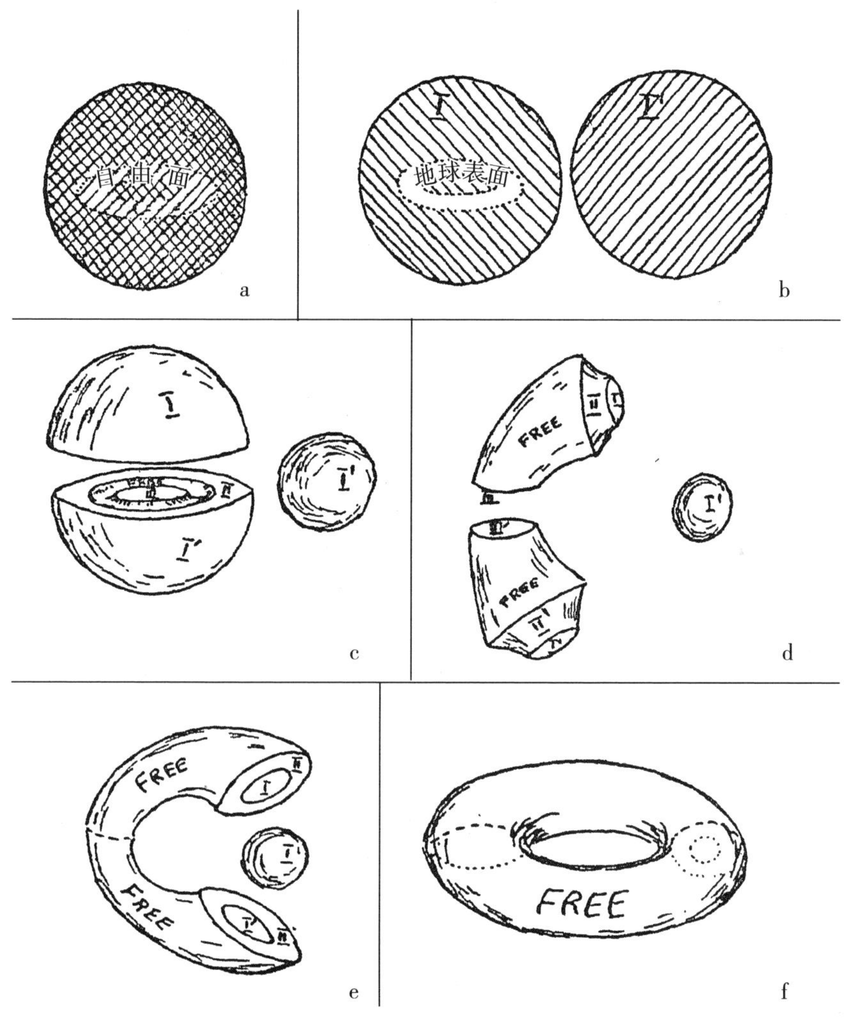

图 19
如何把被虫蛀过的双重苹果转变成一个真正的甜甜圈形状。
不需要魔法帮助，拓扑学就可以做到

里的通道，如图 19c 所示。我们把通过切割重新得到通道内、外侧的四个面分别标记为 II、II′ 和 III、III′，方便之后再重新将它们粘回去。通过切割也露出了通道的自由面，而这将构成甜甜圈的自由面。现在我切开的部分被拉伸成图 19d 中的形状，且自由面在这个过程中也被拉大了很多（根据我们之前的假设，这些材料都可以随意伸缩！）。同时，面 I、II、III 都被拉小了。我们在处理“双重苹果”的一部分的时候，还要使另一部分通过揉捏，被压缩至樱桃大小。现在，可以把切开的地方粘回原位了。首先，把面 III 和 III′ 粘到一起，这就成了图 19e 的样子，像一个大钳子，且这一步很好操作。然后，再把缩小的一部分苹果放到刚才粘好的大钳子的两个末端之间，同时把这两端粘到一起。这样一来，球面 I′ 和原来就粘在一起的面 I 再次被粘到了一起，而通过切割得到的面 II 和 II′ 也粘回了一起。由此，我们也有了一个漂亮、平整的甜甜圈。

这样做有什么意义呢?

也没有什么特别的意义，只是通过想象几何的练习题，进行思维训练，以便你能更好地理解弯曲空间、封闭空间等更奇妙的问题。

如果你想进一步通过想象练习几何，那么下面的问题就是刚才过程的“实际应用”。

其实甜甜圈的形状也存在于你身体的某个部分，只是我们从来都不会去想。实际上，所有有机体在其最初发展的胚胎阶段，都会经历圆形的“原肠胚”阶段，并且在这个时候呈球形，其中会有一个宽大的通道。通道一头负责摄取营养，而另一头将消化过后的剩余部分排出胚胎外。随着有机体的发展，内部的通道也跟着变窄，而且变得越来越错综复杂。但是它像甜甜圈形状的几何特性，并不会随着改变，还是和以前一样。

既然我们身体就是甜甜圈的形状，现在试想一下：该怎么把图 19 的程序倒过来——把自己的身体转换成两个合在一起的双重苹果（只是想象，切勿操作！），同时里面还有通道。特别的是，你会发现，尽管是你的身体相互重叠，形成了“双重苹果”的果体，但是地球、月亮、太阳、星星，乃至整个宇宙，都可以通过挤压，被放到里面的环形通道内。

你可以试着把这个画出来，说不定你能画得很好，让萨尔瓦多·达利[①]都不得不承认你在超现实主义方面的造诣（如图 20 所示）。

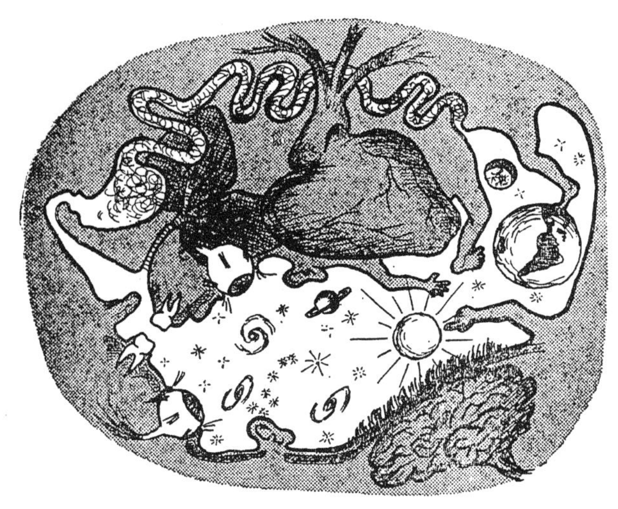

图 20

内外颠倒的宇宙。这幅超现实主义画作描绘了一个在地球表面漫步的人，仰望星空时所看到的景象。在拓扑学的指导下，这幅画由图 19 被转换成现在所看到的样子。在这里，地球、太阳和星星都挤在人体内部狭窄的通道中，周围还有其他内脏器官

我们已经讲了很多，但是，想要结束这部分的内容，就不能不说说右手型物体和左手型物体，以及它们和空间整体特性之间的关系。我们从一副手套讲起，这样最为直观。我们比较一副手套的左右两只会发现：尽管它们的尺寸完全一样，但是又区别很大，我们不能把左手的手套戴到右手上，也不能把右手的手套戴到左手上。不管怎么扭曲翻转，右手的手套就是适合戴在右手上，而左手的同理。我们还可以在生活中的其他地方看到类似左右手套的区别，比如左右脚的鞋子、美国和英国汽车的操纵装置（美国的是左舵，英国是右舵）、高尔夫球杆等。

---

① Salvador Dali，西班牙加泰罗尼亚著名的画家，因为其超现实主义作品而闻名。——译注

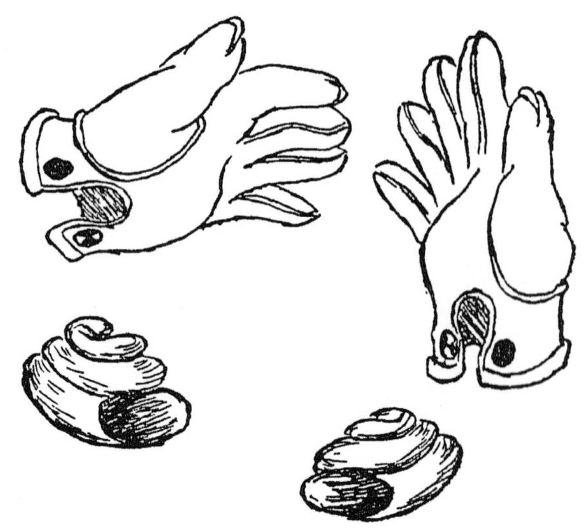

图 21
右手型和左手型看上去完全一样，但实际上却大相径庭

另一方面，帽子、网球拍等物品似乎没有上述差别，因为没有人会傻到去商店买一打左撇子用的茶杯。同理，如果有人让你去和邻居借一把左手用的扳手，那肯定是在跟你开玩笑。那么，这些物品到底有什么区别呢？如果你仔细观察，你就会发现帽子、茶杯这些不分左右的东西，都有我们所说的对称面，也就是说沿着对称面切割，它们都可以被分成两个完全相同的部分。但手套，或者鞋并没有对称面，而且不管你怎么尝试，也不可能把一只手套分成两个相同的部分。如果某物没有对称面，也就是说它是不对称的，那么它就肯定有两种形式——右手型和左手型。不仅手套、高尔夫球杆等人工制品会有这种不同，自然界也是如此。比如，蜗牛可以分为两种，它们各个方面都一样，除了它们的房子：一种蜗牛壳呈顺时针方向旋转，而另一种蜗牛壳则呈逆时针方向旋转。哪怕是构成不同物质的微小粒子——分子，也分左手和右手两种形式，和左右手套，或者顺时针和逆时针的蜗牛一样。我们虽然看不见分子，但是其晶体形式和某些光学特征，都凸显了不对称性。就比如，糖也可以分为右手型和左手型两种不同形式，而且千真万确的是，有两种池塘的细菌，每种只吃对应种类的糖。

就像刚才我们所探讨的，比如手套这类物品，想要右手型转变成左手型似乎是不可能的。但真的是这样吗？有没有人能假想出一种巧妙的空间，来完成上述操作？要回答这个问题，我们先试着从二维平面的居民入手，试着站在更高级的三维视角来观察一下他们。如图 22 即是平面居民的例子，当然，他们处在二维空间中。图 22 中站着并手拿一串葡萄的人可以叫作“正面人”，因为他只有“正面”，而没有“侧面”；而他旁边的动物，则是一头“侧面驴”，或者说得更准确一点，那是头“右视侧面驴”。我们还可以再画上一头“左视侧面驴”，并且基于二维的观点，平面上的这两头驴是不同的，就像三维空间中左右两只手的手套一样。我们不可能把一头“左侧驴”和一头“右侧驴”重叠在一起，因为如果想把两头驴的鼻子和尾巴重叠到一起，就需要把一头驴倒过来，但这样倒过来的驴就腿朝天了。

图 22

生活在二维平面的两个“影子生物”。这种二维世界的生物看起来并不“实用”，这个人有正面，但是没有侧面，他虽然拿着葡萄，但是又没办法放到嘴里。驴虽然能吃到葡萄，但是它只能朝着画的右面走，如果想去左面，只能后退过去。虽然驴可以前进或后退，但是这样总是不太对

但是，我们可以把其中一头驴从平面上截取下来，再转一圈，就能和另一头完全重合。同理类推，如果把右手手套移至四维空间，再翻转一圈，就能变得和左手手套一模一样。但是，我们的自然空间并不存在第四个维度，也就是说上述做法难以实施。那有没有其他的方法呢？

让我们再回到二维世界，但是这回，我们不是以图 22 那种普通平面为参考，而是一起来研究一下所谓的“莫比乌斯带”的特性。这是 100 多年前，德国数学家莫比乌斯首先研究发现的，“莫比乌斯带”也因此得名。要做这个实验很简单，只要把一个普通的长纸条扭转，再把两头粘起来，做成一枚戒指的样子，具体制作方法可参考图 23。现在的纸带面又有许多特别的性质，我们借助一把剪刀，来了解其中的一条特性。沿着图 23 箭头的方向，把纸带面平行于边缘的一圈剪开。你可能想当然地以为，这样做就会把一个圈变为两个独立的圈。但是通过实践你会发现自己想错了：剪开后不是出现两个环形，而是一个大环形，其长度是原来的两倍，而纸带面宽度是原来的一半。

我们再试着让影子驴在莫比乌斯纸带面上走一圈，并看看有什么新的发现。假设这头驴从位置 1 出发（如图 23 所示），我们能看到一头“左侧脸驴”。这头驴一直走到了位置 2 和 3，我们能看出来，这头驴离起点越来越近。但是让我们，甚至这头驴自己都感到吃惊的是，它到了位置 4 的时候，非常尴尬地脚朝天倒了过来。它可以转一圈把脚倒过来，但是，这样行走的方向又不对了。

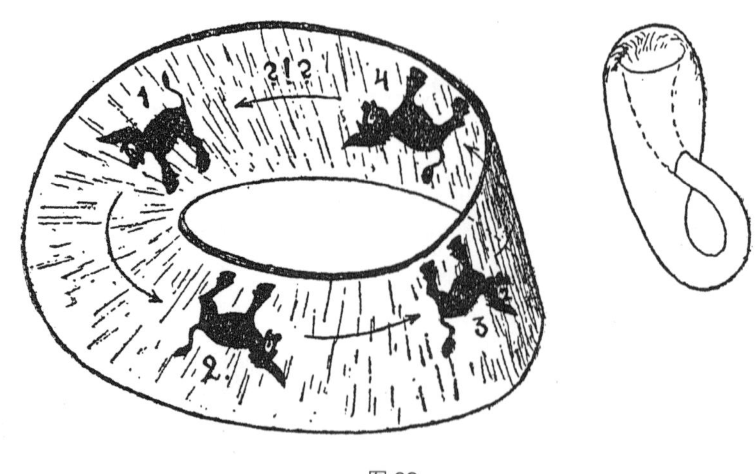

图 23
莫比乌斯纸带面和克莱因瓶

综上所述，通过在莫比乌斯纸带面上行走，我们最初的“左侧脸驴”变成了“右侧脸驴”。需要注意的是，虽然有这种变化，但是整个过程中这头驴一直都沿表面行走，并没有被拿起来或者翻转过。由此可知，只要沿着扭曲的表面前行，右手型物体可以转变成左手型物体，反之亦然。图 23 中所示的莫比乌斯带是比较常规的一种表面，在图 23 右侧的是克莱因瓶，它自我封闭，表面不会终结，也没有边界。如果这种情况出现在二维表面，那么只要扭曲的方法得当，这一点在三维空间也能实现。当然，在空间中想象莫比乌斯弯曲并不容易，我们没办法像刚才那头驴走纸环那样，在外部观察，因为身处其中，总是更难看清楚这里面的奥秘。但是确实有可能，我们的天文空间也是以莫比乌斯的方式进行扭曲，然后自我封闭的。

如果真是这样，那么遨游太空回到地球后，你不仅会变成左撇子，心脏也会转到右胸腔跳动。同时，手套和鞋的生产商可以省去一半的工序，只要做出左或者右一边的手套或鞋子，载着这些货物绕宇宙游行一圈，再次回来时就能凑成对了。

我们在这部分探讨了非正常空间的不寻常特性，现在也要在这些奇思妙想中先告一段落了。

第四章　四维世界

1. 时间是第四个维度

第四维度带着一层神秘的色彩，总让人觉得难以置信。作为生活在长、宽、高三维空间的生物，我们哪来的胆量，去谈及四维空间？穷尽我们三维空间的智慧，真能想象出像四维空间这样的超空间吗？那么四维的正方体或球体是什么样子的？我们可以“想象”出一条长着布满鳞片的长尾巴、鼻孔里还喷着火的巨龙；也可以“想象”出超级豪华的客机，它的机翼上有游泳池和网球场。这些实际上都是我们在头脑中描绘出来的，而我们所想象的这一切，都是基于对周围物体，乃至对我们自己赖以生存的三维空间的认知。如果是按照这种方式去“想象”，那在三维空间中，我们是绝对没有办法想象出四维空间的样子的，就像不能把三维物体挤压成一个平面一样。但是等等，当我们在平面中绘制三维空间中的事物时，也在某种程度上，把三维挤压到了平面上。但是整个过程中并不会用到水压机或其他外力设备，只要用几何中的“投影”，或者绘制影子的方法就可以。我看可以参考图 24，看看这两种把某一实体（比如一匹马）挤压到平面内的方法，究竟有什么不同。

通过类比，我们可以发现，尽管我们无法通过“挤压”把四维物体完整塞入三维空间，但是却可以把形形色色的四维形态通过“投影”的方法展现在三维空间中。但是记住，就像三维物体投影在平面上会变成二维的，或者说是平面图，四维的超体在我们普通三维空间的投影，也将以三维空间的形式展现。

要想弄明白，我们先试想一下生活在平面的二维影像生物是如何理解三维立方体的。这对我们来说很简单，作为三维生物，我们能以局外人的身份，或者说在第三个维度上来想象二维空间。想要把立方体“挤压”到平面的唯一办法，就是将其投影到平面上，如图 25。通过这个投影，或者转动原立方体得到的更多投影，相信生活在二维世界的朋友多多少少能对这个神秘的“三维立方体”有所了解。它们虽然不能跳离二维世界，像我们一样在三维空间看到立方体的形态，但是通过看其投影，它们至少能够说出它的一些特性，比如立方体有 8 个顶点，或者 12 条棱。这些可怜的二维影像生物，只能通过检查普通立方体在表面的投影，来了解三维世界。现在，我们一起来看图 26，你会发现你和他们的处境一样。可以看出，图 26 中一家人正吃惊地检查一个奇怪又复杂的结构，而这其实就是四维超立方体在我们普通三维空间中的投影。[①]

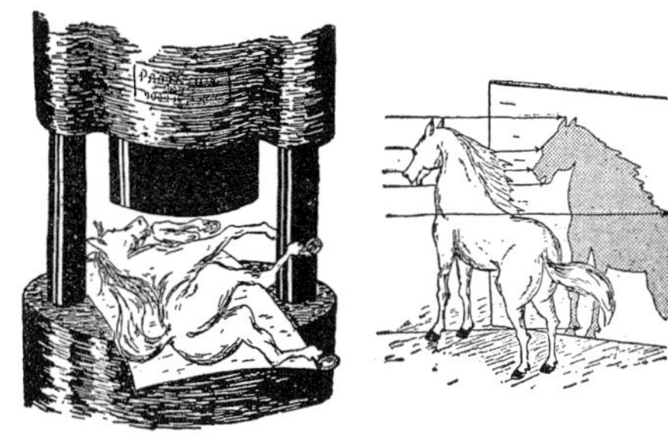

（错误）　　（正确）

图 24

将三维物体挤压至二维表面的过程中，错误的方法和正确的方法

图 25

当二维生物看到三维立方体在它们平面上的投影，都十分惊讶

通过仔细观察图 26，我们可以轻松看出，这里的投影和图 25 中令二维生物大吃一惊的投影有一些共同的特征：普通立方体在平面的投影是两个正方形，一个里面套着一个，并且两个正方形的顶点连在一起；超级立方体在普通三维空间的投影是两个立方体，也是一个里面套着一个，两个正方体的

① 更确切地说，图 26 在平面的纸上展示出来的是四维超立方体在我们三维空间的投影。

顶点之间也连在了一起。数一下可以知道，这个超级立方体一共有 16 个顶点、32 条棱和 24 个面。这也算是相当复杂的立方体了，不是吗？

图 26
来自四维空间的访客！一个四维超立方体的正投影

我们再来看看四维球体是什么样子的。要想知道其情况，我们还是要从熟悉的情况出发，先来看看普通的球体在平面的投影。试想：将一个画着陆地和海洋的透明地球仪，投影到白色的墙面上，如图 27。在投影上看，两半球上的陆地和海洋都是重叠的，如果只看墙面，人们很可能误以为纽约（美国）距离北京（中国）非常近。但这只是我们的主观印象，实际上，投影上的每个点都代表着球体上相对的两个点。而在地球仪上从纽约飞往中国的航班，在二维中就成了飞到平面投影的边缘又飞了回来。而且哪怕投影中有两架不同航班重叠到一起，它们也并不会相撞，因为在实际上，它们位于地球仪相对的两个面上。

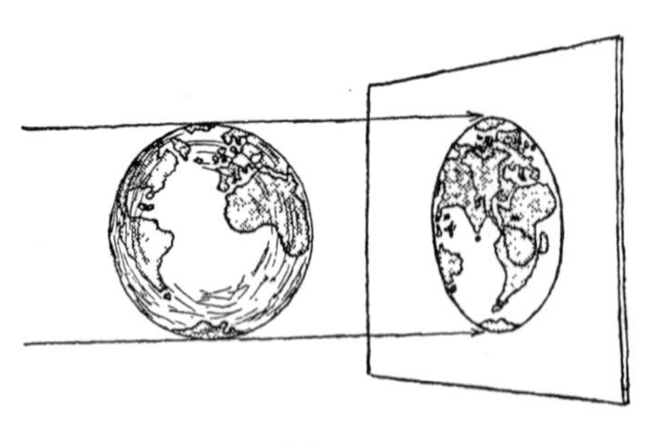

图 27
地球仪的平面投影

这就是普通球体在平面中投影的特征。只要稍加想象，应该不难想出四维超级球体在普通三维空间是什么样的。我们已经知道球体平面的投影，就像把两个扁平的圆盘点对点地叠到一起，且只通过圆的边缘相连。那么，超级球体在空间中的投影就可以被想象成是两个放在一起的球体，并通过外层相连。在上一章节介绍封闭的三维空间和封闭球面时，我们已经介绍过了这种特殊结构。在这里，我们只需要再补充一点：四维球体在三维中的投影和我们讲过的一样，就像是畸形的双重苹果，是由两个果皮完全长在一起的普通苹果所组成的。

通过这种类比的方法，我们可以解答有关四维形体性质的许多问题。但是不管怎么尝试，我们还是无法在三维空间中“想象”第四个独立的维度。

但是如果你稍加推敲就会发现，我们大可不必觉得构想出第四个维度是多么不可思议。其实我们每天都会用到一个词，而这个词为我们指明了什么可以，也应该作为物质世界的第四个维度，这个词就是时间。我们经常用时间和空间来形容身边发生的事情，当我们谈论宇宙中发生的任何事情时，不管是你在街上和朋友偶遇，还是遥远的星球爆炸，除了会提及事情发生的地点，肯定还会提到时间。因此，我们把时间这一事实和讲到位置的时候所提到的三个维度的事实放到了一起。

在深入思考后，你会发现所有的实体都有四个维度：三个空间维度和一个时间维度。因此，你住的房子也涉及长、宽、高，以及时间。时间可以从房屋建造之日算起，一直到它被烧毁、拆除，或者因年久失修倒塌为止。

当然，时间维度和其他三个空间维度不尽相同。时间的间隔是由钟表测量的，“咔嗒咔嗒”的声音代表每一秒钟，“嘀嗒嘀嗒”的声音代表每一个小时；而空间中的间隔都是用尺子来衡量的。尽管我们可以用一把尺子来测量长、宽和高，却不能把这个尺子当作钟表，去测量时间的长短。而且，在空间维度中，我们可以前后、左右、上下地来回移动；然而在时间上，我们却不能回头。只能被动地从过去走到现在，再从现在走向未来。尽管时间和空间的三个维度有很大的区别，时间还是可以作为物质世界的第四个维度。但是同时，我们一定不能忽略它和其他维度之间的不同。

有了时间这个第四维度，我们再回到本章开头，来试着想象四维形体，就会感觉简单了许多。例如，还记得四维超立方体在三维空间的投影吗？那可是有16个顶点、32条棱和24个面的！难怪图26中二维的生物看见立方体的投影目瞪口呆，就像看到了怪物。按我们说的新观点看，四维超立方体只不过是一个存在了一段时间的普通立方体。假设在5月7日你用12根直直的铁丝做了一个立方体，而过了一个月就把它拆了。那么立方体的每个顶点，都可以被看作是一条线，代表它存在的时间，即一个月。我们可以试着在每个顶点上放一个日历，每天翻页，去查看时间的变化（如图28所示）。

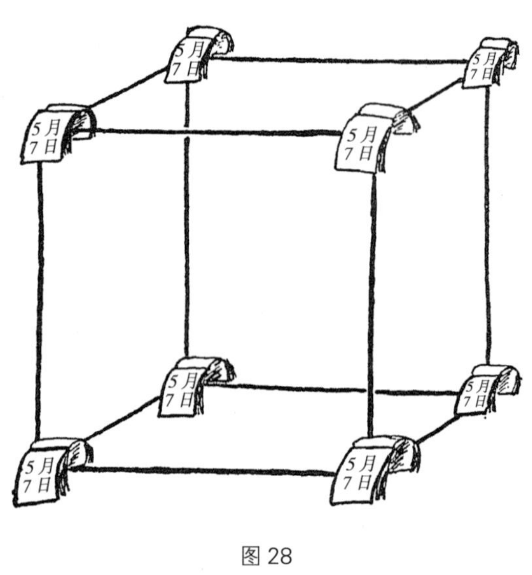

图28

这样一来，我们就能更直观地数出这个四维形体有多少条棱了。最开始，这个立方体有12条棱，且还有8条代表顶点于时间维度上存在的“时间棱”，最后，立方体被拆的时候还是在空间中有12条棱。[①] 这一共就是32条棱了。而我们可以用同样的方法，数出这个四维形体的16个顶点：5月7日有8个空间顶点，6月7日拆毁的时候也有8个空间顶点。至于四维形体的面是怎么数出来的，就让读者用同样的方法，自己来思考练习一下吧。注意：在这些面中，有的是立方体普通的正方形的面，而有的则是在从5月7日到6月7日的时间进程中，由本来的棱演变而来的，它们“一半属于空间，一半属于时间”。

上述讲到的有关四维立方体的性质和方法，同样适用于其他的几何图形，乃至所有的有生命，或没有生命的物体。

特别是我们可以把自己想成一个四维形体，就像一根长长的橡胶棒，从

① 如果你觉得难以理解，可以先试着想一个正方形，它有4个顶点和4条边。如果我们沿着垂直于表面（在第三个维度）的方向将其拉出正方形边长的距离，就成了一个正方体。

我们出生一直延伸，直到我们去世。可惜的是四维形体无法在纸上画出来，所以在图 29 中，我们努力试着通过二维阴影人的平面图，沿垂直空间拉伸，来体现其四维形态。图 29 中展示的仅仅是阴影人整个生命周期中的一小段时间。它的一生应该是一根更长的橡胶棒，而头上很细，就像我们还是宝宝的时候身材都很小，但随着时间的推移，橡胶棒不断扭动变长，直到死亡的那天，形态才会固定下来（因为死人就不会动了），然后再开始瓦解。

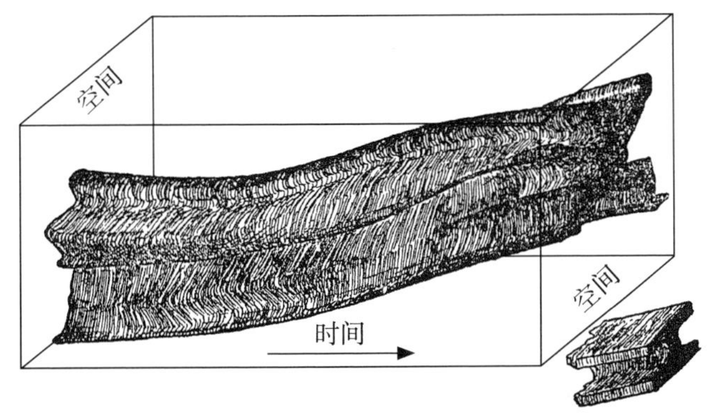

图 29

更确切地说，这个四维橡胶棒是由无数个独立的纤维组成的，而每条纤维又包含多个独立的原子。在我们整个生命周期中，大部分的纤维都聚集在一起，只有一小部分会中途掉队，就像我们头发和指甲的脱落一样。由于原子是无法再分的，所以，随着我们死去，身体瓦解，这些分离状态的纤维就会（除了组成骨骼的还聚集在一起）向四面八方分散开去。

时间和空间被合称为四维时空，粒子在四维时空中的运动轨迹即为世界线。同理，我们也可以把复合体看成是一组由世界线组成的“世界线带”。

图 30 举了一个天文方面的例子，分别描绘了太阳、地球和彗星的世界线。[①] 和刚才人的例子一样，图 30 也是将时间轴与二维空间平面（地球轨道

① 准确地说应该是“世界线带”，但是从天文学的角度，我们可以把恒星和行星都看成是点。

平面图)垂直。由于我们将太阳视为不动的[①]，图 30 中太阳世界线是一条平行于时间轴的竖线。我们还可以看出：地球的轨道几乎是圆形，地球世界线是一条围绕着太阳世界线的螺旋线，而彗星世界线接近了太阳世界线之后会再次远离。

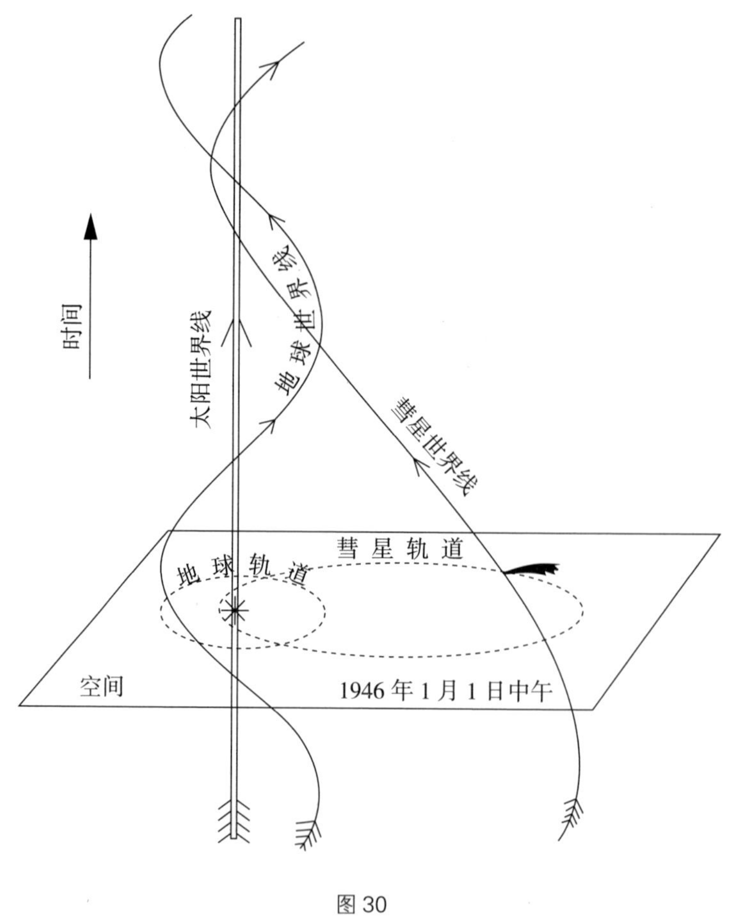

图 30

通过四维空间几何，宇宙的地貌和历史都可以在一张图中被完美展现出来。而我们的一切不过是一束束纠缠在一起的世界线，且各自代表着不同的原子、动物，抑或者恒星。

① 实际上，太阳相对于恒星是运动的，所以如果参照恒星系统，太阳的世界线应该朝一边倾斜。

2. 时空等价

如果把时间看成和空间大致等价，那么作为三维空间之外的第四个维度，我们将面临一个棘手的问题：因为测量长、宽、高的时候，三个尺寸可以用同一个计量单位，比如说 1 英尺或者 1 英寸；但是持续时间是无法用英尺或英寸来衡量的，我们必须换一个完全不同的计量单位，比如分钟或小时。这么一来，该怎么比较时间和空间呢？假设有一个边长为 1 英尺的四维立方体，那么，要想让时空等价，这个四维立方体需要在时间上延长多久？会不会和前面讲的例子一样，是 1 秒钟、1 小时或者 1 个月？ 1 小时和 1 英尺比，哪个长哪个短？

乍一看，这些问题似乎毫无意义，但是如果你细心揣摩，就能发现一个比较长度和时间的合理方法。我们经常会听人说到某人住的地方“到市中心要坐 20 分钟的公交车”，或者某个地方“坐火车 5 个小时能到”。在上述情况中，就是通过列举乘坐某种交通工具的时间，来衡量距离的。

以此类推，如果有一定标准的速度，那么我们就可以用长度来表示时间间隔，反之亦然。当然，与此同时，作为时空换算的基本因素，我们选择的标准速度必须集基本性与普遍性于一体，不因人的主观因素和客观环境的变化而改变。而在物理学中，唯一具备上述特性的速度，就是真空中的光速，而我们一般简称为“光速”。光速可以理解成“物理相互作用的传播速度”，因为物体间任何的力，不管是电引力还是重力，在真空中传播的速度都是一样的。同时，我们后面也会讲到，光速代表了物体速度的上限，而任何物体在空间中的速度都不可能超过光速。

尝试测量光速的先行者是 17 世纪意大利著名的科学家伽利略 · 伽利雷 (Galileo Galilei)。一个漆黑的夜晚，伽利略和他的助手来到佛罗伦萨附近的旷野，他们手中各拿着一盏带有机械挡光板的灯笼，可以随时开关。两个人分别在相聚几英里的位置站好，在约定好的某一刻，伽利略打开灯笼，光束照向了助手的方向，如图 31A。而助手则要保证一看到对方的灯光，就同时打开灯笼。由于光从伽利略到助手那里再传播回来需要一定的时间，伽利略认为，从他开灯到看到对方的灯光之间，肯定有一段时间间隔。实践证明，两者之间确实有一段小小的延迟。但当伽利略让助手到两倍远的距离继续试验时，却发现之间的延迟并未随着距离的变大而变大。很显然，光速真的很快，传播几英里几乎就是在转瞬之间，而伽利略观察到的延迟，实际上只是因为助手从看到灯光到反应过来开灯之间需要一定的时间——我们把这个称作反射延迟。

尽管这个实验并没有任何实际结果，但是伽利略的其他发现，特别是木星的四大卫星，为后人第一次实际测量光速奠定了基础。1675 年，丹麦天文学家罗默在地面上观察木星卫星的运动时，发现卫星在进入木星背影时(木卫食)，接连两次消失之间的时间间隔有系统性的变更，而其时间长短取决于当时木星和地球之间的距离。在大量观测的基础上，罗默很快发现（我们通过研究图 31B 也能看出）这种变更是由于光从木星到达地球需要时间，而这时间的长短取决于木星和地球在它们各自的轨道上所处的位置。通过他的观测可以发现，光速大概是每秒 185 000 英里。也难怪伽利略用他的设备没有办法测量光速，光只需要几十万分之一秒，就能从他的灯笼传到助手那里并再返回!

后来，人们通过精密的仪器完成了伽利略当时的实验，并弥补了当时设备过于简陋的不足。第一个通过图 31C 的方法在相对较短的距离内测量出光速的人，是法国物理学家菲佐。我们可以看出，菲佐在一个公共轴的两端安装了两个齿轮，如果我们沿平行于这个轴的方向观察齿轮就会发现，第一个齿轮的齿正好覆盖了第二个齿轮的齿缝。这样一来，无论轴如何旋转，平行于轴的光束都不能同时穿透两层齿轮。假设现在这个系统的轴开始快速地转动，那么光穿过第一个齿轮的齿缝后，需要一段时间才能射到第二个齿轮。这时候如果整个齿轮系统转动的距离等于齿轮的一半，那光就可以透过

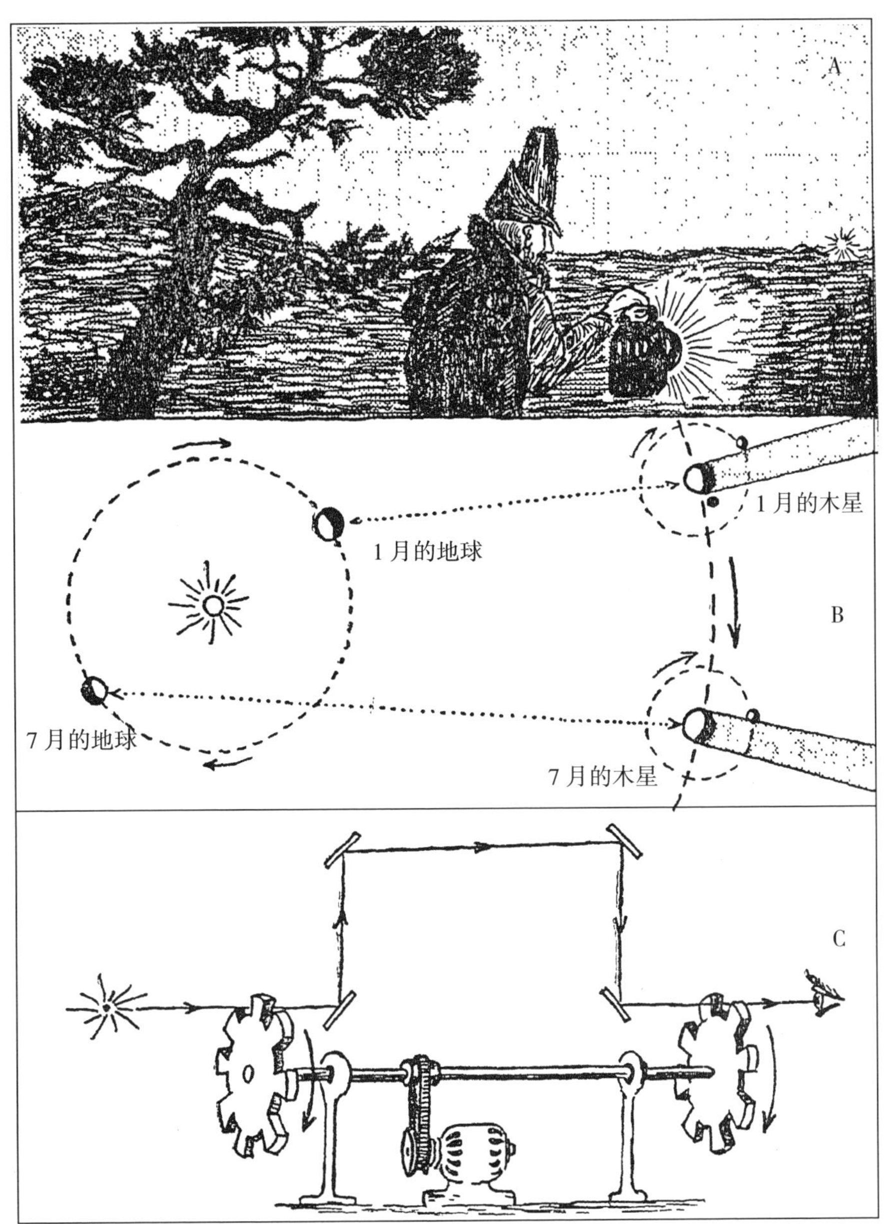

图 31

第二个齿轮的齿缝。这就好比在装有信号灯同步系统的马路上，如果一辆车车速合适，就能一路畅行。那么，如果轴的转速增加一倍，光照到第二个齿轮时正好转过了整个齿缝，则又会被齿轮挡住。但是，这时如果提高转速，光又可以穿过第二个齿轮，因为刚才挡光部分已经转过去了，而光正好可以通过下一个齿缝。因此，我们只要知道了光束出现和消失之间轴的转速，就可以估测出光在两个齿轮之间的运动速度。为便于实验，我们可以拉长光从第一个齿轮到第二个齿轮之间传播的距离，如图 31C 所示加上镜子，这样在实验过程中轴的转速也可以不用那么快了。通过这种方法，菲佐发现当设备每秒转 1000 圈的时候，第一次可以看到光透过两个齿缝。这也就证明了，光穿过两个齿轮的这段时间里，齿轮以这种速度移动了齿距一半的距离。而每个齿轮上都有大小相等的 50 个齿，因此齿距一半的距离是齿轮周长的 $\frac{1}{100}$，则光运行的时间也就是齿轮转动一圈时间的 $\frac{1}{100}$。根据已知的两个齿轮之间的距离，菲佐计算出光的传播速度为每秒钟 300 000 千米，即 186 000 英里。这个数字和罗默观察木星卫星所得到的光速基本一致。

在这些先驱研究的基础上，人们通过天文学或者物理学的方法进行了大量的独立测量。当前，真空光速（一般用字母 c 表示）最精确估算值为：

c=299 776 千米 / 秒或 186 300 英里 / 秒[①]

光的传播速度极快，用它作为标准来衡量天文距离则非常方便。毕竟相对于浩瀚无垠的宇宙，用英里或者千米表示的话，动辄就得写上好几页的数字。因此，天文学家说某颗恒星到地球的距离，会用 5“光年”之类的说法，就像我们说到某个地方，坐 5 个小时的火车能到一样。我们知道，1 年有大约 31 558 000 秒，那么 1 光年的距离就相当于 31 558 000 × 299 776= 9 460 000 000 000 千米，即 5 879 000 000 000 英里。用“光年”表示距离，实际上我们就已经承认了时间作为一个维度，而表示时间的单位可以被用来衡量空间距离。我们也可以把运算过程颠倒一下，得到“光英里”，表示

① 根据目前最新计算的光速数据：c=299 792 458 米 / 秒。——编者注

光传播一英里的距离所用的时间。通过光速，可以计算出 1 光英里相当于 0.000 005 4 秒，而 1 光英尺就是 0.000 000 001 1 秒。这也解答了我们上一部分探讨四维立方体的问题，如果在空间中这个立方体的边长为 1 英尺，那么它在时间上的维度大约只有 0.000 000 001 1 秒。如果这个立方体存在的时间有整整一个月那么长，那么它在四维空间中看起来应该像一个长棍，因为其在时间维度上的长度远远超过了其他三个空间维度。

3. 四维距离

我们已经解决了时间轴和空间轴间的单位转换问题，下面要思考的是：在四维时空中，两点之间的距离应该怎么理解？别忘了，四维空间中的每一个点都相当于我们所说的“一个事件”，它是位置和时间数据的结合体。为更好地理解，我们以下面两个事件为例：

事件 1：1945 年 7 月 28 日上午 9 点 21 分，位于纽约第五大道和 50 街交叉口一楼的银行，发生了抢劫案。[①]

事件 2：同一天上午 9 点 36 分，一架军用飞机在雾中迷失了方向，撞到了纽约第五大道和第六大道之间 34 街帝国大厦的 79 楼，如图 32。

这两起事件在空间上的南北方向上相隔 16 个街区，东西方向上相隔半个街区，高度上差了 78 层楼，而在时间上则隔了 15 分钟。如果要形容两起事件的空间距离，我们显然不用把街区和楼层的数据列举出来，因为根据著名的毕达哥拉斯定理（勾股定理），我们可以得到两个事件位置的直线距离。而根据该定理，两点之间的空间距离等于两点空间坐标距离平方和的平方根，如图 32 右下角。要使用毕达哥拉斯定理，我们必须先把所有的距离换算成一致的单位，方便比较，在这里我们统一用英尺计算。如果南北方向每个街区长 200 英尺，东西方向每个街区长 800 英尺，而帝国大厦每层楼的高

① 这是个虚构的例子，如有雷同纯属巧合。

度为 12 英尺，则三个坐标分别为南北方向 3200 英尺，东西方向 400 英尺，垂直方向 936 英尺。根据毕达哥拉斯定理，两个位置之间的直线距离为：

$$\sqrt{3200^2+400^2+936^2} = \sqrt{11\ 280\ 000} = 3360 \text{ 英尺}$$

如果时间作为第四维度坐标确实有实际意义，我们应该可以通过 3360 英尺的空间距离和两个事件之间 15 分钟的间隔得到一个数字，以此表示两件事的四维距离。

根据爱因斯坦最初的设想，将毕达哥拉斯定理稍加推广，就可以确定四维距离。而四维距离在事件的物理关系中，比个体间的空间距离和时间间隔更为重要。

图 32

当然，如果想要把空间和时间数据结合起来，我们必须将它们换算成同一单位，以方便比较，就像用英尺表示街区和楼层一样。正如我们之前讲到的，可以借助光速作为转换因子，这样事件 15 分钟的间隔就转换成了 8000 亿光英尺。再对毕达哥拉斯定理稍加推广，就可以知道四维距离是四个坐标距离（三个空间距离和一个时间间隔）平方和的平方根。然而，如果要这样的话，空间和时间之间的差异则就被彻底抹去了，也就相当于，我们承认了空间和时间之间是可以相互转换的。

但是，包括伟大的爱因斯坦在内，所有人都不能挥着魔杖念咒语“时间空间，变变变”，就能把布下面的尺码变成崭新的闹钟！（如图 33 所示）

图 33

爱因斯坦教授没能做到这一点，但他做了一件更好的事

因此，要通过毕达哥拉斯定理定义时间，我们必须革新方法，以便保留时间和空间原有的差别。

爱因斯坦认为，空间距离和时间间隔的区别，可以借助毕达哥拉斯定理用数学公式表示出来，即在时间坐标的平方前面加上负号。这样两起事件的四维距离就成了三维坐标的平方和，再减去时间坐标的平方所得的平方根。注意：时间坐标要先转换成空间单位。

通过这种方法，银行抢劫案和飞机撞楼时间之间的四维距离就可以表示为：

$$\sqrt{3200^2+400^2+936^2-800\ 000\ 000\ 000^2}$$

这个算式的前三项都是“普通生活”中实实在在的数据，而放在一起的第四个超大数字所代表的时间，在一般生活中的合理单位都是非常小的数字。如果我们跳出纽约的两起事件，而在宇宙中选个例子，就能得到大小相对接近的数字。比如第一起事件是 1946 年 7 月 1 日上午 9 点整，美国在比基尼岛进行了原子弹实验，而第二起事件是同天的上午 9 点零 1 分，火星表面陨石坠落。这两起事件的时间间隔为 5400 亿光英尺，而空间距离为 6500 亿英尺。

在上面的例子中，这两起事件的四维距离我们就可以表示成 $\sqrt{(65\times10^{10})^2-(54\times10^{10})^2}$ 英尺 $=36\times10^{10}$ 英尺，这个数字与纯空间距离和纯时间间隔都不一样。

当然，你也许有充分的理由，认为这个几何算式毫无逻辑可言——为什么要把其中的一个坐标和另外三个区别对待？但是千万别忘了，任何用来描述物理世界的数学系统，都必须根据情况需要有所调整，如果在四维空间中空间和时间确实性状不同，四维几何也要相应地体现出它们之间的差别。其实，我们只要做一个简单调整，就可以让爱因斯坦时间空间几何学变得像我们在学校学的欧几里得几何一样，既合理又通俗易懂。这种方法的提出者是德国数学家闵可夫斯基（Hermann Minkowski），他把第四个时间坐标当作一个纯虚数。我们在第二章中讲过，任何数字都可以通过和 $\sqrt{-1}$ 相乘变成一个纯虚数，这样的虚数可以用来解决很多几何问题。闵可夫斯基认为，要把时间作为四维中的第四个坐标，不仅要将其和其他三个坐标统一单位，还要乘以 $\sqrt{-1}$。根据这种观点，上面第一个例子中的四个坐标距离可以分别表示为：

第一坐标：3200 英尺

第二坐标：400 英尺

第三坐标：936 英尺

第四坐标：$8\times10^{11}\times i$ 光英尺

由此，我们可以将四维距离定义为所有四个维度坐标平方和的平方根了。实际上，由于虚数的平方是负数，闵可夫斯基坐标系中使用的毕达哥拉斯定理和爱因斯坦那个看似奇怪的毕达哥拉斯定理，其本质是一样的。

有这么一个小故事，讲的是有一位患有风湿的老人，他的朋友非常健康，且不受风湿的困扰，于是他询问朋友是如何避免这种疾病的。

“我长久以来，每天早晨都要冲凉水澡。”朋友回答。

“天啊，”老人感叹道，“你就是把风湿病换成了凉水澡啊，其实还是一样。”

这么看来，你要是不喜欢那个看似风湿病的毕达哥斯拉定理，不妨改成冲个凉水澡，试着换成时间坐标的虚数。

既然四维时间坐标具有虚数性质，我们还需要考虑这两种物理性质不同的四维距离。

实际上，在上面纽约市的例子里，两起事件的空间距离在数量上大大地小于时间间隔（换算成统一单位后），那么毕达哥拉斯方程中根号下的数肯定是负数，我们推算出的四维距离也就肯定是一个虚数；但是，在某些情况中，时间距离是小于空间距离的，那根号下的数就是正数。这无疑说明，在这些情况下，两起事件的四维距离是实数。

综上可知，我们认为空间距离是实数，时间间隔是虚数，那么实数的四维距离与普通的空间距离关系更为密切，虚数的四维距离与时间间隔关系更为密切。闵可夫斯基分别给这两种不同的四维距离下了定义：第一种称为“类空间隔”，第二种则称为“类时间隔”。

下一章中，我们将学到怎么把类空间距离转换成一般的空间距离，类时间距离又是怎么变成一般的时间间隔。但是，不管如何变幻，它们还是一个由实数代表，一个由虚数代表，这个鸿沟似乎难以跨越。由此，我们也不可能把码尺变成闹钟，或者把闹钟变成码尺。

第五章　空间和时间的相对性

1. 时空间的相互转换

数学的方法在四维空间中统一了空间和时间，却仍然没能消除空间距离和时间间隔之间的区别。但是，无论如何它揭示了这两者的相似之处，而这一点是在爱因斯坦之前的任何物理学家都没有做到的。实际上，现在事件之间的空间距离和时间间隔都被看作是四维距离在空间轴和时间轴上的投影。因此，四维坐标系的旋转有可能把部分空间距离变成时间间隔，也可能把时间间隔转化成空间距离。但是，四维时空坐标系怎么旋转呢？

我们先来看看由两个空间坐标轴所组成的坐标系，如图 34a，假设在坐标系统有固定两点，两点间的距离为 L。我们把这个距离分别投影在两个坐标轴上，在一个轴上得到间隔 a 英尺，在另一个轴上得到间隔 b 英尺。现在，我们如图 34b 所示，沿一定角度旋转坐标系，两点之间距离的投影也会跟着改变，由此又得到两个不同的距离投影 a' 和 b'。但是根据毕达哥

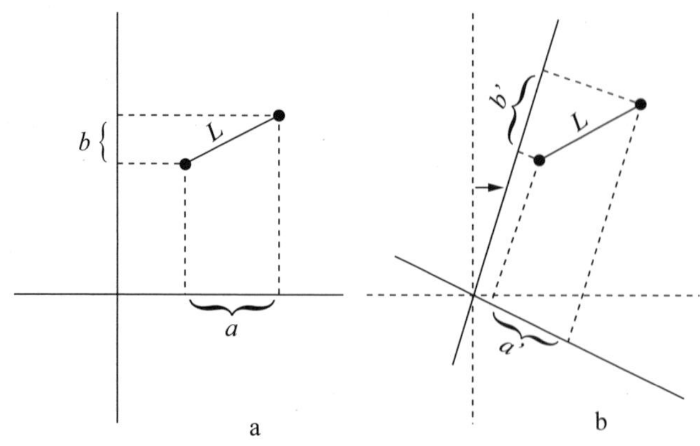

图 34

拉斯定理，不同情况下，两个投影平方和的根一样，因为都对应的是两点之间的实际距离，而这个距离是不会跟着坐标轴的旋转改变的。由此，可得到等式：

$$\sqrt{a^2+b^2}=\sqrt{a'^2+b'^2}=L$$

由此可以确定，平方和的平方根不跟随坐标轴的旋转而改变。与此同时投影的数值是不确定的，会跟随着坐标系统的变化而变化。

我们再来看看另一种坐标系：一个轴表示空间距离，而另一个轴表示时间间隔。在这种情况下，刚才例子中的两个点就代表了两起特定的事件，而它们在两个坐标轴上的坐标则分别代表了事件的空间距离和时间间隔。我们还是以上一部分的纽约银行抢劫和飞机坠毁的两事件为例，并绘制出图 35，它与代表空间坐标的图 34 看上去很相似。现在要转动图 35 中的坐标系，我们要怎么做呢？答案肯定会让你满腹疑惑、大吃一惊：想要改变时空坐标系，请先坐上公交车试试。

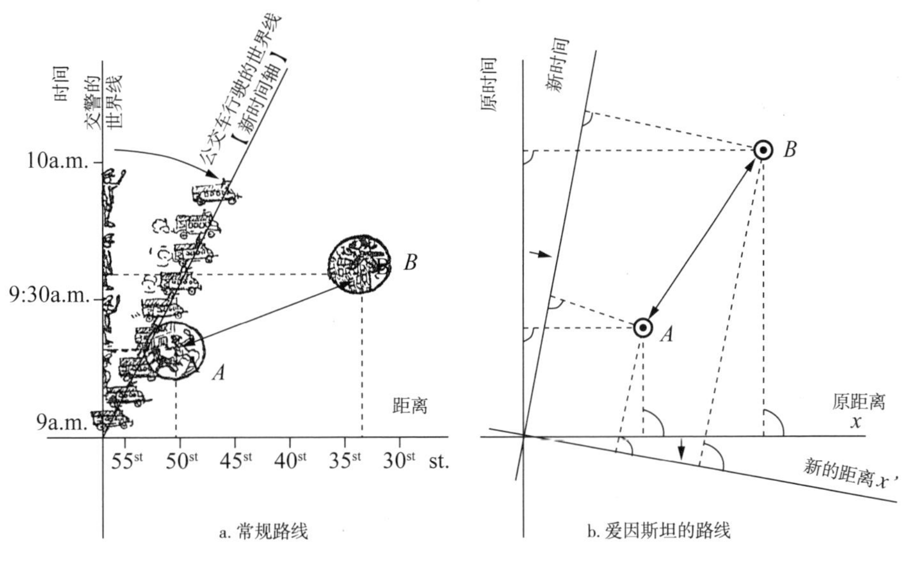

图 35

假设在悲剧发生的 7 月 28 日那天早上，我们真的坐到双层公交车的上层驶向第五大道。从自我的角度来看，我们肯定更关注的是自己乘坐的公交车离银行抢劫和飞机坠毁事发地有多远，因为这个距离决定了我们能不能看到当时发生的情况。

图 35a 中展现了公交车行驶连续的世界线，以及抢劫案和坠机两起事件。我们很容易可以看出，这里显示的距离和一般交警在街角警报亭记录的距离是不同的。因为公交车一直在马路上行驶，我们假设它的速度为每 3 分钟一个街区（在交通堵塞的纽约，开到这个速度可不容易！），从公交车上看，两起事件的空间距离就随之变短了。实际上，上午 9 点 21 分的时候公交车行驶至第 52 街，同时两个街区外发生了银行抢劫案；飞机坠毁的时间是上午 9 点 36 分，公交车此时行驶至第 47 街，距离坠机地相差 14 街区。如果测量两起事件相对于公交车的距离，可以得到 14−2=12 个街区。而通过事件发生的建筑位置测量的距离为 50−34=16 个街区。通过图 35a 我们还可以看出，通过公交车行驶记录的事件距离不能在坐标轴的纵轴上（警察记录的世界线则在纵轴上绘制）表示出来，而是要在表示公交车世界线的斜线上，所以这一种情况下，这条斜线成了表示时间的坐标轴。

我们简单总结一下上面的烦琐叙述：要绘制在移动的交通工具上观测到的时空图像，必须将时间轴沿一定角度倾斜（且移动角度的大小由交通工具的速度决定），同时，空间轴保持不变。

上述观点深受经典物理学推崇，也看似十分符合“常理”，但是四维时空世界的新观点却与之背道而驰。如果时间真能作为独立的第四个坐标，那么时间轴和其他三个空间轴必须要时刻保持垂直关系，无论我们选取任何交通工具，比如公交车或者电车，哪怕是站在人行道上都不会有任何影响。

在这种情况下，我们要在这两种思路中任选一种，或是秉承传统空间和时间的观点，将统一时空的几何学置之一旁；或是挣脱所谓的“常理”的束缚，认定在时空图中空间轴必须跟着时间轴一起转动，以保持双方垂直的位置关系（如图 35b 所示）。

但是，在物理意义中，乘坐移动的交通工具观察，时间轴的移动会导致两起事件空间距离的变化（上面讲到的 12 个街区和 16 个街区）；如果我们移动空间轴，在移动的交通工具上观察到的时间间隔也会和在某固定点观察到的不一样。这么说来，如果市政大厅的钟表显示的是银行抢劫和飞机坠毁相隔 15 分钟，公交车上乘客依靠自己的腕表所记录的时间间隔肯定不一样——这绝不是因为两个计时工具在机械方面存在的缺陷，而是因为在不同速度前行的交通工具上，时间也以不同的速率穿梭着。这样一来，公交车上乘客的手表显示的时间也就相对比较慢，但是公交车的速度又不够快，所以时间的延迟几乎难以察觉（在本章中，我们还会详细讲到这个问题）。

我们再举个例子，假设一位乘客正在行驶的火车餐车上享用晚餐。在餐车服务员看来，这位乘客从吃餐前的开胃菜到餐后甜点，都是坐在靠窗的第三张桌子旁；但是在轨道旁，一个处于固定点的扳道工正透过车窗看到他吃开胃菜；而几英里之外的另一名扳道工正好看到这位乘客在吃甜点。所以在他们看来，这两起事件发生的位置相差了好几英里。由此，我们可以得出结论：如果两起事件发生于同一地点，又不在同一时间，在其他状态下（或者其他多种运动状态下）的观察者眼里，这两起事件可能发生在不同的地点。

根据理想的时空等价观点，我们可以把上述结论中的“地点”和“时间”互换位置，这句话就变成了：如果两起事件发生于同一时间，又不在同一地点，在其他状态下（或者其他多种运动状态下）的观察者眼里，这两起事件可能发生在不同时间。

再把这个结论用于我们餐车的例子中。某列车服务员可能信誓旦旦地说，在餐车车厢头尾就餐的两名乘客，吃完晚餐同一时间点了根香烟；但是在车外轨道旁的扳道工看来，这两位乘客点烟的时间绝对是一前一后。

因此，在一位观察者看来同时发生的事件，如果换一位观察者，可能两起事件有一定的时间间隔。

在四维几何学中，空间和时间是四维距离在相对轴上的投影，而四维距离是恒定不变的，所以必然会得出上面的结论。

2. 以太风和天狼星之旅

让我们来自省一下：尽管固有的时空概念稍显陈旧，但是我们已经习以为常了。现在为了应用四维几何学而对其进行一场翻天覆地的变革，到底值不值得？

如果你觉得值得，那就相当于对整个经典物理学体系宣战。这个体系基于 250 多年前，英国著名物理学家艾萨克 · 牛顿对空间和时间的定义："绝对的空间，就其本质而言，是与外界任何事物无关，永远是不变和静止不动的。"并且"时间是绝对的，与任何特殊的参考系无关，静止安放在不同惯性系中的时钟，对同一运动过程的计时结果是相同的"。牛顿在写下这些时，肯定觉得这些观点人们早就知道，并且认可了，是绝对不会引起任何争议的，而他只不过是把有关空间和时间的常识用精练的语言加以总结。实际上，这种想法十分根深蒂固，以至于连哲学家都以此推理，也从没有科学家（更不别说其他专业的外行）提出任何异议，觉得这个观点有待考证或者遣词造句欠妥当。既然这样，我们又为什么要把这个问题提上议程呢？

爱因斯坦之所以摒弃有关时空的经典物理学理论，而将两者统一于四维构建的坐标系中，并不是因为他的审美偏好，更不是想要彰显他出众的数学天赋。这一切是他通过坚持不懈的实验和研究，得出的确凿不移的结论，而这个结论刚好有悖于经典物理学中的空间、时间独立的理念。

经典物理就像一座宏伟壮美、屹立不倒的城堡，但是在 1887 年，美国物理学家阿尔伯特 · 亚伯拉罕 · 迈克尔逊（Albert Abraham Michelson）的一个实验，第一次撼动了这座堡垒。正如约书亚（Joshua）带领犹太人一起吹号，震毁了传说中坚不可摧的耶利哥城一般，而也正是迈克尔逊的这个实验，让经典物理学中每一块砖瓦都为之颤抖。在迈克尔逊的时代，人们认为光和一切电磁波必须借助绝对静止的"以太"进行传播。"以太"是想象出来的一种介质，均匀地分布在星际空间和一切物质的原子之间。迈克尔逊的实验就建立在这种理念的基础上，其实非常简单。

就像将石头投入水中，波纹会向四面八方漫延开来，而任何发光体投射出的光也有类似的光波，同样的还有振动的音叉发出的声波。但是水面的波纹是水中的微粒运动产生的，声波是由物体振动，并通过空气或其他物质传播产生的，我们却无法确定光波到底是通过什么物质作为媒介传播的。实际上和声音相比，光在空间中的传播似乎很轻松，好像中间没有任何东西阻碍一样。

说是有振动但是却找不到振动的物质，这看上去似乎不合逻辑。于是物理学家引入了一个新的概念——“光介质以太”，并用这个作为名词主语，来粉饰“振动”这个动词，同时解释光的传播。单从语法角度看，任何的动词都必须有一个主语，我们不能否定“光介质以太”的存在，但是——这个“但是”非常重要——语法规则没有，也不能，告诉我们在构建一个语法正确的句子时，表示主语的名词具有什么物理性质。

如果我们认定，光波需要通过以太进行传播，并将“光以太”作为传播介质，看似无可厚非，但又前后重复赘述。但是，要想弄清楚以太到底是什么，而且具有什么物理性质，那就是另一个完全不同的问题了。要解答这个问题，语法（哪怕是希腊的语法）不可能帮到我们，我们必须从物理学中寻求答案。

在接下来的讨论中我们将会讲到，19 世纪的物理学最大的失误之一，就是假定光以太和我们熟悉的一般物质具有类似的特性。当时的人们甚至大谈特谈光以太的流动性、刚性，各种弹性以及内部的摩擦力。比如谈及光以太作为光波的介质时，将其比作类似于密封蜡一样的物质，一方面是振动的固体[①]，另一方面又有完美的流动性，对天体的运行没有任何的阻力。实际上，不管是密封蜡还是其他相似的物质虽硬但易碎，特别是在迅猛的机械冲

① 研究表明，光波的振动相对于其传播方向是横向的。在普通的物质中，固体相对于光的传播方向也是横向振动的，而液体、气体的振动粒子则是沿着光波的方向振动。

击力之下；但是，如果静置的时间足够长，又会在自己重力的作用下像蜂蜜一样流动。陈旧的物理学通过这种类比，认为充斥在星际空间之中的光以太在作为高速光波的介质时，是坚硬的固体；但是，当速度比光速慢很多的行星和恒星穿过光以太时，则又变成了典型的液体。

在这种观点中，人们给一种除了名字，其他完全未知的东西，赋予了我们熟悉的普通物质的特性，这从一开始就是大错特错的。同时，在多次的尝试和努力下，还是没有人能够对这种神秘的光波介质的性质做出合理的解释。

根据当前人们的认知，我们可以轻而易举看出这些尝试失败的原因。我们知道，所有物质的机械性质都可以从构成这些物质的原子之间的相互关系中找到答案。举个例子，水之所以流动性强，是因为水分子间的摩擦力很小，彼此可以轻松划过；橡胶之所以弹性好，是因为橡胶分子容易变形；而金刚石之所以坚固无比，是因为组成钻石晶体的碳原子紧密结合，且构成的正四面体结构稳定。由此可以确定，一般物质的机械性质都和原子结构有关，但是像光以太这种绝对连续的物质，上述理论完全不能适用。

光以太是一种特殊的物质，和我们平时所说的由原子组成的物质没有任何相似之处。我们可以将光以太称为“物质”(即使仅仅为了为“振动”这个动词找一个主语)，也可以将其称为“空间”。不过要记住，我们之前讲过，之后也会看到，空间具有某些形态或者结构特征，这让它的概念比欧几里得几何学要难捉摸的多。实际上，在现代物理学中，“光以太”(抛开它所谓的机械特性来看）和“物理空间”表达的是一个意思。

我们已经探讨太多的“光以太”认知学以及哲学方面的分析，是时候绕回正题，讲讲迈克尔逊的实验了。我们之前也说过，这个实验的设想十分简单：如果光波在以太中传播，那么放置在地球表面的仪器测到的光速必然会受到地球在宇宙中运动的影响。我们站在地球上，它沿着轨道绕着太阳公转，我们应该可以感受到“以太风”。这就好像有一辆快速行驶的船，哪怕没有风，站在甲板上的人也能感受到风吹拂脸颊。如果以太风能够不受任何阻碍穿透组成人身体的原子，我们当然不能感受到它；但是通过测量我们在不同运动时的光速，应该可以检测到以太风的存在。我们都知道声波顺风传播的速度快，逆风传播的速度慢，这个规律看似适用于光在以太风中的传播速度。

根据上述原理，迈克尔逊教授组建了一套装置，以记录光在不同方向的传播速度。当然，完成这一实验最简单的装置是我之前讲过的菲佐的设备（如图 31C 所示）。为了进行不同的测量，要把仪器放置在不同方向进行实验。但是这么做不太理智，因为这样在每种情况下都要做到十分精确才可以。确实，我们预期的速度差异（等同于地球运行的速度）大约只有光速的万分之一，且每一次测量都要特别精确。

试想一下，如果我们有两根木棒，要比较它们的长短的话，最简单的办法是把它们一头对齐放在一起，看另一头差多少。这就是所谓的“零点法”。

图 36 为迈克尔逊装置的示意图，这个装置利用零点法，比较了垂直方向的光速。

装置中心是玻璃板 B，上面镀了一层薄薄的、半透明的银膜，使 50% 的光反射走，而另外 50% 的光会透过去。这样光源 A 的入射光就分成彼此垂直的两束光——反射光和透射光；反射光和透射光分别垂直入射到全反射镜 C 和 D，C、D 距玻璃板 B 的距离相等，然后又反射回到了 B。这样从 D 和 C 反射来的光会有一部分经过透射和反射，会聚到观察者那里。仪器让一开始的一束光在分离之后又聚集到了一

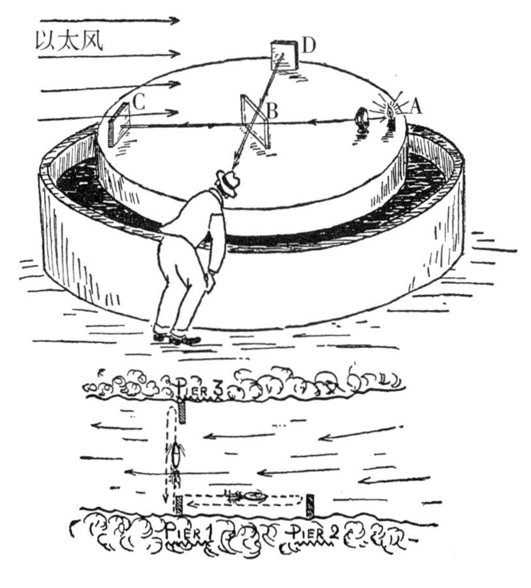

图 36

起。根据著名的光学定理，这两束光会相互干涉，形成我们肉眼可见的深浅条纹。[①] 如果 BC 和 BD 之间的距离相等，两束光会同时回到中心 B，这时深条纹位于图像的中心；如果距离稍加改变，一束光比另一束光先反射回中心 B，那么深浅条纹可能向左或者向右偏移。

由于该装置放置在地球上，而地球又在宇宙中高速运动，所以以太风经过设备的速度一定等于地球运动的速度。假设以太风从 C 吹向 B（如图 36 所示），我们试想一下，这对向中心 B 会聚的两束光的光速，会不会有什么影响呢？

注意，其中一束光是逆以太风走，顺以太风回，而另一束光来回都是横穿以太风。哪束光会先反射回中心 B 呢？

假设有一条河，一艘摩托艇要逆流从码头 1 驶向码头 2，然后再顺流返回码头 1。在去往码头 2 的途中，水流会阻碍摩托艇的行驶速度，但是在返程中则会对速度有促进作用。你也许会因此认为，这两种效果会相互抵消，但事实上并不会。要想理解这一点，我们可以先假设船的速度和河流速度一样。那么在上面的例子中，这艘船将无法到达码头 2！很明显，无论在什么情况下，河流流动都会延长船的航行时间，并且延长了在静水中的航行时间，增加的倍数如下计算：

$$\frac{1}{1-\left(\frac{V}{v}\right)^2}$$

在这个式子中，v 表示船速，V 表示河流速度。[②] 根据这个式子，如果船速是河流速度的 10 倍，则往返时间为静水中往返时间的 $\frac{1}{1-\left(\frac{1}{10}\right)^2}=\frac{1}{1-0.01}=$

① 详见第六章第 2 小节内容。

② 实际上可以设两个码头之间的距离为 L，船顺流行驶的速度为 $v+V$，逆流行驶的速度为 $v-V$，则船往返的总时间为：

$$t=\frac{l}{v+V}+\frac{l}{v-V}=\frac{2vl}{(v+V)(v-V)}=\frac{2vl}{v^2-V^2}=\frac{2l}{v}\times\frac{l}{1-\frac{V^2}{v^2}}$$

$\frac{1}{0.99}$ =1.01 倍。

也就是比在静水中航行的时间长百分之一。

同理，我们也可以计算往返河流所耽搁的时间。假设船从码头 1 驶向码头 3，为了避免水流速度带来的延迟，船必须略微偏离航道，以抵偿水流造成的偏移。在这种情况下，水流造成的延迟反而缩短了，延迟倍数变成了：

$$\sqrt{\frac{1}{1-\left(\frac{V}{v}\right)^2}}$$

带到上面的例子中，我们可知，往返时间比在静水中航行的时间多了大约千分之五。这个公式很容易论证出来，在这里我们就不讲了，求知欲强的读者可以课下推敲。接下来，我们把刚才例子中的河流换成以太流，把船换成在以太流中传播的光波，两个码头换成实验中的全反射镜 C、D，就构成了迈克尔逊实验的方案。我们可以知道，从 B 到 C 又反射回来的光束延迟倍数为：

$$\frac{1}{1-\left(\frac{V}{c}\right)^2}$$

其中 c 表示光在以太中的传播速度，V 表示以太风速。而光从 B 传播到 D 再反射回来的延迟倍数为：

$$\sqrt{\frac{1}{1-\left(\frac{V}{c}\right)^2}}$$

我们已经知道以太风的速度和地球的运动速度一致，为每秒 30 千米，光速为每秒 3×10^5 千米。所以，这两束光应该分别延迟了万分之一和十万分之五。通过迈克尔逊的实验装置，我们应该很容易观测到顺着以太风与逆着以太风的光速差别。

如果你是迈克尔逊，在实验的过程中完全观测不到任何条纹的移动，也会大吃一惊的。

很显然，无论是顺着还是横穿，以太风对光速都完全无影响。

这个实验结果是如此出乎意料，以至于一开始迈克尔逊自己都不相信。但是经过反复试验论证，尽管令人诧异，他还是不得不承认他一开始的结论就是正确的。

如果仍然不怀疑以太是不存在的，那只能大胆假设：迈克尔逊实验时放镜子的那张大石头桌子，沿着地球在宇宙中运行的方向有轻微的收缩（即所谓的洛仑兹收缩[①]）。实际上，如果 BC 的距离收缩的倍数为：

$$\sqrt{1-\frac{v^2}{c^2}}$$

而 BD 的距离不变，两束光的延迟则会相等，干涉条纹也不会移动。

尽管提出迈克尔逊的桌子收缩很容易，但要搞清楚为什么会出现这种现象就难了。确实，我们认为物体在穿过某种有阻碍的介质时，会有一定程度的收缩。还是用刚才摩托艇那个例子，在河面行驶的摩托艇会因为螺旋桨对船尾的驱动力和水流对船头的阻力而收缩。但是，这种机械收缩的大小是由摩托艇的材质决定的，钢船的收缩程度肯定小于木质的船。但是，在迈克尔逊实验中，造成这种收缩变化是由运动的速度引起的，和材质的硬度没有任何关系。如果他不是把镜子放在了石头桌子上，而是换成了铸铁的、木头的，或者其他任何材质的桌子上，收缩程度不会有任何变化。到这里，我们就可以明显看出，这是一种能让运动中的物体以同一程度收缩的普遍效应。或是认同爱因斯坦教授 1904 年对这种现象的解释：我们在此面对的是空间的收缩，所有同速运动的物体都会有同样程度的收缩，因为它们都处于同一个收缩空间中。

在本书的最后两章中，我们会对空间的特性展开详细的讨论，以论证上述观点的正确性。现在为了方便理解，我们可以试想，空间具有弹性凝胶的

① 以首个提出此概念的电磁学家洛仑兹命名，他认为洛伦兹收缩会引起收缩物体内部结构和物理性质的变化。

某些特性，不同物体的边界都能在空间上留下痕迹。如果空间受到了挤压、拉伸或者扭曲而变形，嵌在里面的物体也会自动跟着变形。这种由空间变形而引起内部物体形态的改变，和个体在外力影响下，造成内部压力或者拉伸而引起的变形是不一样的。我们可以通过二维图例 37 来更好地了解这两种变形之间的区别。

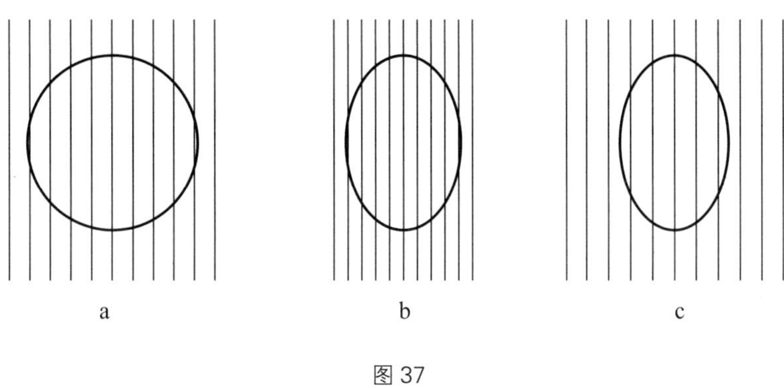

图 37

然而，尽管空间收缩效应对我们理解物理的基本原理极重要，在日常生活中却很少有人会注意到这点，因为生活中和我们相关的最快的速度，和光速比起来都不值一提。比如，一辆速度为每小时 50 英里的车，其长度受空间影响减少为原来的 $\sqrt{(1-10^{-7})^2}$ =0.999 999 999 999 99 倍，也就是从车头到车尾共减少了一个原子核直径的长度！一辆速度为每小时 600 英里的喷气式飞机，长度只减少了一个原子直径的长度。而一架时速为 25 000 英里、长 100 米的星际火箭，减少的长度仅为 0.01 毫米。

但是，如果有物体的运动速度能达到光速的 50%、90% 和 99%，这些物体的长度相对于它们放置在地面上的大小，将分别减少 86%、45% 和 14%。

某位作家专门写了一首 5 行打油诗，记录这些高速运动的物体相对收缩的效应：

有位小伙费斯克，
剑术敏捷没的说。
动作如飞真迅速，
引发洛伦兹大收缩，
长剑成盘真奇特。

这样看来，费斯克先生是用光速在比剑啊！

在四维几何中，空间内所有运动着的物体变短都是因为时空轴旋转，而四维距离不变，导致空间的投影发生了变化。实际上，你肯定还记得我们在上一部分中讲过，对某一运动系统的观测都可以解释为空间坐标轴沿一定的角度转动，而转动的角度就由速度决定。这么看来，如果在静止系统中，有一个四维距离完全在空间轴上（如图 38a 所示），那么它在新时空轴上空间的投影总是会变短（如图 38b 所示）。

我们需要注意很重要的一点，就是长度变短是完全取决于两个系统之间的相互运动的。如果其中一个物体相对于另一个是静止的，那么就可以用一条平行于新空间轴的不变的线表示，在旧空间轴上的投影也会缩短同样的比例。

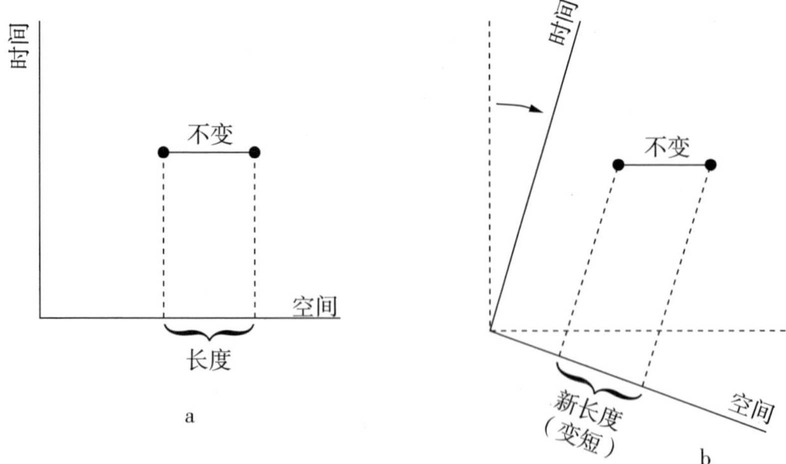

图 38

由此可知，去分辨两个系统中究竟哪个在“真正意义上”运动，既没有必要，也没有任何物理意义。我们需要搞清楚的只是它们相互之间的运动。因此，如果未来有两架隶属于“星际交流有限公司”的游客火箭飞行器在地球到土星之间高速行驶的过程中擦肩而过，飞船上的游客都可以通过船体侧面的窗户看到另一艘飞船，而且看到飞船都会有明显的收缩，但是，与此同时，他们都察觉不到自己的飞船也收缩了。在这种情况下，讨论到底是哪艘飞船收缩了真的没有任何必要，因为两艘飞船的收缩，都是另一艘飞船上面的乘客观察到的，而所有乘客看自己的飞船都没有收缩。①

四维的理论也帮我们解释了为什么只有速度接近光速时，才能观测到运动物体的相对收缩。实际上，时空坐标系转动的角度，是由物体运动的距离和相对应的时长之间的比率决定的。如果我们用英尺和秒分别作为空间和时间的计量单位，那么这个比率和我们平时用英尺表达每秒的速度没什么差别。然而，由于四维世界中的时间间隔等于普通的时间间隔乘以光速，想真正算出决定时空坐标系转动角度的比值，需要用英尺每秒为单位的运动速度除以同一单位的光速。所以只有两个运动体系的相对速度接近光速时，我们才能观测出来坐标系转动的角度和对距离测量的影响。

时空坐标系的转动不仅会影响长度测量，也会影响时间间隔的测量。但是由于四维的第四个坐标轴具有虚数性质②，空间距离缩小时，时间间隔会增大。高速行驶的汽车上的表，会比安装在地面上的表走得慢，也就是说表针走动发出的咔嗒声的间隔会变长。而表针变慢和长度缩短一样，是运动速度产生的效应。只要运动速度一致，不管是新式的腕表，还是老式带钟摆的落

① 当然，这种假设只是理论上的可能性。在现实环境中，如果两艘飞船以我们假设的速度相遇，飞船上的乘客是不可能看到另外一艘飞船的。这就像现实生活中，你是无法看到从枪口里飞出来的子弹一样。

② 换一种说法也可以，就是在四维空间中，毕达哥拉斯公式在时间方面发生了扭曲。

地钟，抑或者是计时时间为 1 小时的沙漏，都会以同样的方式变慢。当然，这种效应不仅仅适用于我们所说的“时钟”或者“手表”之类的机械装置，实际上，所有物理的、化学的乃至生物的过程都会以同样的程度变慢。这么说来，在高速运行的火箭飞行器上想吃鸡蛋做早餐，是不会煮过头的，虽然你的手表记录的时间走得很慢，但同时鸡蛋在水中煮熟的过程也跟着变慢了。这样煮 5 分钟的鸡蛋和你平时“5 分钟”煮出来的鸡蛋是一样的。因为和长度收缩一样，只有当速度接近光速时我们才能注意到时间的扩展，所以在这里我们不用火车餐车做例子，而是用的火箭飞行器。因此，时间扩展的倍数和空间收缩的倍数是一样的，即：

$$\sqrt{1-\frac{v^2}{c^2}}$$

不一样的是，这里不用它作为乘数，而是作为约数。如果什么物体的运动速度快到可以让长度减少一半，那么时间间隔将会变成原来的两倍。

在星际航行中，运动系统的时间变慢能带来有趣的影响。假设你要乘坐一架速度接近光速的火箭飞行器去天狼星的一颗卫星上看看，这颗卫星距太阳系有 9 光年的距离，我们会很自然地认为这场旅行一共需要 18 光年的时间，也因此准备了大量的食物补给。然而，如果你的火箭真能以光速行驶，大可不必这么有危机意识。实际上，如果假设火箭飞行速度是光速的 99.999 999 99%，从你的手表到你的心脏、肺、消化系统乃至思维进程都会跟着放慢 7 万倍。在地球上的人看来这往返用了 18 光年，对你来说只不过是经历了几个小时。事实上，如果你吃完早餐登上火箭，到达天狼星的那颗卫星上时，你可能正好觉得该吃午饭了。如果你很着急，在这里吃了午饭就想回家，无论怎样，回到地球上时都能赶上晚饭。但是，如果你忘记了相对论，到家后会大吃一惊，因为这时你的亲朋好友可能都以为你已经迷失在星际空间，在你不在的时候他们都吃了 6570 顿饭了！但是由于你所乘坐的火箭速度接近光速，陆地上的 18 年对你来说，也就不过是 1 天的时间。

那么，如果运动速度超过光速会怎么样呢？我们可以从另一首有关相对论的打油诗里找到答案：

年轻姑娘布莱特，
比光还快真奇特。
她如爱因斯坦所说，
某天出发寻快活，
回来的夜晚却是这天的前一个。

可以确定的是，如果速度接近光速，运动系统的时间会变慢，那么超光速就能让时间倒流！同时，由于毕达哥拉斯定理根式下面代数符号改变，那么时间坐标会变成实数，并代表空间中的一段距离。同样，超光速系统中的长度会从实数到 0，再变成虚数，从而变成了时间间隔。

如果真是这样，图 33 中爱因斯坦想将一把码尺变成时钟，也并不是在异想天开，只要他在这个过程中能超过光速即可。

但是尽管物理世界疯狂至极，但还没有疯狂到这个程度。我们只要知道一点，这种黑魔法就能不攻自破：没有任何物体的运动速度可以接近，或超过光速。

这项基本的物理学定律基于一定的事实，并已经通过了大量实验的验证，即运动物体所谓的惯性质量其实是进一步加速的机械阻力，并且会随着运动速度接近光速而无限增加。如果左轮手枪子弹的速度是光速的 99.999 999 99%，那么它对于进一步加速的阻力（即惯性质量），相当于一颗直径 12 英寸的炮弹；如果速度达到了光速的 99.999 999 999 999 99%，这颗小小的子弹同时产生的惯性质量将相当于一辆满载的货车。不论我们怎么努力，也不可能让这颗子弹的速度征服最后一个小数点，达到光速，成为宇宙中所有运动速度的上限。

3. 弯曲空间与引力之谜

首先，我要向读者朋友们表示衷心的歉意，之前的二十多页里，你可能已经被四维坐标轴搞得晕头转向了。现在我们不妨放松一下，来说说弯曲空间。所有人都知道什么是曲线、什么是曲面，但“弯曲空间”又是什么意思呢？

如果我们觉得难以想象，并不是因为这个概念奇特，而是因为我们可以在外部观察曲线和曲面，但是身处三维空间的内部，想要观察它的弯曲只能从内部来看。要想弄明白那些生活在三维世界的人如何理解自己所处空间的弯曲，我们不妨先假想另一种情况，来看看生活在二维平面的影子人。在图 39a 和图 39b 中，能看到二维平面科学家和二维弯曲“平面世界”的科学家正在研究自己所处的二维空间的几何学。最简单的几何图形当然就是由三条直线将三个几何点连接在一起的三角形。我们中学几何都学过，平面上任意三角形的内角和等于 180°。通过图 39 我们可以看出，这条定理并不适用于画在曲面上的三角形。的确，从地球任意一极引出两条几何意义的经线，再选取一段被这两条经线截断的几何意义上的纬线，就能得到一个球面三角形。这个三

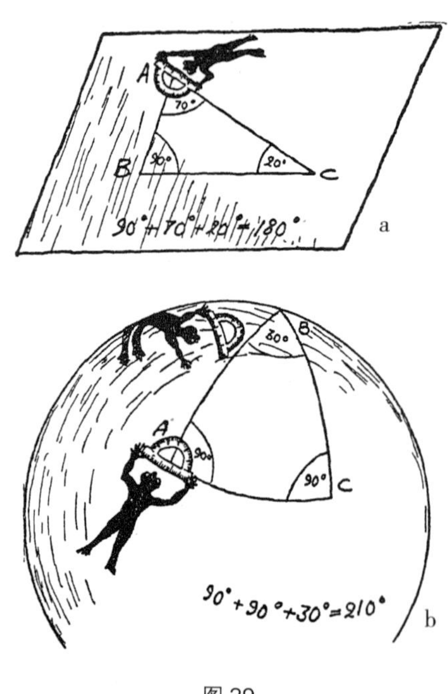

图 39

二维平面科学家和二维弯曲“平面世界”的科学家正在检测有关三角形内角和的欧几里得定理

角形的两个底角都是 90°，但是顶角可以是 0° 到 360° 之间任意的数。在图 39b 中，影子科学家所研究的球面三角形的内角和为 210°。由此可知，这些影子科学家不需要跳出二维平面，只要测量二维世界的几何图形就能发现曲率。

把刚才观察出来的结果增加一个维度，自然能得出结论：生活在三维世界的人类科学家大可不必跳入四维空间，只要在自己所处的三维空间中测量出连接 3 个点的直线之间的角度，就可以确定空间的曲率。如果三角形的三个内角和是 180°，则这个空间是平的。如果不是，则是弯曲的。

在进一步讨论弯曲空间之前，我们先来仔细看看"直线"究竟是什么意思。通过观察图 39a 和图 39b 中的两个三角形，有的人可能会认为在图 39a 中，平面上三角形的边确实是直线；但图 39b 三角形的边则是曲线，是球面上大圆[①] 的弧。

这种想法是出自我们对几何认识的常识，但是这样一来，也就否定了二维空间中影子科学家进一步发展他们几何学的可能。关于什么是直线，我们需要给出一个更加宽泛的数学定义，让它不仅适用于欧几里得几何，更可以进一步推广，包含更加复杂的表面或空间中的线。可以把"直线"泛论为表面或者空间之内两点之间最短的线。显然，在平面几何中，这个定义和我们对直线的认识不谋而合。曲面上的情况虽然更加复杂，但也包含了许多定义明确的"线"，它们在这里就相当于欧几里得几何中的"直线"。为了避免引起歧义，我们可以把曲面上两点之间最短的距离称为"测地线"或者"大地线"。测地线的名字来自测量地球尺寸与形状的大地测量学。我们平时说从纽约到旧金山的直线距离时，实际上指的是沿地球表面曲线直线飞行的距离，而不是假想出一台超大的矿工钻机，给两个地方之间打一条通道。

这种将两点之间最短距离定义为"宽泛的直线"，或者"测地线"，指出

① 大圆就是指经过球心的平面切割球面所得到的圆。地球上的赤道和经线都是这样的圆。

了构建这种线的简单方法：我们只要在相关两点之间拉一条绳子，如果是在平面上，这就是一条普通的直线；如果是在球面上，这条绳子就构成了大圆上的一个弧，对应球面上的测地线。

同样的方法，还可以帮我们搞清楚所处的三维空间究竟是平的还是弯曲的。

我们要做的就是在空间中的三个点之间拉绳子，再来看看三条绳子之间的夹角是不是 180°。要进行这个实验需要注意两点，一点是这个实验必须在比较大的范围内进行操作，因为曲面或者弯曲空间的一小部分很可能看起来像是平的。很明显，在自家后院做测量是绝对不可能确定地球表面的曲率的！另外一点要注意的是，不管是表面还是空间，可能有的地方平，有的地方弯，所以我们要进行整体的调查。

爱因斯坦有一个伟大的想法，写在了他广义相对论有关弯曲空间的部分，其中包括一种假设：当周围有大质量物体时，物理空间会弯曲，质量越大曲率越大。要想通过实验的方法证明这个假设是否合理，我们可以在一座大山周围打下 3 个木桩，然后在这 3 个桩上拉上线，如图 40A，然后测量绳子交会处的夹角。你可以选择能找到的最高的山峰——甚至可以在喜马拉雅山脉中找——就能发现，除去可能的测量误差，绳子交会处的 3 个角加起来正好是 180°。但这个测量结果并不一定就能说明爱因斯坦是错的，大质量的物体不能使周围的空间弯曲，也许连喜马拉雅的山脉也不足以让周围弯曲到可以测量出的地步，让最精密的仪器测出偏差。就像伽利略试图用手中的闭合灯笼测量光速一样，也只是落个黯淡惨败（如图 31 所示）。

图 40A

所以我们大可不必气馁，

不妨换一个大质量的物体试试，比如太阳。

瞧，这次就成功了！如果我们用地球和另外两颗恒星作为定点，在这 3 个点之间拉绳子，就能发现这样形成的三角形的内角和明显不是 180°。在选择恒星的时候一定要注意，形成的三角形可以把太阳围在里面。如果完成这个实验找不到足够长的线，不妨用光线来替代，这样也是可以的，我们根据光学知识可以确定，光选择最短的路径传播。

图 40B 大致绘制了如何用光线进行角度测量的实验。恒星 S_I 和 S_{II} 在太阳这个大圆盘的两边，它们的光束会聚到一台经纬仪上，以便测量两条光束之间的夹角。在太阳运行到三角形之外后，我们再一次进行实验并记录夹角，并和之前的进行比较。如果两个角的大小不一致，我们就可以确定太阳的质量改变了周围空间的曲率，使光线偏离了原来的路径。这个实验是爱因斯坦为了证明他的理论最先提出来的。你可以通过图 41 在二维空间中的类比更好地理解实验的内容。

图 40B

很明显，要在普通的条件下完成爱因斯坦的实验很困难，因为太阳太明亮耀眼了，以至于我们没办法看到周围的恒星，但是日全食的时候，我们可以在白天观测到太阳周围的星体。鉴于这一点，这个实验其实是在 1919 年，由一组来自英国的天文考察队远赴位于西非的普林西比岛观测完成的，因为这个地方是那一年日全食的最佳观测地。这次实验发现，太阳在或不在三角形之内的两种情况下，两颗横向夹角差 1.61″±0.30″，而爱因斯坦理论中预言的夹角是 1.75″。在之后的时间里，又有诸多考察队进行实验，都得到了类似的结果。

当然，1.5″似乎谈不上是个大角度，但是这足以印证太阳的质量使周围的空间弯曲了。

如果我们能找个比太阳大得多的恒星进行实验，也许能发现欧几里得定理中三角形内角和是 180° 的误差是几角分，甚至几角度。

身处于三维空间内部观察，我们需要多花些时间，同时发挥想象力，才能理解三维弯曲空间的概念。但是一旦我们明白了，就会发现这个概念和我们熟悉的经典几何学一样，清楚明了。

要想理解爱因斯坦关于弯曲空间，以及弯曲空间与万有引力基本问题之间的关系，我们还差重要的一点。要完成这一点，必须注意在这里所讨论的三维空间只是四维时空世界的一部分，而所有的物理现象都发生在四维时空世界。因此，三维空间的弯曲只是四维时空更普遍的弯曲。同时，代表光线运动和物体运动的四维世界线，在超空间中必定是弯曲的。从这个观点出发进行思考，爱因斯坦得出了一个伟大的结论：引力现象只不过是四维时空世界弯曲的结果。事实上，那种认为太阳有某种力能直接作用在周围的行星上，让它们围着太阳沿圆形轨道转动的陈旧观点，已经可以被摒弃了。更准确的描述是：太阳的质量弯曲了周围的四维时空空间，行星的世界线变成了通过弯曲空间的测地线，成了图 30 中的样子。

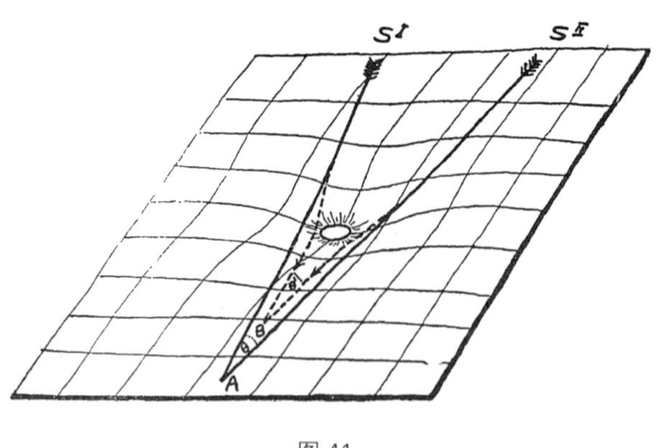

图 41

因此，我们不再把引力视为一种独立的力，取而代之的是纯粹的空间几何学，即一切物体或是沿着“最直的线”（测地线）运动，或是沿着由其他大质量的物体造成的曲线运动。

4. 封闭空间与开放空间

在结束本章之前，让我们来一起探讨一下爱因斯坦时空几何中的另一个重要问题：宇宙到底是有限的还是无限的?

我们已经讲过了在大质量物体周围的局部空间弯曲，这些弯曲遍布整个宇宙，就像空间里长了许多“小脓包”。但是除了局部的弯曲，整个宇宙空间究竟是平的还是弯的呢？如果是弯的，又是朝哪边弯的呢?

在二维平面图 42 中，我们可以看到一个布满“青春痘”的平坦的空间和两个朝不同方向弯曲的空间。这个所谓的“正曲率”相当于球体表面，或者其他封闭的几何图形，无论往哪面看，它都是以“同样的方式弯曲”的。与正曲率相对的是“负曲率”空间，它有的地方向上弯，有的地方向下弯，看上去像一个马鞍的表面。这两种弯曲空间的区别一目了然：如果你试着从足球和马鞍上分别割下一块皮革，然后展开放到桌子上，你会发现这两块皮革都没办法铺平，除非进行拉大或压缩。同时你还会发现，足球的球面需要拉伸，而马鞍上的那块则要挤压才行。

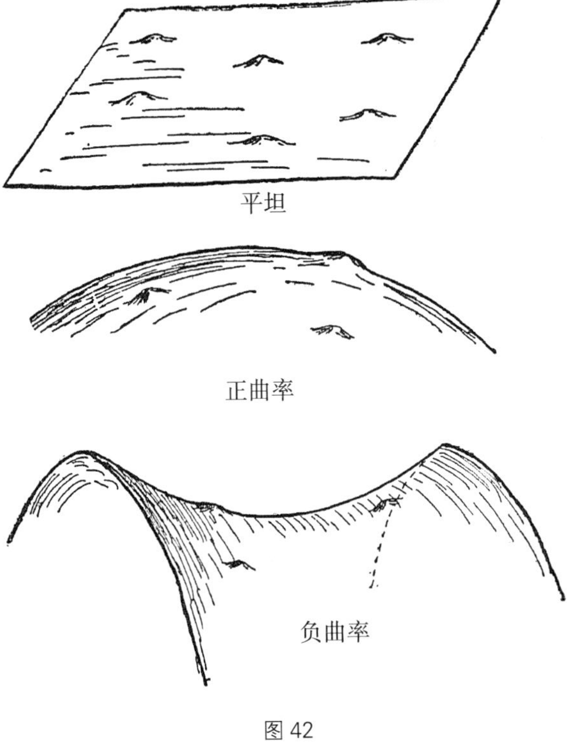

图 42

但是无论怎么做，足球面中心的材料太少，不足以把它展平，而马鞍的材料又太多，想要弄平总要折叠一部分。

我们还可以换一种说法。假设我们从某一点开始，请分别数出这三张图中距离这点 1 英尺、2 英尺、3 英尺（沿着表面数）范围内的青春痘个数。在平坦的空间中，青春痘的个数按照距离该中心点长度的平方增大，这里就是 1 个、4 个、9 个；而球面上不同距离青春痘数量的增长速度就慢多了，但是到了“马鞍”面又快速增加。这样住在平面的影子科学家尽管不能跳出二维世界来观察，也能通过不同半径里青春痘的个数，研究不同的弯曲情况。你可能已经看出来了，通过测量对应的三角形的角度，也能观测出正曲率空间和负曲率空间的不同。在前一部分我们已经知道了，球面上三角形的内角和一定大于 180°。但是马鞍面上的三角形内角和一定小于 180°。

我们通过弯曲表面得到的结论，也可以被推广到三维弯曲空间中，详见下面的表格。

空间类型	边缘特征	三角形内角和	体积增长速度
正曲率（类球面）	自我封闭	>180°	慢于半径的平方
平坦（类平面）	无限扩展	=180°	等于半径的平方
负曲率（类马鞍）	无限扩展	<180°	快于半径的平方

空间到底是有限的还是无限的，我们可以从这个表格中找到答案。具体内容我们会在第十章介绍宇宙的大小中展开讨论。

第三部分

微 观 世 界

第六章　下降的楼梯

1. 希腊人的观点

要分析物体的特性，最合理的方案就是从我们熟悉的“正常大小”的物体开始，然后一步一步抽丝剥茧、由外及内找寻那些肉眼难以看出的内部特性。我们不妨从餐桌上的那碗蛤蜊汤开始，之所以选择蛤蜊汤并不是因为它味道鲜美、营养丰富，而是因为它是非均匀混合物的典型代表。即使不用显微镜，我们也能看出里面包含不同的材料：切成小片的蛤蜊、洋葱、西红柿和芹菜，土豆丁、胡椒粉及肉块，然后混合在一起放到盐水里。

一般情况下，我们生活中见到的大多数物质，特别是有机物，都是混合物，尽管很多时候需要用显微镜才能观察出来。比如，利用小倍数放大率的显微镜就可以看出牛奶是一种稀薄的乳液，在白色的液体上均匀地悬浮着小滴的奶油。

一般花园里的土壤也是由多种微小颗粒组成的混合物，不仅包括石灰石、高岭土、石英、氧化铁、其他矿物质和盐，还有来自腐烂的植物和动物的有机物。如果我们对一块花岗石的表面进行抛光，很容易就能看出它是由三种不同物质（石英、长石和云母）的小晶体组成的，形成了一块固体。

我们在研究物质内部结构的过程中，探究混合物的组成部分只是要做的第一步，就好比是下楼梯之前的平台，接下来的每一步阶梯都是直接研究混合物中的某一单一元素。像一段铜丝、一杯水，或者一间屋子里的空气（当然不包括悬浮在空气中的灰尘）是只包含一种物质的纯净物，即使用显微镜也观察不到其他成分，而是遍布同一种单质。确实，像铜丝以及几乎所有的固体物质（除了由非晶体的玻璃状材料组成的物品），通过显微镜放大观察，都能看到一种叫作微晶的结构。不过这些单质中的晶体都是一样的——铜丝中的铜晶体，铝锅中的铝晶体——就像我们抓一把精制盐里面都是氯化钠晶体一样。通过慢结晶这种特殊的技术，我们可以根据自己的想法把单质盐、铜、铝里面的晶体数量随意增大，由此得到的“单晶”物质，就像水或者玻璃一样，里面遍布同一晶体。

如果我们所说的这些纯净物无论放大多少倍来观察都一样，那么，借助眼睛以及当前最大倍数的显微镜，能不能证明这一观点呢？换句话说，是不是不论我们面前的铜块、盐粒，或水滴有多小，它们还是具有和大块的样本一样的性质，而且能无线分割成更小的部分呢？

第一个提出这个问题的人，是2300多年前住在雅典的希腊哲学家德谟克利特（Democritus）。德谟克利特认为这个问题的答案是否定的，他倾向于相信即使再纯净的物质，肯定也是由相当大数量的（具体多大，他并不确定）并且相互独立的小粒子（究竟多小，他也不知道）组成的。他把这些微小的粒子称作“原子”或者“不可分量”。同时，这些原子，或者说不可分量在不同的物质中的含量是不同的。这种观点认为，火原子和水原子尽管看上去不同，但实质上是一样的。这么说也无可厚非，毕竟所有的物质都是由原子构成的。

同时期的恩培多克勒（Empedocles）并不同意德谟克利特的观点。他认为我们所知道的不同物质，都是由几种特定的原子以不同的比例混合在一起而最终形成的。

恩培多克勒以当时化学研究的基本事实为基础，确定四种不同的原子，对应四种所谓的基本单质：土、水、气、火。

比如，根据他的观点，土壤是土原子和水原子紧密结合的产物：两种原子结合得越好，土壤越肥沃。从土壤中生长的植物不仅结合了土壤中的土原子和水原子，同时从太阳光中获得火原子，而这些原子混合在一起组成了木分子。干枯的木头中已经没有了水原子，一旦燃烧，看起来就像木分子分解，或者破裂成了最初的火原子，并且以火苗的形式表现出来。最后剩下的灰烬，就是最初的土原子。

在科学萌芽时期，这种关于植物生长和木材燃烧的解释似乎合情合理，但是现在我们知道这种观点是完全错误的。尽管古希腊人认为植物生长所需要的大部分物质来自土壤，如果我们没有学过相关知识可能也会这么认为，可是实际上大部分植物所需的必要物质来自空气。土壤本身除了提供支撑和必要的水补给源外，只能为植物生长提供所需盐类的一小部分。我们只需要顶针大小的土，就可以培育出一株高大的玉米。

实际上，大气中的空气由氮和氧混合而成（并不像古希腊人想的那样，空气只是一种元素组成），同时还包含一定量的二氧化碳，二氧化碳分子是由氧原子和碳原子组成的。在阳光的照射下，植物的绿叶吸收空气中的二氧化碳和根部吸收的水分发生反应，合成储存能量的有机物，同时释放出氧气。“房间里的绿植能让空气清新”，就是因为植物生长的这个过程。

当木头燃烧的时候，里面的各种分子又和空气中的氧结合，重新组合成二氧化碳和水蒸气，随着火苗释放出来。

至于古时候人们认为存在于植物结构中的“火原子”，实际上是不存在的。阳光是能提供拆分二氧化碳分子的能量，使生长的植物可以消化大气中的食物。同时由于火原子是不存在的，所以火苗和火原子的释放根本没有任何关系，而是由于能量在释放的过程中，气体随着温度升高，以肉眼可见的形式出现。

我们再通过一个例子来看看在化学变化方面，古时候和当代的观点有什么不同。我们知道不同的金属是把相对应的矿石放到熔炉里，通过高温冶炼得来的。乍一看大部分矿石似乎和石头差不多，所以古时候的科学家们认为矿石都是由同一土元素构成的也不足为奇。但是他们发现如果把铁矿石放到熔炉中冶炼，得到的却不是普通的石头——而是一种发光的物质，可以用来铸造刀剑或戈矛。这种现象可以简单解释成：金属是土和火的结合体——换句话说，就是由土原子和火原子共同组成的金属分子。

古代人普遍用这种方式来解释金属的构成，同时解释了铁、铜、金等金属质量的差异是由于土原子和火原子构成的比例不同。很明显相比于黯淡无光、枯燥无奇的铁，耀眼的黄金中所含的火原子肯定更多，不是吗？

但是如果真是这样，为什么不在铁中加入更多的火原子，或者更简单一点，在铜中加入更多的火原子，来把它们变成价值连城的黄金呢？基于这种想法，中世纪很多务实的炼金术士穷尽一生，围着烟熏火燎的炼金炉，梦想能用这些破铜烂铁炼出“合成黄金”。

在他们看来，这么做是非常合理的，就像现代化学家合成橡胶一样，肯定能成功。这种从理论到实践的谬误，主要是因为他们相信黄金和其他金属是混合物，而非纯净物。但是如果不进行实验，我们又怎么能知道究竟哪种物质是纯净物，哪种物质是混合物呢？尽管徒劳无果，但是如果没有这些早期化学家们尝试着把铁或铜炼造为金或银，我们可能永远不会知道金属是化学纯净物，而含金属的矿石是由某种金属原子和氧原子共同组成的混合物（现代化学也将其称之为“金属氧化物”）。

铁矿石通过在熔炉里高温加热变成金属铁，这并不是像古时候炼金术士们想的那样是原子的结合，相反却是源自分离的结果，即从混合物氧化铁中去掉氧原子。铁制品表面由于潮湿而产生的铁锈也并不是因为铁制品分解后，失去火元素，留下了土元素，而是因为铁原子和空气中或者水中的氧原子结合，形成了氧化铁分子。[①]

通过上述讨论可以看出，古代科学家们对于物质的内部结构以及化学变化的本质认知基本上是正确的，他们的错误在于没有认清到底是什么构成了基本要素。实际上，恩培多克勒总结出来的 4 种元素在现实中都不是单质：空气是多种气体混合而成的，水分子是由氢原子和氧原子组成的，岩石是一

---

① 因此，古代炼金术士把铁矿石冶炼的过程写成如下公式：

（土原子 / 矿石）+（火原子）→（铁分子）

铁制品生锈的过程表示为：

（铁分子）→（土原子 / 铁锈）+（火原子）

我们则把这两个过程表示为：

（氧化铁分子 / 铁矿石）→（铁原子）+（氧原子）

和（铁原子）+（氧原子）→（氧化铁分子 / 铁锈）

种复杂的混合物，包含多种元素，最后的火原子根本不存在。[①]

实际上，大自然中不同的化学元素不是 4 种，而是 92 种元素。[②] 这些元素中有的大量存在于地球上，而且我们都非常熟悉，比如氧、碳、铁和硅（大部分岩石中的主要成分）；但是有的就很少见了，有的化学元素你可能闻所未闻，比如镨、镝或镧。除了这些自然元素，现代科学已经成功地制造出了许多全新的化学元素，在本书后面，我们会进一步介绍。其中有一种人造元素叫作钚，是一种放射性元素，是原子能工业的一种重要原料，可作为核燃料和核武器的裂变剂。根据不同比例混合这 92 种基本化学元素，可得到无数种化学物质，比如水和黄油、油和泥土、石头和骨头、茶和三硝基甲苯（TNT 炸药），以及其他东西，比如氯化三苯基吡喃嗡和甲基异丙基环已烷——这些术语，合格的化学家都很熟悉，但大部分人连读都读不上来。化学家们写了一本又一本的手册，总结了这些原子的不同性质、组合方法和各种组合式。

2. 原子有多大

当德谟克利特和恩培多克勒在探讨原子的时候，他们其实是基于非常模糊的哲学概念，认为物质不可能被无限分割，更不可能最后小到肉眼都看不到。

当一个现代化学家讲到原子，他指的是很具体的概念，因为只有准确把握基本原子以及它们在化合物分子中的组合形式，才能更好地理解化学基本定律，即不同的化学元素必须按照特定的质量比结合到一起，这一质量比必须能明确反映出物质的相对质量。化学家们在此基础上总结出诸如氧原子、铝原子、铁原子的质量分别是氢原子的 16 倍、27 倍和 56 倍。尽管不同元素的相对原子质量是化学领域最重要的基本概念，但是以“克”为单位的原子实际质量，在化学中并没有什么意义，其大小对其他化学事实、化学定

① 在本章后面我们会讲到，关于火原子的部分理论又重新运用在了光量子理论中。

② 2020 年为止，共有 118 种元素被发现，其中 94 种存在于地球上。——编者注

律、化学方法的应用没有影响。

然而，当物理学家研究原子时，他们首先考虑的问题肯定是："原子的尺寸是几厘米？重几克？一定量的物质中包含多少原子或者分子？有没有办法可以让我们观察、计算，或者控制单个的原子或者分子？"

要估量原子或者分子的大小，其方法有很多。最简单的方法很容易操作，如果德谟克利特和恩培多克勒想到了，以当时的技术水平也足以完成。以铜线为例，如果某一物质的最小单位是原子，我们显然不能将其制成厚度小于该原子直径的薄片。因此，我们可以试着将铜线拉长至一连串原子连接的线，或者用锤子将其凿到原子直径那么厚。可是，像铜线一类的固体是做不到这一点的，因为在达到最小厚度之前，它们肯定就已经断了。然而，液体就不一样了，比如水面上薄薄的一层油，很容易就可以延伸成一张由单个分子平行分布的"毯子"，同时各分子之间不相互重叠。细心且有耐心的读者可以自行实验，来测量油分子的大小。

将一个浅长的容器（如图 43 所示）水平放置在桌面或者地面上，使其保证绝对水平；在容器中加满水，水面横放一根金属丝，用金属丝将水面分成两部分；然后，在金属丝的一侧滴一小滴油，这侧的水面上也会随即铺满一层油；再沿容器边缘朝另一面移动金属丝，油层也会跟着延伸，直到油层厚度达到单个油分子直径的大小。这时如果继续移动金属丝，肯定会使油层表面破裂，出现断痕。因此，只要知道滴进去多少油、形成的油层最大延伸多大，就可以轻松计算出单个油分子的直径。

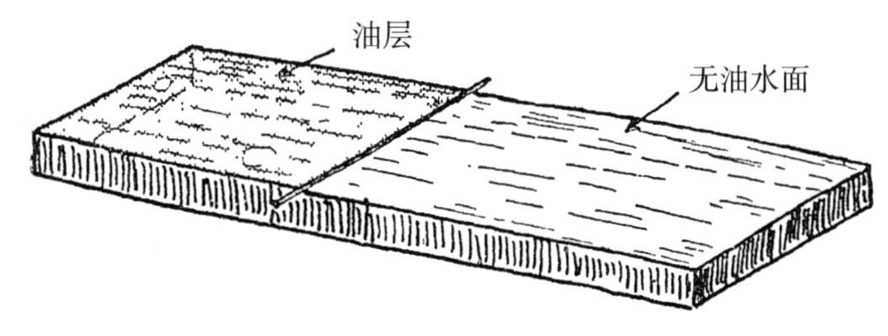

图 43
水面上的油层拉伸过度就会出现断痕

做这个实验的时候，你可能会发现另一个有趣的现象：当油滴入水面时，油层上闪烁着彩虹色的光，你可能很多次在船只往来的港口见过这样的场景。之所以产生这种颜色，是因为油层的上、下边界对光的反射，也就是著名的干涉现象。而油面上方不同地方有不同的颜色，是因为油点从滴入的地方向周围扩散时，水面上的油层深浅不一，反射出的光也不一样；如果我们愿意等到油层均匀，则会发现整个油层表面变成了一个颜色。随着油层的变薄，油面颜色会从红变黄，从黄变绿，从绿变蓝，从蓝变紫，反射光的波长也会跟着由长变短。而如果继续扩大油层范围，上面的颜色将会消失，但这并不意味着油层没了，而是因为油层的厚度小于最短的可见光波，那么颜色的变化我们自然也看不出来了。但是有油的表面和清澈的水面还是很好区分的，因为从薄薄的油面上下反射的两束光会相互干涉，导致亮度降低。因此，尽管油面没有了颜色，在反射光下还是会比净水面看上去更“暗淡”。

在做这个实验的过程中，你会发现 1 立方毫米的油就可以覆盖 1 平方米的水面。但是如果想继续扩大油层面积，就会有净水面出现。①

3. 分子束

想要知道物质分子的结构还有一种有趣的方法，就是研究从小孔喷到周围真空中的气体和蒸汽。

假设有一个气体排空的玻璃灯泡（如图 44 所示），在里面放置一个陶制

① 油层在破裂之前究竟有多薄呢？要完成计算，我们可以假设滴入的一滴油是一个 1 立方毫米的立方体，每个面的面积都是 1 平方毫米。要想让 1 立方毫米的油覆盖 1 平方米的水面，那么立方体 1 平方毫米的面就要增长到 1 平方米，即乘以 10^6。要保持体积不变，相应地，垂直面的边长就要缩小到原来的 $\frac{1}{1000\times1000}=10^{-6}$。由此，就可以知道油层的最薄厚度以及油分子的大小，大约是 0.1 厘米 $\times10^{-6}=10^{-7}$ 厘米。因为一个油分子包含多个油原子，所以原子的尺寸更小。

的圆柱，圆柱表面有个小洞，同时用电阻丝缠绕在柱体外面以提供热量，这样我们就有了一个小电炉。再在这个电炉里面放置一块熔点低的金属，比如钠或者钾，这样圆柱里面就充满了金属蒸汽，而这些蒸汽会通过圆柱壁上的小洞慢慢排出。排出的蒸汽接触到灯泡冰冷的玻璃壁就会附着在上面，这一层镜面一样的沉淀，就是金属的蒸汽从电炉里逃脱的轨道。

通过这个实验，我们还能发现，电炉的温度不同，蒸汽膜在玻璃壁上的分布也不同。电炉的温度越高，内部金属蒸汽的密度也就越高，这时候看到的场景就像开水壶或者蒸汽机冒汽一样，从开口喷出的蒸汽向四面八方弥散开来（如图 44a 所示）。蒸汽充满了整个灯泡，在其表面形成了一层相对均匀的沉淀物。

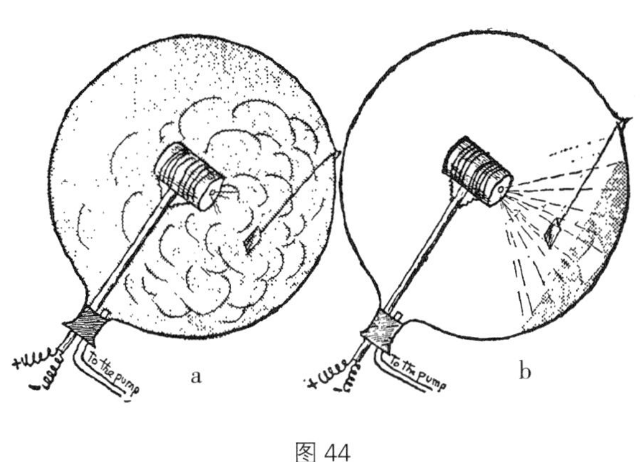

图 44

然而，如果电炉温度相对较低，内部蒸汽的密度也会比较低，看到的就是另一番场景了。蒸汽没有喷溅出来，而是形成了从洞口涌出并画出的一条直线，大部分沉淀物都落在正对着炉口的玻璃壁上。我们可以通过在炉口放置一块阻隔物，来更好地观察这种现象（如图 44b 所示）。这样一来，阻隔物后面的玻璃壁上就不会形成任何的沉淀，并且能看出一个和阻隔物几何形状一样的干净区域。

气体的密度不同，从炉口冒出的状态也不同，这一点则很好理解，因为蒸汽是由大量独立的分子构成的，这些分子相互碰撞着，冲进周围的空间中。当蒸汽密度高时，气流从炉口喷涌而出，就像着火的电影院出口，挤满了想要逃出去的人。这些人就算逃出了出口，还是会横冲直撞各自奔向大街。但是如果蒸汽的密度低，就好像平时影剧院门口，人们一个接着一个地往外走，每次一个人，所以每个人互不干涉，径直走了出来。

这种从炉口涌出的低密度蒸汽流，也叫作“分子束”，是由许多独立的分子组成的，它们一个挨着一个飞入空间中。分子束对于研究独立分子的特性极为重要，比如，我们可以通过分子束来测量分子热运动的速度。

世界上第一台研究分子束速度的设备是德裔美国核物理学家、著名实验物理学家奥托·斯特恩（Otto Stern）发明的。这个设备和菲佐测量光速的仪器几乎一样（如图 31 所示），也有两个齿轮安装在同一个轴上，只有当齿轮以特定速度转动时，分子束才能同时通过两个齿轮（如图 45 所示）。通过在仪器另一头安装隔板，拦截通过两个齿轮的分子束，斯特恩成功证明：通常分子运动的速度都很快（钠原子在 200℃的时候速度为 1.5 千米 / 秒），同时该速度还会随着气体温度的升高而增大。这能直接证明分子运动论，即物体温度的上升是其分子无规则热运动的结果。

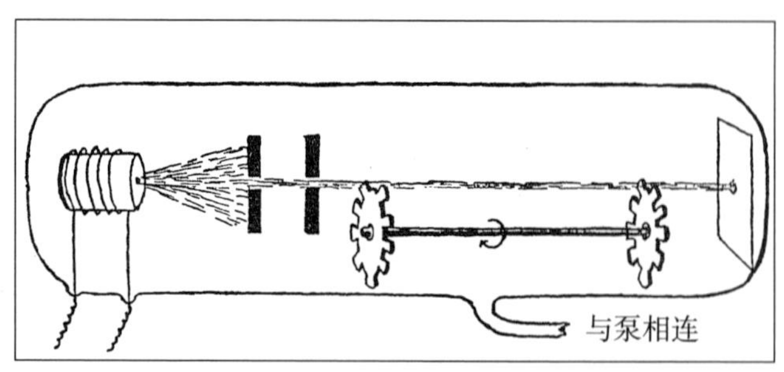

图 45

4. 原子摄影

尽管上面的例子让我们对原子假说深信不疑，但毕竟没有“眼见为实”，所以只有看到了原子或者分子这些小微粒，才最能让人信服，并承认它们的存在。直到不久之前，英国物理学家威廉 · 劳伦斯 · 布拉格（William Lawrence Bragg）才发明了在几种晶体中拍摄原子和分子的方法，实现了视觉上的证明。

千万不要以为给原子拍照很简单，给这么小的东西拍照，要想图片清晰，照明的光波必须小于物体的尺寸。就像用粉刷墙壁的刷子，是不可能画出波斯细密画的！研究微生物的生物学家深知这项工作有多困难，因为细菌差不多是 0.0001 厘米大，和可见光波差不多。为了提高照片的清晰度，生物学中都用紫外线给细菌照相，这样的效果最好，但是晶体层中的分子以及它们之间的间距都太小了，大约是 0.000 000 01 厘米，任何可见光波或者紫外线想要捕捉分子剪影都是不可能的。要想看到独立的分子究竟是什么样子，我们只能利用射线，因为它的波长是可见光的几千分之一。这里的射线，其实就是我们所说的 X 射线。但是这样似乎又有一个难以逾越的鸿沟横在我们面前：X 射线可以穿过一切物质，却几乎没有折射，所以不能配合透镜或者显微镜使用。显然，在医学中，X 射线不折射的特性和强大的穿透力意义重大，如果射线在人体中折射，会导致 X 光片变得模糊不清。但也是因为这一特性，我们不可能通过 X 射线得到任何放大的图像。

乍一看，这个难题似乎难以解决，好在威廉 · 劳伦斯 · 布拉格凭借其独到新颖的方法，攻破了这个难关。它基于德国物理学家阿贝（Abbe）提出的显微数学理论，认为所有显微镜的图像都是许多图像相互重叠在一起形成的，每个单独的图像都可以看作是从某一角度穿过的平行暗纹。我们可以通过图 46 更好地理解上述内容，通过把 4 张带有暗纹的图像相互叠加，可以得到一张中间有空白椭圆区域的图像。

根据阿贝的理论，我们可以按以下步骤使用显微镜：(1) 将原有的图像分解为许多个带有暗纹的图像；(2) 将每个独立的图像放大；(3) 将它们相互叠放，获得完整的放大的图像。

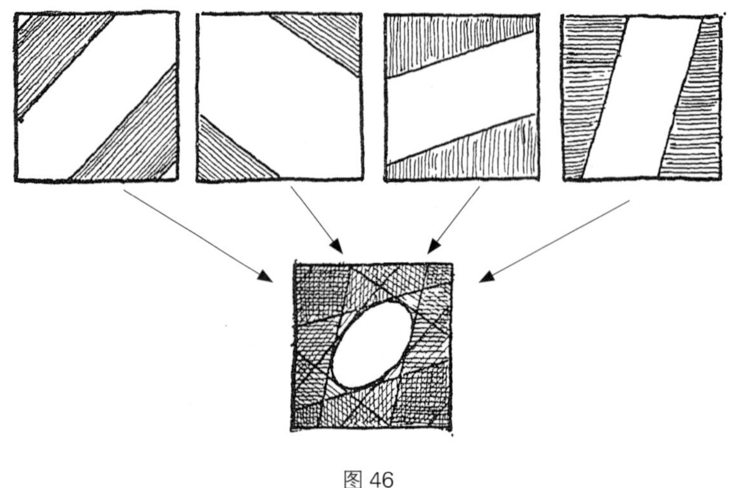

图 46

这个方法有点像用几个单色盘来印刷彩色的图画，单看每个颜色的图样，很难看出到底画的是什么，但是只要这些颜色按正确的方式叠加到一起，整幅画就能清晰明了。

我们没有办法制造出能和 X 射线配合使用、自动完成工作的透镜，就只能按照阿贝的方法一步一步来：从不同角度用 X 射线给晶体拍出多个带有暗纹的图样，在一张相纸上用正确的顺序将这些图像叠加到一起，这就相当于完成了 X 射线透镜能做的工作。不同的是透镜在瞬间就能做好，但是，我们要完成这些需要一名有经验的实验员做好几个小时。这也是为什么我们要用布拉格的方法研究晶体中的分子，因为晶体中的分子不会移动，而液体中或气体中的分子总是到处乱窜，根本没有办法拍照。

尽管用布拉格的方法没办法像相机那样“咔嚓”一声就拍出照片，但是画质和正确性比相机照的一点也不差。就好比想给大教堂拍照，但是因为技术原因，一张照片上放不下整个建筑，这时候可以把部分照片拼接起来组成一张整体照片，没有人会觉得这样不好。

照片 I（详见附录）为用 X 射线为六甲基苯分子拍出的照片，化学家们基于此写出了如下分子式：

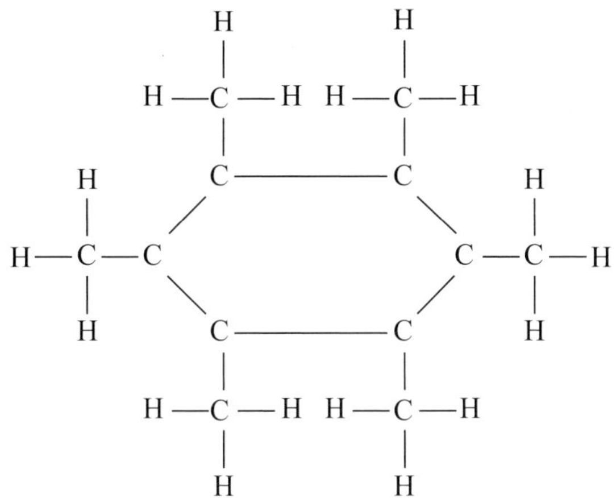

分子式中间的6个碳原子组成的苯环和与其相连的6个碳原子清晰可见，但是周围较轻的氢原子却很难看到。

哪怕是再多疑的人，亲眼看到这样的照片，也会相信分子和原子的存在了。

5. 解剖原子

原子在希腊语中是“不可分量”的意思，德谟克利特在给原子命名的时候，认为这些小微粒代表了物质被分割成不同成分的极限，换句话说，就是原子是组成一切物质最小、最简单的结构部分。数千年过去了，“原子”这个哲学概念也被注入了真正的科学内涵，并在大量实验的基础上有血有肉地呈现在了我们眼前。人们也一直相信原子是不可分的，认为不同元素的原子之所以具有不同的特性，是因为它们的几何形状不同。比如，人们认为氢原子近乎为球体，而钠原子和钾原子则是拉长了的椭圆形。

另外，氧原子在人们的印象里是甜甜圈的形状，在中间有一个差不多完全封闭的洞。也正是因为氧原子的形状，才能把两个球形的氢原子从甜甜圈洞的两边一边一个放进去（如图47所示），形成水分子（H_2O）。在这种理论下，钠原子或钾原子置换水分子中的氢原子也是因为它们是拉长的椭圆形，相比球形的氢原子，放在氧原子甜甜圈洞里更合适。

根据这种观点，不同化学元素的光谱不同，是因为不同形状的原子有不一样的振动频率。基于此，物理学家们试着通过光谱的频率，总结出组成发光元素的原子形状，就像在声乐中解释小提琴、教堂的钟、萨克斯为什么发出的声音不一样，但这些尝试都以失败告终。

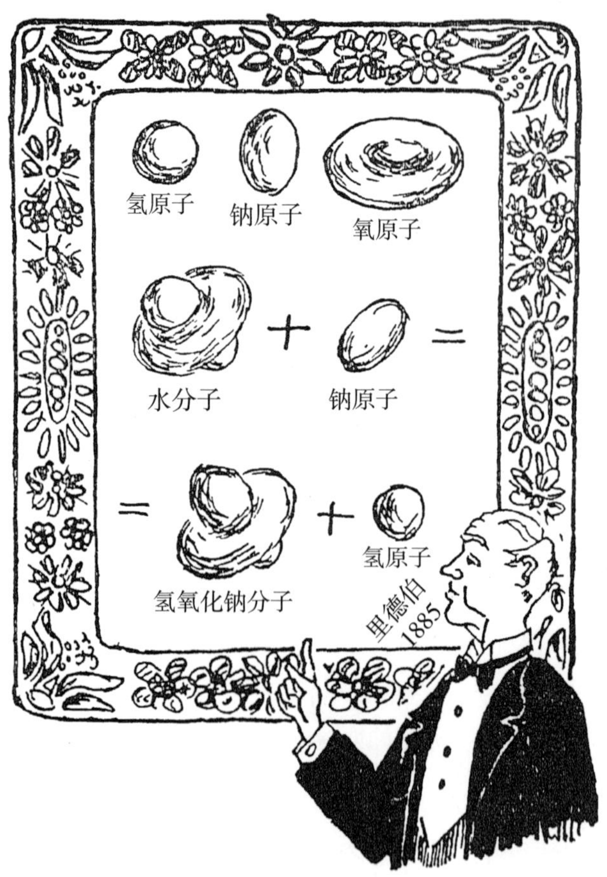

图 47

单从原子的几何形状来研究它们的化学和物理特性的尝试，都没有取得任何实质性的成果。直到人们认识到，原子不仅是有着不同几何形状的基本微粒，同时还包含许多独立运动的部分，结构十分复杂，在认识原子特性方面，我们终于迈出了一大步。

原子体积极小、结构复杂，第一个成功完成原子解剖这项复杂手术的人，是英国著名的物理学家约瑟夫·约翰·汤姆逊（Joseph John Thomson）。通过切割原子，汤姆逊证明了不同化学元素的原子都带有正电荷和负电荷，两种电荷相互吸引。根据汤姆逊的猜想，原子是均匀分布的正电荷，同时内部漂浮着大量的负电荷粒子（如图 48 所示）。他称这些带负电荷的粒子为“电子”，同时负电荷的总数等于正电荷，所以总体上原子是中性的。然而这么看，电子和原子之间的捆绑相对没有那么紧密，所以原子会由于自身或外界的作用而失去一个或几个电子，原子内的正电荷就有了剩余，带正电荷的原子叫作阳离子；另一方面，有的原子由于自身或外界的作用而多得到一个或几个电子，这种多带负电荷的原子叫作阴离子。原子从中性转化成带有正电荷或者负电荷的过程称为电离。迈克尔·法拉第（Michael Faraday）的经典研究证明，原子任何时候的电量都是一个基本电量的倍数，这个基本电量等于 5.77×10^{-10} 个静电单位。汤姆逊在法拉第的基础上更进一步，他认为独立的微粒都带有电荷，并通过研究空间中高速飞行的电子束，尝试在原子中剥离这些粒子。

图 48

汤姆逊在自由电子束方面的一项重大研究成果，即是估算出了它们的质量。他通过让一个强电场从某种物体（如热的电炉丝）中分离出一束电子，并使它通过固定在放电管内的两个平行板之间的空间。因为它们带有负电荷，或者准确地说是它们本身就是自由负电荷，所以，电子束受到了正极板的吸引和负极板的排斥。

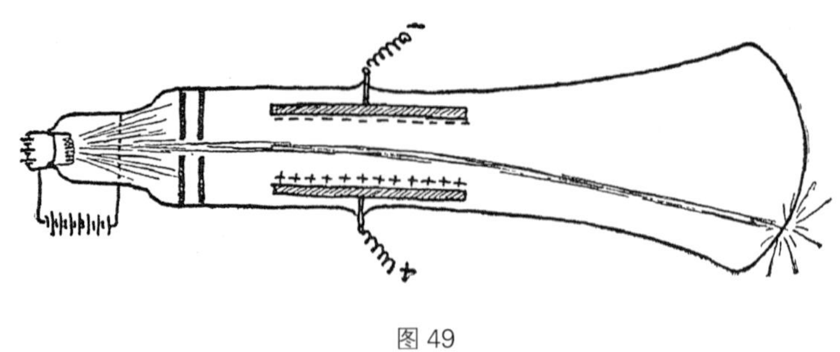

图 49

通过观察落到电容器后面荧光屏上的电子束，汤姆逊很明显观察到了电子束的偏转。然后他对粒子同时施加一个电场和磁场，并调节到由电场和磁场所造成的粒子的偏转互相抵消，让粒子一直做直线运动。这样，从电场和磁场的强度比值就能算出粒子运动速度；速度找到后，靠磁偏转或者电偏转，就可以测出粒子的电荷与质量的比值。经过多次实验，汤姆逊终于测出粒子电荷与质量的比值，并推测出这种粒子的质量是氢原子的质量的1/1840，这也就说明了原子质量主要来自带有正电荷的部分。

汤姆逊认为，负电子在原子中运动这个观点是正确的。但是，正电荷却不像他想的那样是在原子中均匀分布的。1911 年卢瑟福（Rutherford）根据 α 粒子散射实验发现：原子的正电荷和大部分的质量都集中在一个非常小的原子核中，且位于原子的中心。α 粒子是带正电的高能粒子，它们通常由一些重原子（例如铀或镭）或一些人造核素衰变时产生。由于 α 粒子的质量和原子的差不多，而且也带正电，人们认为 α 粒子是原子中带正电的一部分。当 α 粒子穿过某种材料的原子时，会受其内部电子的吸引，同时也受到了带正电组件的排斥。然而我们知道，电子的质量很小，影响不了 α 粒子的运动，就像一大群小蚊子想去阻止受惊狂奔的大象，简直是不自量力。这么说来由于 α 粒子和原子内带正电荷的组件质量大致相等，当两者距离很近时，α 粒子的运动必然因为原子内的正电荷组件而受到影响，以至于偏离运动轨道，朝四面八方散射。

通过用 α 射线轰击厚度为微米的铝箔，卢瑟福惊讶地发现必须先假设 α 粒子和原子正电荷的距离小于原子直径的千分之一时，才能解释实验的结果。当然，要满足这一条件，唯一的合理解释就是射入的 α 粒子和原子正电荷组件的大小，都是原子的几千分之一。通过这种方法，卢瑟福推翻了最初广泛传播的汤姆逊“正电荷均匀分布”的原子模型，向人们证明原子的正电荷集中在原子中心极小的原子核内，同时，电子游离于原子核之外。所以电子在原子中的位置并不像西瓜中的瓜子，而更像是我们的太阳系：中间的原子核相当于太阳，而电子是周围运行的行星（如图 50 所示）。

图 50

原子结构和太阳系结构类似，还体现在其他方面：原子核的质量占原子质量的 99.97%，而太阳系 99.87% 的质量都集中在太阳上；同时电子直径和围绕原子核运行的电子之间距离的比值都差不多，直径都是距离的几千分之一，而太阳系内行星的直径和行星间距离的比值也是几千分之一。

然而，我们之所以拿太阳系和原子结构做类比，最重要的原因，是原子核和电子之间的电引力以及太阳和周围行星之间的万有引力都遵循同一个数学定律，即平方反比定律。[①] 因此，电子沿着圆形或者椭圆形的轨道绕着原子核运动，就像太阳系里的行星和彗星一样。

根据上述原子结构的理论可知，不同化学元素的原子之所以不同，是因为有不一样数量的电子围绕原子核转动。由于原子呈中性，电子数量是由原子核内的正电荷数量决定的，也就是说，根据 α 粒子散射实验，我们可通过 α 粒子因原子核相斥产生的偏移，直接估算出原子核内的正电荷数量。卢瑟福发现，元素周期表中的化学元素如果按原子从小到大的质量来排列，那每种元素的原子都比前一种元素多了 1 个电子。最简单的氢原子序数是 1，即氢原子核只具有单位电荷，与电子的电量相等。氦原子有两个电子，锂原子有 3 个电子，铍原子有 4 个电子……以此类推，直到最重的自然元素铀，一共包含 92 个电子。[②]

原子核的核电荷数或中性原子的核外电子数就是我们所说的原子序数，是指元素在周期表中的序号，是根据核电荷数从小至大排序的化学元素列表。

由此，我们可以根据围绕原子核的电子数量，了解到任意化学元素的物理性质和化学性质。

19 世纪末，俄国化学家门捷列夫（Mendeleev）发现，自然序列中元素的化学性质有着明显的周期性，即元素增加一定的数量后，化学性质也会跟着重复。我们可以根据图 51，来看看化学元素的周期性。图 51 中所有已知元素的符号都编辑在沿圆柱表面螺旋的带子上，这样有着同样化学性质的

① 即力的大小与两个物体之间的距离的平方成反比。

② 我们在后面会学到炼金术的艺术，可以人工制造更复杂的原子。用于制造原子弹的人造元素钚包含 94 个电子。

元素都放在了同一纵列里。我们可以看到，第一组只包含 2 种元素——氢和氦；接下来的两组各包含 8 种元素；然后化学性质每 18 种元素一个循环。请别忘了在序列中的元素，每增加一位就表示该元素多 1 个电子，由此可以得出结论：我们之所以能观察到化学性质的周期性，一定和原子电子，或者说“电子层”的某种结构的重复形成有关系。第一层的电子层肯定由 2 个电子组成，接下来的两层各包含 8 个电子，之后的电子层有 18 个电子。我们可以从图 51 中看出，第六个和第七个周期上的元素性质周期有些混乱，有两组元素（稀土元素和锕系元素）必须被单独分出来，不在圆柱上。这种反常是因为电子层结构的内部重组，给所说的原子的化学性质造成了混乱。

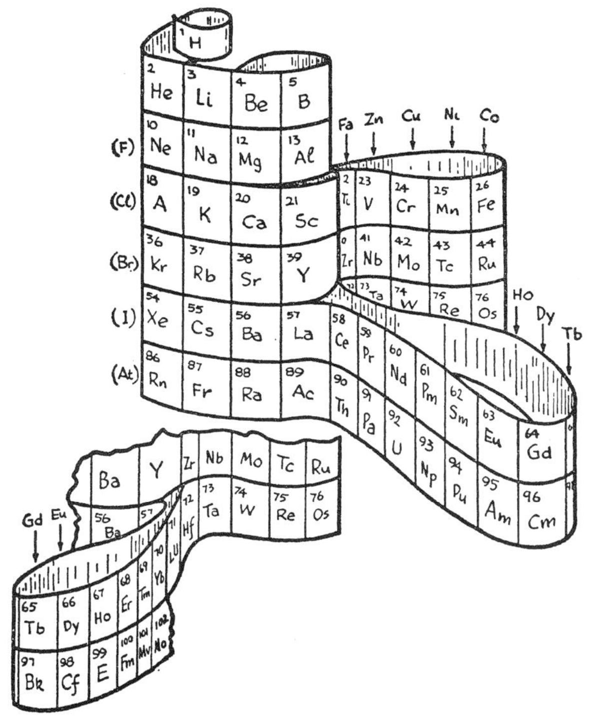

图 51　正面图

图中是元素周期性排列形成的螺旋带，可以看出元素性质的重复周期分别是 2、8 和 18。背面图展现了环形的另一面不符合周期规律的元素（稀土元素和锕系元素）

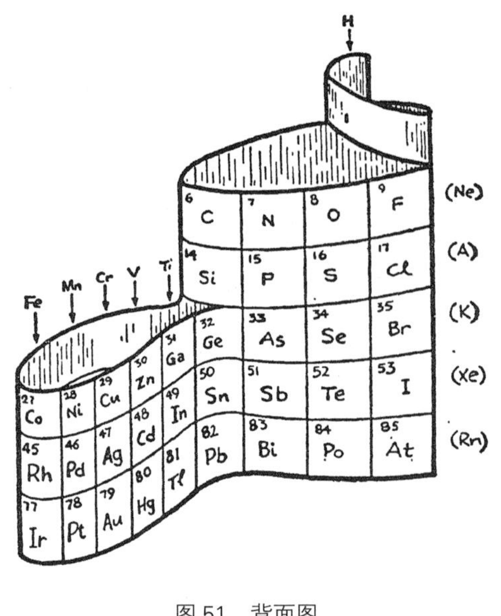

图 51　背面图

现在，我们已经大致了解了原子结构，再来看看是什么力量把不同元素的原子捆绑到一起，构成各种各样化学混合物的分子。比如说，为什么钠原子和氯原子会结合在一起，成为我们吃的盐的分子？图 52 为两种原子电子层示意图，可以看出氯原子的第三个电子层缺 1 个电子，而钠原子的第二层很完整，第三层多 1 个电子。于是钠原子多余的电子就会向氯原子靠拢，以填满第三个电子层。由于这种电子转移，钠原子带正电荷（失去了一个带负电荷的电子），而氯原子多了 1 个负电子。由于正负电荷之间的引力，2 个带电原子（或者说离子）将结合在一起，形成 1 个氯化钠分子，也就是我们所食用的盐。同理，最外电子层缺少 2 个电子的氧原子也会从两个氢原子中各“绑架”1 个电子，由此形成了水分子（H_2O）。同时，氧原子和氯原子，氢

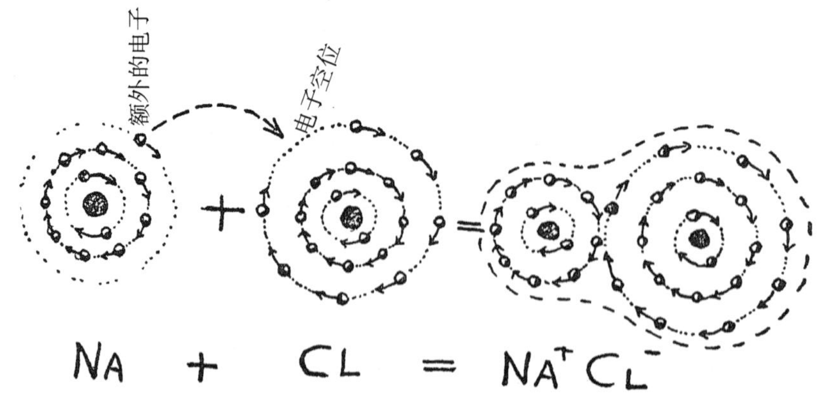

图 52
钠原子和氯原子结合形成氯化钠分子的简略图

原子和钠原子之间都不会结合，因为前两者已经习惯索取不懂付出，而后两者都不愿意伸手要别人的。

有的原子的电子层完整，比如氦、氩、氖、氙等原子，它们完全可以自给自足，不需要拿，或者给别的元素电子。也正因如此，这类原子总是形单影只，与其对应的元素（即“惰性气体”）也很难进行化学反应。

接下来，我们讨论一下在统称金属一类的元素中，原子电子所起的作用，以此结束对原子结构的讨论。金属物质之所以和其他物质不同，是因为它们原子最外层的电子之间相对松散，且很容易就会有电子游离到其他地方。所以金属内部充斥着大量漫无目的漂泊着的电子，不依附于任何一个原子，就像一群无家可归的人。这样一来，当一截金属丝的两端通上电，这些自由电子便会跟着电力横冲直撞，这就是我们所说的电流。

金属导体的热传导也主要是通过自由电子的存在——关于这一点我们会在后面的章节中讲到。

6. 微观力学与不确定原理

我们在上一部分讲过，原子系统中电子围绕中间的原子核旋转，与行星系统很相似。由此不禁让人发问：原子系统是不是也遵循行星围绕太阳转动的天文定律呢？特别是静电引力和重力定律极为相似——两种情况中引力的强度都和距离的平方呈反比——我们自然认为，原子电子以原子核为中心，沿椭圆形的轨道运行（如图 53a 所示）。

然而直到现在，任何尝试以行星绕太阳运转的形式来解释原子电子绕原子核的连续运动现象似乎都是一场灾难，以至于人们一度认为物理学家或者物理学已经癫狂。导致这个结果的主要原因在于：和太阳系中的行星不同，原子的电子是带负电荷的，和其他振动或者旋转的电荷一样，电子围绕原子核转动的过程中，必然会释放大量的电磁辐射。由于电子释放辐射的过程也会流失能量，因此，从逻辑上看，原子电子应该是沿着螺旋状的轨道向原子核不断靠近（如图 53b 所示），直到在旋转运动中耗尽全部能量，最后会落在原子核上。原子电子携带的负电荷和旋转的频率都是已知的，所以我们应该很容易能够计算出电子失去能量落到原子核上所用的时间，应该是小于 0.01 微秒。

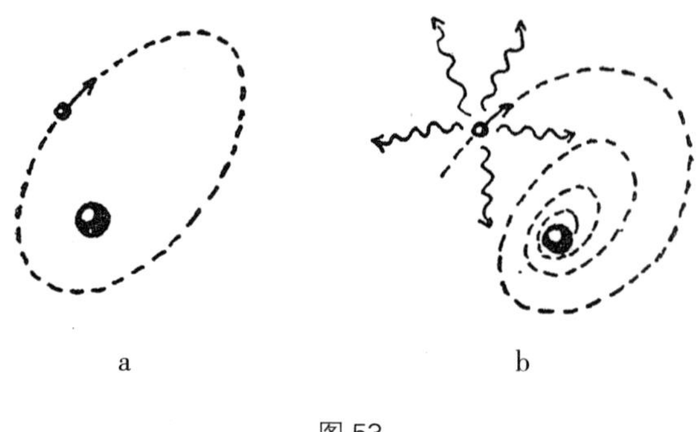

图 53

因此，根据物理学家目前的知识和认知，和行星结构一样的原子存活时间比 1 秒钟还小的多，注定是刚刚形成就瓦解灭亡。

尽管从物理学理论方面推断原子的前景黯淡，实际上，实验证明原子的结构相当稳定，原子电子围绕原子核欢乐地旋转，不会有任何能量的流失，就更不会趋向瓦解了！

怎么会这样呢！为什么如此经典又完善的力学定律运用到原子电子身上，得到的结论却和事实相悖呢？

要解答这个问题，我们必须追根溯源，来看看科学中最基本的问题："科学"的本质到底是什么？什么是"科学"？而自然事实所谓的"科学解释"又是什么意思？

我们不妨来看一个简单的例子。古希腊人相信地球是平的，确实不能因为他们的这种想法而过分苛责，毕竟如果我们走入一片旷野，或是驾船在水面上行驶，看到的都证明古希腊人是对的，除了偶有山峦连绵起伏，地球表面看上去似乎就是平的。古希腊人的错误其实并不在于他们宣称"从定点观察地球是平的”，而是在于他们跳出实际观察的范围，贸然推论。实际上，只要突破传统的束缚进行观察，比如研究月食时地球在月亮上的阴影形状，或者借鉴葡萄牙探险家、航海家麦哲伦著名的环球旅行，就能很快发现这种观点是错误的。现在我们知道，之所以看上去地球是平的，是因为我们能看到的，只是地球表面的一小部分。就像我们在第五章中讲到的，宇宙可能是弯曲的，而且有固定的大小。尽管我们观察到的宇宙是平的，而且是无限大的，但我们的观察毕竟有限。

原子电子的力学性能和现实背道而驰，这又和我们刚才讲的有什么关系呢？在研究原子的过程中，我们直接照搬了行星运行的力学定律，或者说，认为原子也会遵守生活中“正常大小”的物体运动的定律，因此，认为可以直接用这一套理论来进行原子电子的研究。实际上，这些力学的定律和概念最早是通过实验建立起来的，适用于大小和人差不多的物体，后来才运用到更大的运动物体上，比如行星、恒星。正是在天体力学研究方面取得了成功，我们才得以精确计算出前后几百万年里的天文现象。这么看来，用力学定律解释大型天体运动是完全可行的。

但是凭什么我们认为能解释大型天体运动、炮弹飞行轨道、钟摆运动，或者陀螺转动的力学定律适用于电子呢？毕竟，电子和迄今为止最小的机械设备相比，其大小和质量都差了几千亿倍。

当然，我们也不能断言一般力学定律不适用于原子电子的运动；只不过如果不能适用，也不要大惊小怪。

这么看来，用解释太阳系内行星运动的天文学定律，来解释原子电子运动得到的结果和实际情况自相矛盾时，我们就该先试着在可行范围内改动经典力学定律的某些基本概念，再将其运用到电子这类小微粒的运动中。

经典力学包括两个基本概念：微粒运动的轨道和其沿轨道运动的速度。特定时间内，空间确定位置中任何运动着的物质粒子，其运动中连续位置组成的一条延续的线就是这个粒子运动的轨道。这一论述显而易见是正确的，也是描述任何物体运动的根本依据。速度在数值上等于物体运动的位移跟发生这段位移所用的时间的比值。所有经典力学都建立在位置和速度这两大概念的基础上。时至今日，应该也没有科学家质疑过这两大概念在描述运动现象时的权威性和正确性，甚至哲学家们都习惯将这两个概念作为已知的“先验”。

然而，当我们试着用经典力学描述微小的原子系统中电子的运动时，居然彻头彻尾地失败了。这说明，在这种情况下，有些东西在根本上是错误的，而且让人越来越怀疑这种“错误”延伸到了经典力学最基本的概念上。物体持续的运动轨道，任意时刻给定的运动速度，如果将这些概念应用到原子内部微小部件的运动，似乎有些牵强。简而言之，要想将我们熟悉的经典力学推及至质量极小的原子领域，我们必须大刀阔斧改变一些相关的理念才行。但是如果经典力学中一些比较旧的概念不适用于原子世界，那么将它们运用到更大的物体运动中，也不一定完全正确。由此，我们得出结论：经典力学的基本概念只能说是接近“事实”，因此，我们不能将它们运用到更加精巧的系统中，否则肯定失败。

通过研究原子系统的力学性能，以及构建所谓的量子力学，一种本质上全新的元素进入了科学界。量子力学发现了一个事实，即两种不同物体之间的任何相互作用都有一定的下限，这个发现也推翻了物体运动轨道的经典定义。事实上，如果运动物体真有一个能准确算出的轨道，那么，通过一些专门的物理仪器，我们可以记录出运动的轨道。但是别忘了，在记录运动物体轨道的过程中我们也会难以避免地影响到其原本的运动。实际上，根据牛顿的作用力与反作用力定理，施力方与受力方都是对等的，如果运动的物体能让测量仪器记录到它连续运动的位置，那么仪器也会对这个物体有反作用力。根据经典物理学，如果两种物质之间的相互作用（在这里是运动着的物体和记录其运动位置的仪器之间）可以根据需要缩小，那么我们可以设想有一种理想的仪器，它极为灵敏，既可以记录物体连续运动的位置，又几乎对运动没有任何影响。

但是物理相互作用的最小值彻底改变了形势，我们再也无法忽略仪器记录运动时产生的干扰。这样一来，仪器在观察运动过程中产生的干扰也成了运动本身不可分割的一部分。我们也不得不将物体的运动轨迹视为有一定粗细的扩散带，而不再是一条无限细的数学线条。经典物理学中数学意义上清晰的运动轨道在新的力学指导下，成了宽阔的扩散带。

这种物理相互作用的下限，也被称为“作用量子”。它的数值非常小，只有在研究极小的物体运动时才会有意义。因此，尽管旋转着的左轮手枪子弹的轨迹在数学上不是一条清晰的线，但是这条轨迹的“粗细”还是比子弹材料的原子直径要小很多，因此几乎可以把它当作零。然而，更轻的物体的运动更容易被测量干扰，运动轨迹的“粗细”也就变得更重要。围绕中心原子核旋转的电子，它的运行轨道几乎赶上了它的直径，因此，我们不能像图 53 那样用一条线来代表电子运动的轨道，而必须画成图 54 所示的样子。这样，我们熟悉的经典力学就不适用于粒子的运动，因为它的位置和速度都有一定的不确定性（海森堡不确定性原理和波尔的互补原理[①]）。

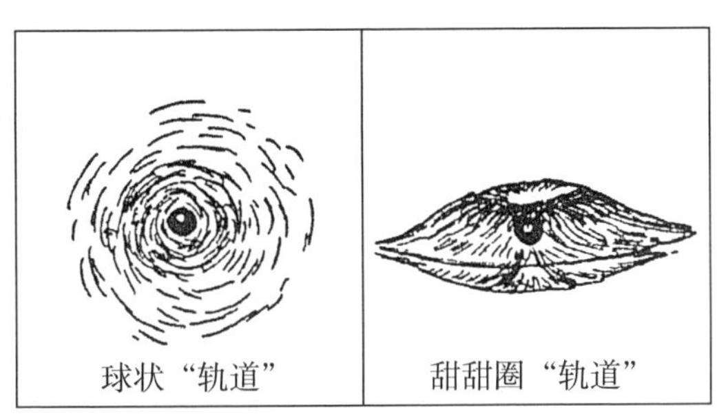

图 54

原子电子运动的微观力学示意图

新物理学这令人震惊的发现，让运动轨道、运动粒子的确定位置和速度这些概念如废纸一般被淘汰，给我们一种不知如何是好的感觉。如果不能使用前人这些基本原则研究原子的电子，我们要怎么样才能更好地理解电子的

① 关于不确定性的更多内容，可参考本书作者的另一本书《物理世界奇遇记》。

运动呢？又有什么数学形式能够替代经典力学的方法，解答量子力学中有关位置、速度、能量的参数不确定性的问题呢？

通过经典光学理论，我们能够找到这些问题的答案。我们知道，日常生活中观察到的大部分的光现象，都基于一个假设：光是沿直线传播的，也就是我们说的“光线”。不透明物体投下的影子、平面镜和曲面镜的成像、镜片以及其他许多复杂光学系统的运作原理，都是用以光线反射和折射的基本定律为基础来解释的（如图 55a、b、c 所示）。

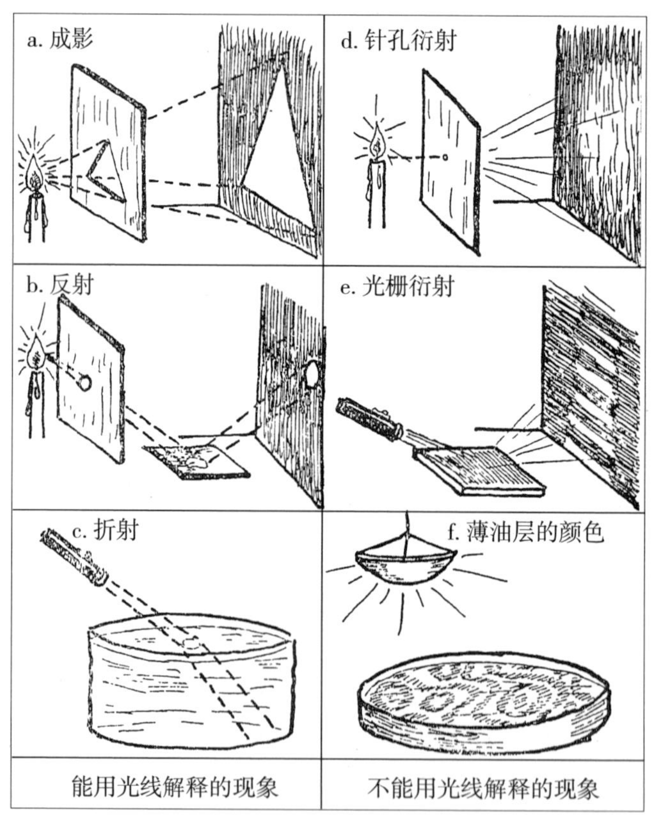

图 55

但是我们也知道，当光学系统中透光孔的几何尺寸和光的波长差不多时，试图用几何光学中光线理论来证明经典光学注定会被挫败。这种情况下产生的现象就是衍射现象，完全不在几何光学的研究范围内。也就是说当光线穿过非常小的小孔时（差不多 0.0001 厘米），光线不会沿直线传播，而是分散成类似扇形的形状（如图 55d 所示）。但一道光线照到表面划了许多平行窄线的镜子上时（衍射光栅），光也不遵循我们熟悉的反射定律，而是向不同方向投射，这些方向取决于镜子表面划痕的距离和入射光的波长（如图 55e 所示）。我们已经讲过，光从浮了一层油的水面反射过来，会形成独特的敏感条纹（如图 55f 所示）。

我们熟悉的“光线理论”并不能解释上面例子中的任何一个现象。我们由此必须认识到：光能连续分布在光学系统占据的整个空间内。

我们也很容易可以看出，光线理论不能应用于光学衍射现象，就像经典力学中的轨道概念不能解释量子物理现象。在光学中不能形成一道无限细的光束，根据量子力学原理，微粒运动的轨道也不可能无限细。在这两种情况中，我们都不能把某种现象解释成某物（光或者粒子）沿着特定数学线型（光线或者力学轨道）传播，而是必须要通过在整个空间中连续分布的“某物”来解释观察到的现象。在光学中的“某物”指的是不同点上光的振动强度；在力学中的“某物”是关于位置不确定性的新概念，即在某一时刻，运动中的粒子不是在确定的一点，而是可能出现在许多可能的地方。我们不可能说出在某一特定时刻下运动中的粒子的确切位置，但是，可以根据“不确定性原理”的公式计算出其大概的位置范围。研究光衍射的波动光学和研究粒子运动的新的微观力学或者波动力学（由德布罗意和薛定谔研究建立）之间的相似性，都可以通过实验明确地展现出来。

斯特恩在研究原子衍射时，用到了图 56 的装置。他用本章讲到过的方法制造出钠原子，这些钠原子被一块晶体的表面反射。在这种情况中，组成晶格的原子层对于射入的粒子来说，就相当于衍射光栅。斯特恩将晶体反射的钠原子收集到不同角度放置的瓶子中，并仔细测量每个瓶子中的原子的数量。图 56 中的虚线代表实验结果。我们可以看出，原子束并没有沿其确定的方向反射（像一把小玩具手枪朝金属板发射的弹珠一样），钠原子按照一定的角度分布，形成的形状和在X射线衍射中观察到的很相似。

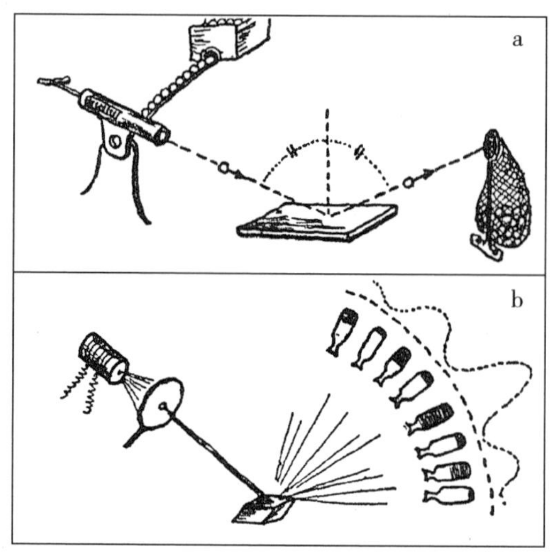

图 56

（a）可以用轨道概念解释的现象（弹珠在金属板上的反射）

（b）不可以用轨道概念解释的现象（钠原子在晶体表面的反射）

经典力学认为，独立的原子沿着特定的轨道运动，是没有办法解释上述实验的，但是微观力学中粒子运动的方式和现代光学中光线传播的方式一致。在新的微观力学的角度，上述内容就易懂多了。

第七章　现代炼金术

1. 基本粒子

我们已经知道，不同化学元素的原子其实都是复杂的力学系统，有大量电子围绕原子核旋转。这让我们无法避免去思考另一个问题：原子核是不是物质不可分割的基本单位呢？还是说，原子核还能再分割成更小、更简单的部分呢？自然界中 92 种不同的原子能不能分割成几种真正简单的粒子呢？

19 世纪中期，英国化学家威廉 · 普劳特（William Prout）基于这种化繁为简的诉求提出假设，他认为不同化学元素的原子都有一个共同的本质，即它们都是不同“聚集”程度的氢原子。普劳特的假设有理有据，因为在大多数的情况下，不同元素的化学原子质量，都很接近氢原子的整数倍。根据普劳特的观点，氧原子的质量是氢原子的 16 倍，所以氧原子是 16 个氢原子叠加而成的。以此类推，碘原子的质量数是 127，肯定是由 127 个氢原子组成的……

然而，当时的化学界对这一大胆的假设嗤之以鼻。人们通过准确测量原子质量发现，大部分元素的原子质量不是氢原子的整数倍，而只是接近于整数倍（比如，氯原子的质量数是 35.5）。现实似乎和普劳特的假设背道而驰，普劳特郁郁而终，始终不知道自己其实距离真相已经很近了。

直到 1919 年，英国物理学家阿斯顿（Aston）的新发现才让普劳特的假设重新回归人们的视野。阿斯顿发现，普通的氯其实是两种质量不同但化学性质相同的氯原子相混合的产物，两种氯原子的质量都是整数，分别是 35 和 37，之前化学家们得到的非整数 35.5 其实是混合氯的平均原子量的值。[①]

① 较重的氯占氯元素的 25%，较轻的氯占氯元素的 75%，平均值是 $0.25\times37+0.75\times35=35.5$，与之前化学家们的发现一致。

随着研究的深入，结果令人震惊：大多数的化学元素都是由化学性质相同，但原子质量数不同的成分构成的混合物。这些在元素周期表上位置相同的物质，被称为同位素[①]。实际上，所有同位素的质量，都是氢原子质量的倍数，这也给普劳特的假设注入了新的活力。我们在之前章节中也讲过，原子的主要质量都集中在原子核中，所以，用现代语言转变一下普劳特的假设，就是：不同原子的原子核由数量不等的氢原子核组成，鉴于氢原子核在物质结构中的地位，也被称为“质子”。

但是，上述表达有重要的一点需要更正。我们以氧原子的原子核为例，因为氧在元素序列表中排第 8 位，它的原子一定包含 8 个电子，而原子核也一定携带 8 个基本正电荷，但是氧原子的质量数是氢原子的 16 倍。这么一来，如果从电荷数上看，氧原子核是由 8 个质子组成的（数量都是 8），但是质量不对；如果从质量数上看，氧原子核有应该是由 16 个质子组成的（数量都是 16），可是电荷数又错了。

很显然，要解决这个难题，我们就必须假设：有一部分组成复杂原子核的质子因为失去了正电荷，而变成了中性。

早在 1920 年，卢瑟福就提出了这种不带电的质子的存在，也就是现在我们所说的“中子”。自他提出 12 年后，人们才通过实验证明了中子是存在的。在这里，我们要注意的是，我们不能把质子和中子看作两种完全不同的粒子，它们其实是同样的基本粒子，但是带电状态不同，我们可以将它们统称为“核子”。实际上，质子失去正电荷可以变成中子，而中子获得正电荷，也可以转变成质子。

将中子作为原子核的结构单元，为我们解答了我们之前所探讨的难题。氧原子之所以质量数是 16，而电荷数是 8，是因为氧原子的原子核是由 8 个质子和 8 个中子组成的。以此类推，碘原子的质量是 127，在元素周期表的第 53 位，则碘的原子核是由 53 个质子和 74 个中子组成的。而质量更大的铀原

① 同位素的英语 isotope 源自希腊语，在希腊语中 ίσος 表示“相等的”，τόπος 表示“位置”。

子（原子质量 238，原子序数 92）是由 92 个质子和 146 个中子组成的。[①]

一个世纪以后，普劳特大胆的假设终于得到应有的认可。现在，我们可以确定，尽管已知的物质多种多样，它们都是由以下两种基本粒子以不同的数量组合而成的：(1) 核子，物质的基本粒子可能是中性也可能带有正电荷；(2) 电子，带自由负电荷（如图 57 所示）。

图 57

根据《物质烹饪大全》中的几个菜谱，让我们看看，宇宙厨房是如何通过橱柜中满载的核子和电子制作菜肴的：

水。准备大量氧原子，用 8 个中性的中子和 8 个带正电的质子组成原子核，再在原子核周围包上 8 个电子。通过将 1 个电子和 1 个原子核相结合组成氢原子，氢原子数量要是氧原子的 2 倍。再将 2 个氢原子和 1 个氧原子结合，就可以得到大量的水分子。再放凉倒入玻璃杯中就可以了。

食盐。准备钠原子，用 12 个中性的中子和 11 个带正电的质子组成原子

① 对照原子质量和元素周期表可以发现，前面元素的原子量是原子序数的 2 倍，也就是说原子核中的质子数和中子数一样多。但是对于更重的元素，原子量增长的速度比原子序数更快，中子数也就比质子数更多。

核，再在原子核周围包上 11 个电子。准备同样数量的氯原子，先将 12 个或 18 个中性的中子和 17 个带正电的质子（同位素）组成原子核，再给每个原子核附上 17 个电子。将钠原子和氯原子按照三维棋盘的模式排列，形成食盐晶体。

TNT 炸药。准备碳原子，用 6 个中性的中子和 6 个带正电的质子组成原子核，再在原子核周围包上 6 个电子。准备氮原子，用 7 个中性的中子和 7 个带正电的质子组成原子核，再在原子核周围包上 7 个电子。按照上面的方法制作氧原子和氢原子（详见水的制作）。将 6 个碳原子连成圆环，并在圆环外放置 1 个碳原子。给碳环上的 3 个碳原子分别加上 1 对氧原子，在氧和碳之间再加上 1 个氮原子。给圆环外的碳原子附上 3 个氢原子，再给环上空闲的 2 个碳原子各加上 1 个氢原子。将得到的分子按规则排列，形成许多小晶体，最后再把这些晶体压在一起。压制的过程中一定要小心，它们结构不稳定，很容易爆炸。

尽管我们从上面的例子中可以看到，质子、中子和带负电荷的电子是构建任何想要的物质的基本单位，但是基本粒子的清单上似乎并不完整。实际上，如果一般的电子是带负电荷的，那为什么没有自由正电荷呢？也就是说，有没有带正电荷的电子呢？

同样的，如果作为物质基本单位的中子，可以获得正电荷变成质子，那为什么不能携带负电荷，变成带负电的质子呢？

答案是正电子和负电子除了所携带的电荷不同，其他方面都十分相似。也确实有可能存在负质子，尽管在物理实验中还没能成功找到它们。

正电子和负质子（如果存在的话）在我们的物理世界中之所以不像负电子和正质子那么多，是因为正电子和负电子、负质子和正质子之间都是相互对立的。我们都知道正负电荷碰到一起会相互抵消，由于两种不同的电子分别代表正电荷和负电荷，它们当然不可能在同一区域里同时存在。实际上，只要正电子遇到负电子，它们的电子会立即相互抵消，两个电子也跟着不复存在。然而，在两个电子相互摧毁的过程中，会产生强烈的电磁辐射，即伽马射线（γ 射线）。γ 射线带着两个消失的电子原有的能量，从它们相遇的地方方窜逃。根据物理学的基本定理，能量既不能被创造也不能被破坏，我们在这里见证的是自由电荷的静电能转化成辐射波的电动能。玻恩[①]（Max Born）教授将正电子和负电子相遇的现象称作“狂野的婚姻”，而阴郁的布朗[②]教授则认为这是两种电子“一起自杀”。图 58 为我们展示了两种电子相遇的过程。

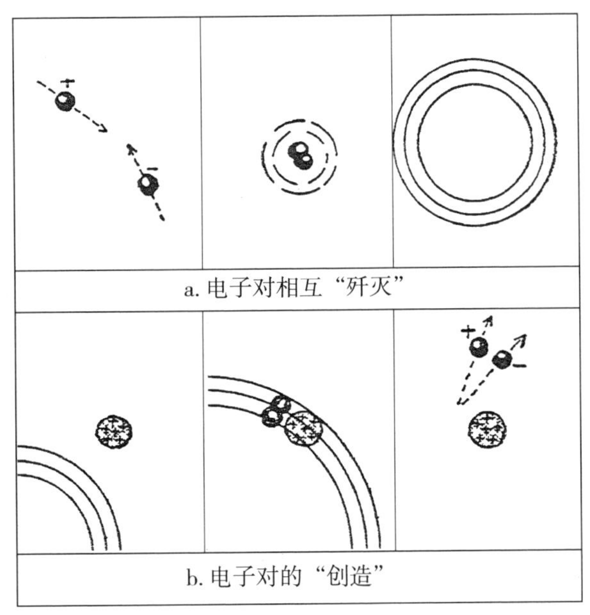

图 58

两种电子相互“歼灭”释放电磁波和电波经过原子核“创造”一对电子的简略图

两个电荷相反的电子有着相互“歼灭”的过程，相对应也有“形成一对”的过程，也就是说强烈的 γ 射线看似无中生有，能转化成一个正电子和一个负电子。之所以说“看似”无中生有，是因为每对新生的电子都是 γ 射线消耗能量而产生的。实际上，γ 射线制造一对电子释放的能量和电

① 马克斯·玻恩，《原子物理学》（G. E. Stechert & Co，纽约，1935 年）。

② T.B. 布朗，《现代物理》（约翰威利出版公司，纽约，1940 年）。

子相互歼灭释放的能量是一样多的。γ 射线越靠近原子核[①]越容易形成一对电子，图 58b 简略地展示出了这一过程，我们可以从图 58b 中看出本来没有电荷的 γ 射线，是如何变成一对带有相反电荷的电子的。我们都知道，把橡胶棒在毛皮上摩擦，会产生相反的电荷，电子对产生的过程其实和这个实验差不多，只要能量足够，我们就可以制造出任意数量的正负电子对。但是别忘了，这些电子对很快就开始相互歼灭，将消耗的能量完完全全地归还回来。

关于电子对“大量产生”的过程，有一个有趣的例子，就是我们所说的“宇宙线簇射”现象，它是由一连串高能粒子从星际空间涌入地球大气层产生的。为什么在空旷无垠的宇宙中，会有成串的粒子相互乱窜，仍是科学界的未解之谜。[②]但是我们已经清楚知道，当电子飞速撞向外层的大气层时会发生什么。电子和组成大气的原子的原子核擦肩而过，原本高速的电子渐渐失去最初的能量，并沿着运动轨道释放能量，形成 γ 射线（如图 59 所示）。射线又制造出无数成对的电子，这些正负电子沿着最初电子的轨道，继续高速地向前冲。而这次电子携带大量的能量，又形成了更多的 γ 射线，而这些 γ 射线反过来，又会制造出更多的电子对。这种连续增加的过程会重复很多次，直到原本的电子和大量再生的电子一起蜂拥穿过大气层。这些电子一半带正电荷，一半带负电荷。毫无疑问，高速运动的电子穿过庞大的物质体时，也会形成这种宇宙线簇射，而且因为穿过的物质密度更高，γ 射线和电子对转换的频率也就更高（详见附录照片 IIA）。

我们再来看看负质子是否存在。如果真的有负质子，想来这种粒子也应该是从中子获得一个负电荷，或者同理失去一个正电荷形成的。我们由此可想而知，这种负质子和正电子一样，在任何物质体中存在的时间很短。实际

① 尽管理论上讲，正负电子对可以在真空中形成。但是位于原子核电场附近更能促进电子对的形成。

② 这些高能粒子的速度可以达到光速的 99.999 999 999 999 9%，关于它们的来历，最好的解释可能就是：漂浮在太空中的巨大的尘埃云（星云）存在着极高的电势帮助这些粒子完成了加速。事实上，这些“尘埃云团”积累电荷的原理和地球上的雷电积累电荷的原理很类似，不过，后者积累的电势比前者积累的电势要小很多。

上，它们会快速被附近带正电荷的原子核吸引并吸收，并且在进入原子核结构后又变成中子。因此，就算真的存在这种和现有基本粒子对称的质子，也很难被探测到。毕竟我们真正探测到正电子的存在，也是在普通负电子概念引入科学的半个世纪后。假设真的存在负质子，那是不是所有原子核分子的组合也可以反过来。原子核是由普通的中子和带负电的质子组成的，而且周围包裹着正电子。这种“反过来”的原子性质和普通原子的性质完全一样，由此组成的反过来的水、黄油等和正常的物质没有什么差别。要想找到差别，只能把正常的和反过来的两种物质放在一起比较。但是一旦两种相对的物质放到一起，电荷相反的电子立马就会相互歼灭，电荷相反的也会相互中和，混合物将随即爆炸，其威力会超过原子弹。据我们所知，也许真的存在一个星际系统，里面的物质和我们的完全相反，这时候不管是我们这边扔过去一块石头，还是他们那边扔过来一块，落地的一瞬间就会变成爆发的原子弹。

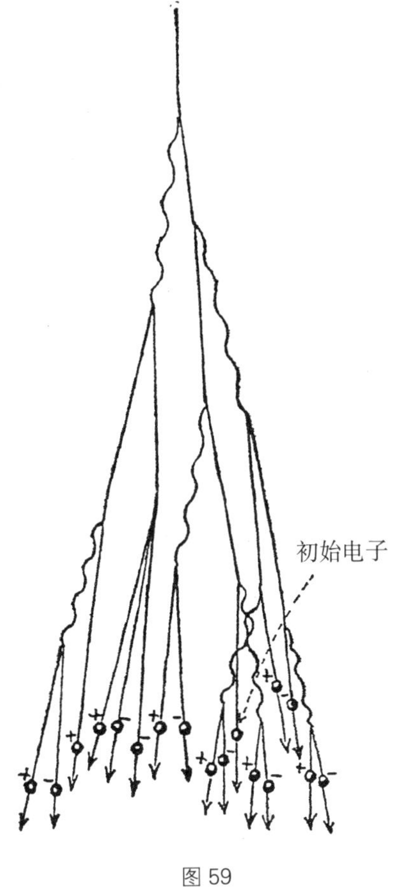

图 59
宇宙线簇射的来源

关于这些相反的原子，我们的奇思妙想不妨在这儿先停一停，让我们一起来看一看另一种基本粒子。这种粒子非常常见，在许多物理过程中都能找到它的身影——我们将它称为“中微子”。中微子可以说是靠“走后门”进入物理世界的，尽管诸如“愚蠢的叫嚣”的评价不绝于耳，中微子在基本粒子家族中的位置仍不能动摇。发现和确定中微子的过程堪称近代科学史上最惊心动魄的侦探故事。

找到中微子的方法，是数学家所说的“归谬法”。这一令人振奋的发现，并不是来自存在的东西，而是原子所缺失的东西。在这里缺失的是能量，而根据的是物理学最为根深蒂固的定律之一——能量是不能被创造或者毁灭的。本该有的能量不在了，肯定是被偷走了，究竟这个小偷是谁呢？科学界的侦探们思维清晰，给这帮还没缉捕归案的小偷取名叫“中微子”。

但这都是后话了，我们还是先来看看“能量抢劫案”的真实情况。正如之前所讲，每个原子的原子核都是由核子组成的，其中一半是呈中性的中子，另一半是带有正电荷的质子。这时候如果打破中子和质子数量上的平衡，加进去几个中子或者质子①，原子携带的电荷必然要做出调整。如果中子太多，其中有一些就会释放一个负电子变成质子，负电子也会游出原子核；如果质子太多，其中的一些就会释放一个正电子荷而变成中子。这两种转化过程，可以参考图 60。这种原子核电荷的调整过程被称作 β 衰

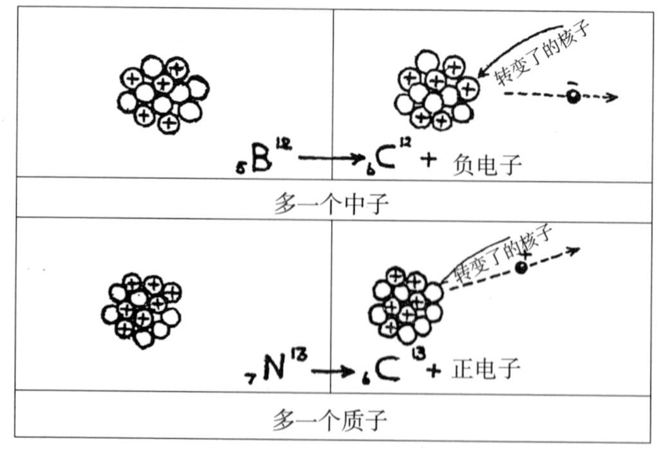

图 60

释放负电子或正电子的 β 衰变简略图（为了更清楚地展示这个过程，所有的核子都画在了一个平面上）

① 本章后面介绍的轰击原子核的方法可以做到这点。

变，原子核释放的电子叫作 β 粒子。由于原子核内部的转变清楚明了，所以相关的自由能量也是确定的，也就是说释放的电子携带的能量是确定的。由此，可以想到，同一物质释放的 β 电子运动速度相同。然而，β 衰变过程中观察到的事实却和我们的设想大相径庭。实际上，特定物质释放的电子动能并不相同，从 0 到一定的上限不等。我们并没有发现其他粒子，也没有其他的辐射来中和这种差异，β 衰变过程中“能量的失踪”着实是个棘手的问题。

人们一度认为这是著名的能量守恒定律有问题，这对物理学框架中精致的建筑无疑是个毁灭性的打击。但是还有另一种可能：也许消失的能量被其他粒子带走了，只是我们观测的方法难以察觉到。泡利（Pauli）提出，窃取核能的“巴格达大盗”① 很可能是一种叫作中微子的假想粒子，它不带电荷，而且质量小于普通的电子。其实，根据高速运动的粒子和物质的关系，我们就可以得出结论：现有的物理仪器是不可能探测出这些不带电又很轻的粒子的，而且它们可以毫不费力地穿过任何厚厚的屏蔽材料。虽然，金属箔可以挡住可见光，几英寸厚的铅就能在很大程度上降低 X 射线、γ 射线这类穿透力极强的射线；但一束中微子想要穿透几光年厚的铅层，却不费吹灰之力！任何方法都没能捕捉到它们的剪影也不足为怪了，只有在逃逸时造成能量亏损，我们才能注意到它们。

尽管中微子逃离原子核时难以被我们捕捉到，但还是有办法可以研究它们的离开带来的次级效应。用步枪开火，枪体反而会撞到你的肩膀；大炮发射出一枚大炮弹后也会跟着后退。因此我们会想，原子核发射出高速运动的粒子，也会有这种后坐力。确实，实验证明：β 衰变的过程中原子核也会有一定的速度运动，且方向与电子发射的方向相反。通过观察，我们发现了原子核后坐力最重要的特性：不管发射出的电子的运动速度是快是慢，原子核后坐力的速度都一样（如图 61 所示）。这似乎不合常理，我们都会觉得子

① 《巴格达大盗》（*The Thief of Bagdad*）是 1940 年的一部著名电影。

弹速度越快后坐力越大。解答问题的关键在于原子核在发射电子的同时也发射出维持能量平衡的中微子。如果电子运动速度快，带走了大部分的能量，中微子的速度就慢，反之亦然。通过两种粒子的互补，我们观察到的后坐力才都一样强劲。这是中微子存在最有力的证据！

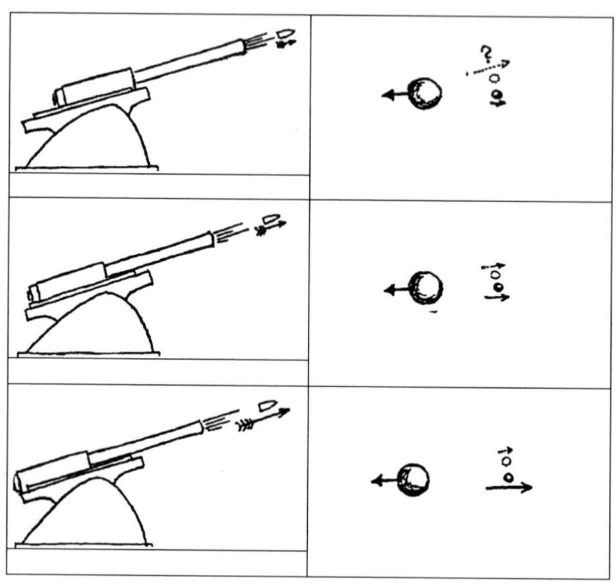

图 61
大炮与核物理的后坐力问题

我们的讨论可暂时告一段落，一起来总结一下：宇宙结构中的基本粒子包含哪些？而它们之间又存在什么关系？

首先是核子，它是最基本的物质粒子。同时，根据当前的科学认知，核子不是中性就是带正电荷，而且有的可能携带负电荷。

然后是带正电荷或者负电荷的自由电子。

还有神秘的中微子，它们既不带电，质量还比电子轻得多。①

最后别忘了电磁波，是由同相且互相垂直的电场与磁场在空间中衍生发

① 有关这个问题最新的实验证明，中微子的质量不到电子的十分之一。

射的震荡粒子波，是以波动的形式传播的电磁场。

这些就是物理世界基本的构成要素，它们之间相互依赖，可以通过多种方式结合在一起。比如说中子可以通过释放一个负电子和一个中微子变成质子（中子→质子 + 负电子 + 中微子）；一个质子也可以通过释放一个正电子和中微子变成中子（质子→中子 + 正电子 + 中微子）；两个电极相反的电子可以转变成电磁辐射（正电子 + 负电子→辐射）；中微子可以和电子结合，形成在宇宙射线中观察到的不稳定的单元，即介子，它还有一个不太对的名字叫“重电子”（中微子 + 正电子→正介子；中微子 + 负电子→负介子；中微子 + 正电子 + 负电子→中性介子）。

中微子和电子的组合载有大量的内部能量，组合后的质量大约是原来粒子质量和的 100 倍。

“这就是全部吗？”你也许会问，“我们凭什么就认为核子、电子、中微子是最基本的、不能再被分割成更小的构成部分呢？半个世纪之前，我们不还认为原子是不可分割的吗？再看看现在，我们才发现原子的结构是如此复杂！”在我看来，我们当然没有办法预测未来科学的发展进程，但是现在我们有比较充足的理由可以相信这些基本粒子就是物质最基本的单元，不能再被分割。而半世纪前人们虽然觉得原子不能分割，但是却发现它具备一系列负载的化学性质、光学性质和其他性质。相比之下，现在我们说的基本粒子，其性质十分简单，简单程度可以和几何点的性质相比。同时，经典物理中最基本的元素是大量“不可分割的原子”，现在变成了 3 种实体：核子、电子和中微子。就算我们再想化繁为简，也不能简化到什么都没有。这么看来，我们似乎走到了尽头，找出了构成物质的基本元素。①

① 随着现代物理学的发展，核子（中子和质子）、中子和介子并不是真正的基本粒子。目前在标准模型理论的架构下，已知的基本粒子可以分为费米子（包含夸克和轻子）以及玻色子（包含规范玻色子和希格斯粒子）。而由两个或更多基本粒子所组成的则称作复合粒子。——编者注

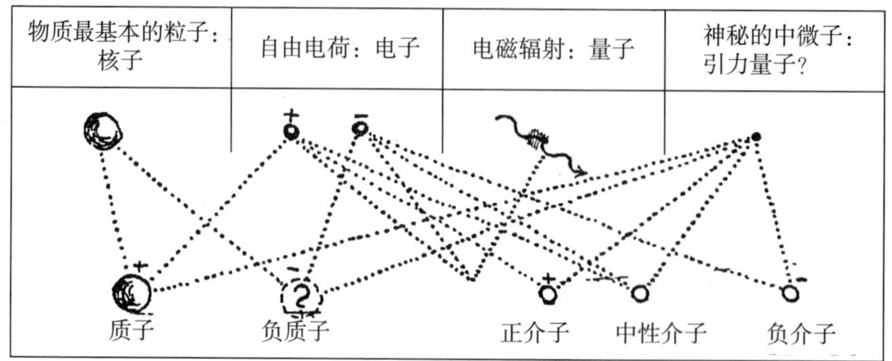

图 62

当代物理学的基本粒子以及它们不同的组合形式

2. 原子的心脏

现在我们已经了解了物质结构中最基本粒子的本质与特性，不妨深入剖析一下所有原子的心脏——原子核。我们已经知道，原子的主体结构在一定程度上相当于一个微型的行星系统，但是原子核的结构却是另一幅景象。首先可以认定的是原子核中的粒子并不单靠电磁力连接到一起，因为占原子核粒子总数一半的中子，是中性的，而另一半质子带正电荷，质子之间相互排斥。将这样相互排斥的粒子组合在一起，肯定没有办法维持稳定。

我们要想知道原子核的组成部分为什么能连接到一起，就必须假设这些粒子之间还有其他的力，而且这种力还是相互吸引的，能同时作用于不带电的中子和带电的质子。这种能让不同性质的粒子紧密联系在一起的力被称作“内聚力”。比如在水中，内聚力能防止独立的水分子四处乱窜。

在原子核中也有类似的内聚力作用于独立的核子，所以原子核不会因为质子之间相互的排斥力而变得七零八落。因此，原子核内外的景象大相径庭：原子核外部被电子层层围住，电子之间还有充足的活动空间；而原子核内部大量核子一个挨着一个紧紧挤在一起，就像沙丁鱼罐头里面一样。我第一个提出：可以假设构成原子的物质和构成水的物质是一样的，就像普通的水一样，原子核也存在非常重要的表面张力现象。也许你还记得，液体内部的粒子受到相邻粒子从四面八方以相等力的拉牵，而表面的粒子则在力的牵引下向内部聚拢，这就是液体表面张力现象（如图 63 所示）。

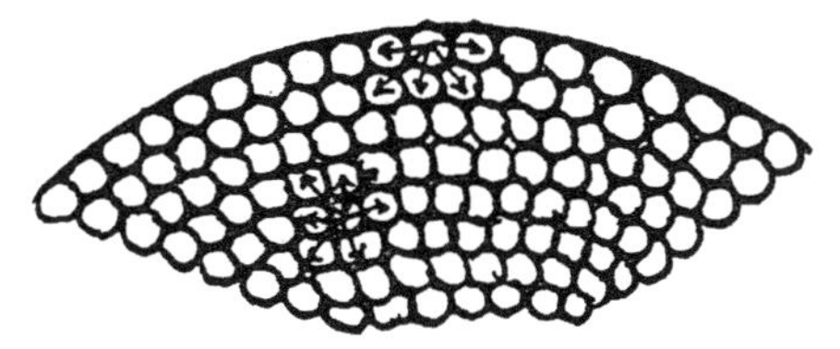

图 63
解释液体的表面张力

正是由于这种倾向，任何成滴的液体都会形成球体，因为在几何形体中，同样的体积，球体的表面积最小。由此可知，我们可以简单地将不同元素组成的原子核看作“核液体”构成的不同大小的液滴。千万别忘了，这种核液体虽然看起来和普通液体性状很相似，但在量化上却差别很大。实际上，核液体的密度是水的 24×10^{13} 倍，且表面张力是水表面张力的 10^{18} 倍。我们不妨通过一个例子，来看看这些数字上的差别到底是多大。假设有一个倒 U 型的金属线框架，上面横着一根金属丝，形成一个大约 2 平方英寸大小的框子（如图 64 所示）。框子上有一层肥皂泡形成的膜，而膜的表面张力会向上拉做横梁的金属丝。我们可以在横梁上挂上一定的重量，来抵消这种表面张力。如果形成的膜是由普通的肥皂水溶解而成的，那么它大概是 0.01 毫米厚，0.25 克重，可以承受 0.75 克的重量。

图 64

假设可以用核液体的膜代替肥皂膜，那么形成的膜能重达 5000 万吨（大约是 1000 艘海洋游轮的重量），而且横梁上能禁住 1 万亿吨的重物，差不多是火卫二（火星的一颗近地面卫星，也是火星的第二大卫星）的重量！要想把核液体形成的泡吹破，一定要相当大的肺活量才行！

我们试想一下，原子核是核液体形成的一个极小的液体滴，也千万别忽视很重要的一点：这些液滴都是携带电荷的，因为质子占原子核所含粒子的一半。质子之间的电荷相斥，会把原子核拆分得四分五裂，而表面张力又和这种力相互抵消，保证原子核是一个整体，这也是原子核不稳定的基本原因。如果表面张力大于质子的电斥力，原子核就不会破裂，当两个原子核相互接触时，会聚变成一个，就像两滴水汇聚成一滴一样。

如果情况相反，电荷斥力大于表面张力，原子核会自发地分裂成两个或多个，并高速窜向周围。这种分裂的过程叫作“裂变”。

玻尔（Bohr）和惠勒（Wheeler）在 1939 年针对不同元素原子核的表面张力和电荷斥力进行了精确的计算，并得出了重要结论：尽管元素周期表前半部分的元素（大概到银元素）表面张力大于电荷斥力，但在更重的原子核中都是电荷斥力更大。因此理论上讲，比银重的元素的原子核很不稳定，并且只要外力足够，就会分裂成一个或多个，同时释放大量内部的核能（如图 65b 所示）。相反，当原子量之和小于银原子的两个较轻元素的原子核碰到一起，就会发生聚变反应（如图 65a 所示）。

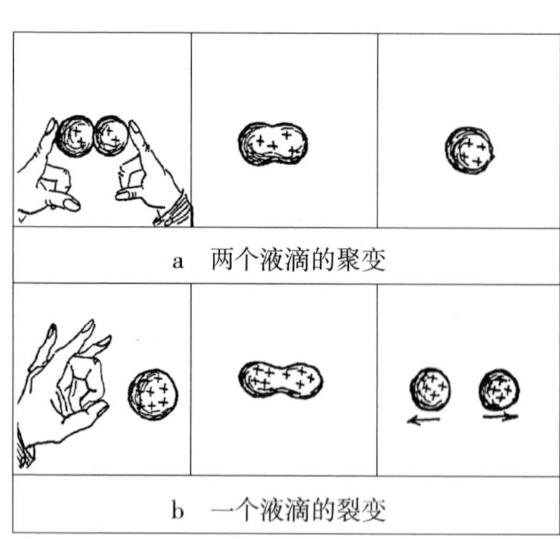

a　两个液滴的聚变

b　一个液滴的裂变

图 65

但是要记住，如果我们不进行干涉，不管是较轻原子核的聚变，还是较重原子核的裂变，都是不会发生的。

事实上，要想两个较轻原子核发生聚变，我们必须克服电荷间的斥力，将它们放得足够近；要想让两个较重原子核发生裂变，就必须猛烈敲击它，让它以极大的振幅振动。

这种要通过开始激发才能导致某一物理过程的状态，在科学中被称作亚稳态。悬崖上摇摇欲坠的岩石、口袋里的火柴，或者炸弹里的 TNT 炸药都能帮我们更好地理解这个概念。上述的几种情况中，都有大量的能量蓄势待发，但是不去踢一脚岩石，它不会滚落；不在鞋底或者什么东西上摩擦，火柴不会点燃；TNT 炸药不通过导火线引爆也不会爆炸。实际上在我们所生活的世界中，除了银币[①]以外的所有物品几乎都是潜在的核爆炸物，好在核反应很难催生，或者说的专业一点，正是因为需要大量活化能才能引发核变，我们才得以没有灰飞烟灭。

说到核能，我们就好像因纽特人，生活在（或者前不久还生活在）零度以下的世界，知道的固体只有冰，液体只有酒精。这样的因纽特人对火更是闻所未闻，摩擦冰块是不可能生火的；他们只知道酒精喝起来感觉不错，毕竟也不能把酒精加热到沸点。

不久前发现的如何释放原子内部隐藏的巨大能量的过程所带来的震撼，就好比因纽特人第一次看到酒精灯的燃烧。

不过，只要克服引发核反应的困难，我们就会发现所获得的成果和所有的付出都是成正比的。举个例子，我们可以试着把相等数量的氧原子和碳原子混合到一起，写成化学方程式如下：

$$\mathrm{O+C \rightarrow CO+}\text{能量}$$

每克碳氧混合物释放的能量为 920 卡路里[②]。

如果我们不让两种原子以普通的化学方式结合（分子聚合）（如图 66a 所示），而是以炼金术的方式让它们的原子核结合（核聚变）（如图 66b 所示）：

① 需要记住，银原子既不聚变也不会裂变。

② 卡路里（calorie）是一种热量单位，其定义为在 1 个大气压下，将 1 克水提升 1 摄氏度所需要的热量。

$$_{6}C^{12}+_{8}O^{16}=_{14}Si^{28}+\text{能量}$$

这样每克混合物产生的能量高达 140 亿卡路里，是普通结合方法的 1500 万倍。

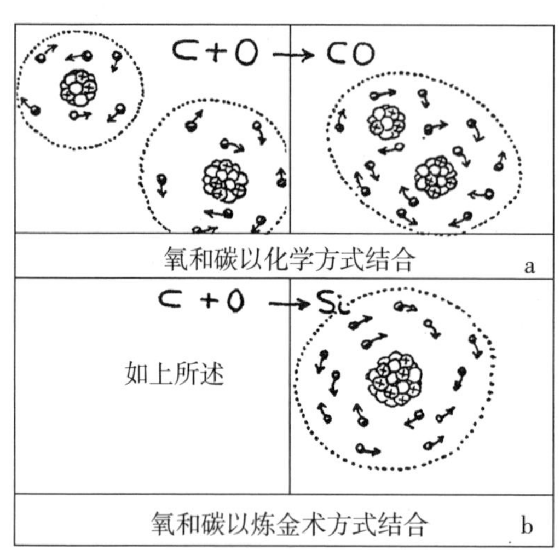

图 66

同理，如果将复杂的 TNT 分子用化学方法分解成水分子、一氧化碳分子、二氧化碳分子和氮分子（分子聚合），每克仅释放 1000 卡路里的热量。但是只要经过核裂变，比如水银，释放的热量能高达 100 亿卡路里。

千万别忘了，尽管几百度的条件下大部分的化学反应都很容易发生，但是，温度哪怕到了几百万度也不会引发核反应！好在想弄出核反应的起始条件堪比登天，我们暂时可以不用担心，宇宙也不会因为核爆炸顷刻之间都变成纯银。

3. 原子粉碎

尽管原子量是整数值的这一点有力地证明了原子核的复杂性，但是要最终证明这一点，还要通过直接实验，把原子核分解成两个或者多个不同部分才行。

1896 年，法国物理学家贝克勒尔（Becquerel）发现了放射现象，这是原子核分解实验的开端。实际上，实验表明铀和钍这类位于元素周期表末端的元素原子释放出的射线穿透性极强（类似于普通的 X 射线），这些射线是原子自发缓慢衰变引起的。对于这一新发现的现象，科学家们进行了审慎的实验，很快得出结论，即较重的原子核在衰变分解的过程中分解成了两个不等的部分：(1) 其中的小碎片就是我们说的 α 粒子，代表氦原子核；(2) 剩下的是最初原子核的剩余部分，就组成了子元素的原子核。最初铀元素的原子核分裂并释放 α 粒子，残余的子元素叫作铀 X_1。X_1 经过内部电荷调整，会释放 2 个自由负电荷（即普通电子），转变成铀同位素的原子核，比最初的铀原子核轻 4 个单位。当然，这种电荷调整也会释放 α 粒子，进而又引发电荷调整，如此循环往复，直到最后我们得到铅原子核。铅原子核十分稳定，不会继续衰变。

根据观察，这种释放 α 粒子和电荷的连续放射性转化，也存在于另外两种放射性元素中：以重元素钍为首的钍系元素和以锕元素为首的锕系元素。这三组元素都会自发衰变，直到只剩下铅的同位素。

好奇的读者可能会发现，我们这里讲到的自发放射衰变和之前的内容似乎有些不符。我们讲过，元素周期表后半部分所有元素的原子核内部都不稳定，因为它们内部混乱的电斥力超过了试图把原子核聚集到一起的表面张力。如果所有比银元素重的元素都不稳定，为什么只有铀、镭、钍这少数几种重元素会有自发的衰变呢？确实如此，但从理论上讲，所有比银元素重的元素都算是放射性元素，它们都会在衰变中不停转变，成为更轻的元素。但是在大多数情况下，这种自发的衰变都十分缓慢，不容易被察觉到。因此，像碘、金、银、铅这些我们比较熟悉的元素，它们的原子可能要几个世纪才会分裂一两个，哪怕是最精密的物理设备也难以察觉到这么缓慢的变化。只有最重的元素，它们自发分裂的趋势才能有足够的放射性，让我们能察觉到。① 这种相对的转化率也决定了特定不稳定原子核的分裂方式，比如铀元素的原子核有很多种分裂的方式：可以自发分裂成两个相同的部分，或者三个相同的部分，也可能分裂成大小不一的多个部分。但是它最容易分裂成一个 α 粒子和一个子元素的原子核，所以这种情况也最常发生。根据观察研

① 例如，每克铀每秒钟有几千次的原子分裂。

究，铀原子核自发分裂成两个部分的概率，是释放一个 α 粒子的百万分之一。也就是说，要看到能让铀原子核分裂成大小相同两部分的裂变过程，我们要耐心等上几分钟！毫无疑问，这种放射性的现象说明原子核的结构极为复杂，也为以后人工制造（或者引发）核转变铺平了道路。这让我们不得不思考一个问题：如果重元素的原子核很不稳定，能自发衰变，那么我们能不能通过高速运动的核轰击，分裂那些通常很稳定的元素呢？

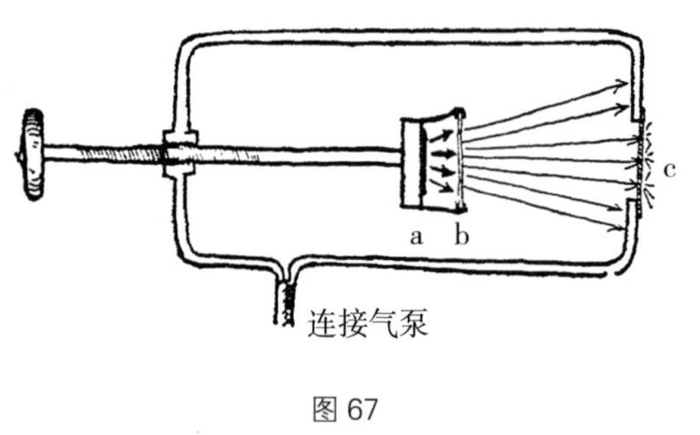

图 67
第一次分裂原子的方法

想到这一点后，卢瑟福决定用不稳定的放射性原子核自发分裂产生的碎片（α 粒子）来轰击多种通常很稳定的元素。1919 年卢瑟福在他的第一次核转变中使用的设备如图 67 所示。和现在许多物理实验室中使用的巨型原子粉碎机（粒子加速器）相比，卢瑟福的设备非常简单，堪称典范。该设备包括一个内部真空的圆柱形容器，圆柱体的一端开了一个小口，并用荧光材料盖住作为屏幕（c）。轰击原子的 α 粒子来自一层薄薄的放射性材料，放置于金属盘子上（a），要被轰击的元素（这里使用的是铝）做成了金属箔（b），距离放射材料有一段距离。金属箔放置的位置能保证所有的 α 粒子都能嵌在上面，所以不能点亮荧光屏。因此荧光屏一直不会亮，除非目标材料在轰击下释放出次级核碎片。

所有设备就位后，卢瑟福通过显微镜观察屏幕，看到的却不是黯淡的荧光屏。屏幕表面到处闪烁着细微的亮光，数不胜数！每个亮光都是质子撞击屏幕产生的，每个质子也是铝原子受到 α 粒子炮轰后扔出的“碎片”。由此可知，人工转变元素的理论是科学上可行的事实。①

① 上述过程可以写成方程式：${}_{13}Al^{27}+{}_{2}He^{4} \to {}_{14}Si^{30}+{}_{1}H^{1}$。

卢瑟福经典实验后的几十年，人工转变元素的科学成了物理学当中最庞大，也是最重要的分支之一。不管是如何制造核轰击高速粒子的技术，还是观测结果的方法都取得了重大的进步。

用于观测核轰击效果最好的设备叫作云室（或者以发明者的名字命名，叫威尔逊云室），图 68 为云室的示意图。因为 α 粒子这类快速运动的带电粒子在穿过空气或者其他气体的时候，会导致沿途的粒子产生一定程度的变形。在这些粒子强大的电场中，沿途的气体原子被夺走一个或多个电子，形成许多离子化的原子。这种状态不会维持多长时间，很快这些轰击粒子就会离开，这些离子化的原子会重新获得失去的电子，恢复正常状态。但是如果离子化的气体内不充斥着饱和的水蒸气，每个粒子周围都会形成微小的液滴——这是水蒸气的特性，它容易在离子、灰尘等微粒上聚集——沿着轰击粒子的轨道会形成一缕薄薄的雾带。换句话说，在这个过程中，任何在气体中穿过的带电粒子都变得可见，就像飞机后面的“尾迹云”。

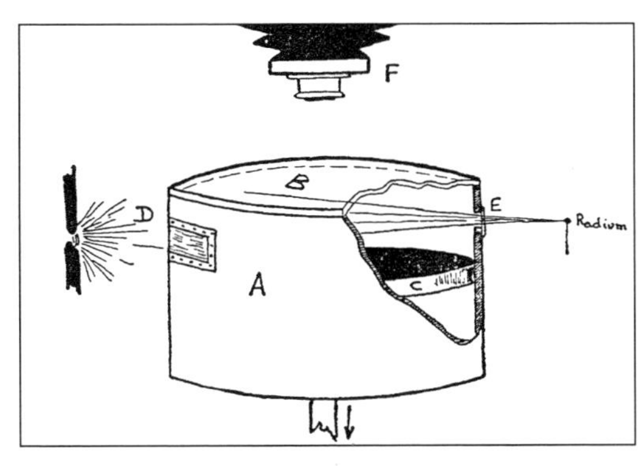

图 68
威尔逊云室示意图

从技术角度讲，云室是一个很简单的设备。它包含一个金属圆筒（A），上面有一个带活塞（C）的玻璃盖（B）。活塞可以通过设置上下移动，但是图 68 中看不出来。玻璃盖和活塞表面之间充斥着空气（你也可以根据喜好换成其他气体），空气中有大量水蒸气。如果某些粒子通过窗口（E）进入云室，活塞也跟着迅速下拉，活塞上的空气会冷却下来，同时水蒸气凝结，沿着粒子轨道形成一缕缕薄雾。通过窗口（D）进入的强光，又有黑色的活塞做背景，这些雾带清晰可见，也可以用相机（F）把它们拍摄下来。在这个设备中，活塞上下的拉动会自动触发相机快门。这个简单的装置是现代物理学中最有价值的发明之一，通过它，我们可以拍下核轰击震撼的场面。

由此，我们自然会想通过在强电场中加速多种带电粒子（离子），制造出强大的粒子束。通过这种方法，我们不仅可以节省稀少且昂贵的放射性材料，还可以利用不同类型的核粒子（比如上例中的质子），得到比普通放射性衰变更高的动能。制造高速运动的核粒子束的重要设备包括静电发电机、回旋加速器和直线加速器。图 69、70、71 分别概述了它们各自的运行原理。

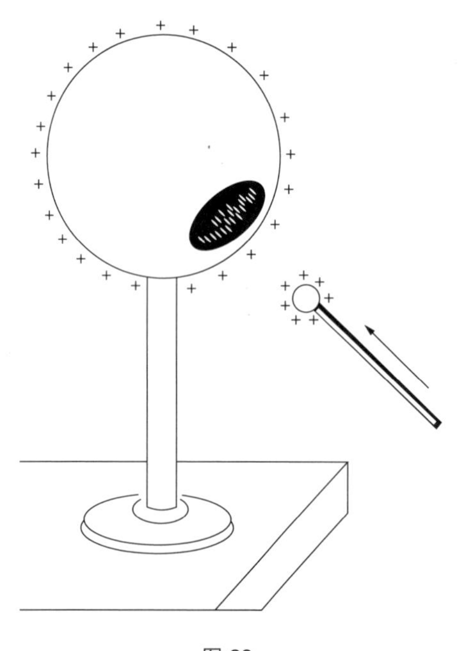

图 69

静电发电机的运行原理

根据物理学的基本原理，中空的球状金属导体携带的电荷都分布在球面上。因此，如果在球面开一个洞，里面放一小块带电导体，该导体在里面与球面接触。由此我们就可以给球状导体充电，并可以随意控制电压。在实践中，会用一台小型变压器转换交流电压，再通过一条持续导电带把电荷传递给球状导电体

通过使用上述电加速器制造出各种强大的原子粒子束，并用这些粒子束轰击各种材料，会有大量的核转变。我们就可以通过云室拍摄的照片对这些过程进行研究。照片Ⅲ、Ⅳ（详见附录）为云室拍摄的核转变照片。

第一个拍出这种照片的人，是剑桥大学的 P.M.S. 布莱克特（P.M.S.Blackett），他拍摄出了 α 粒子轰出氮核后产生的粒子径迹。[①] 第一次显示出由于粒子在飞过气体中逐渐失去动能，最终会停下来的过程，所以其运动轨迹的长度是有限的。而两组差别很大的轨迹长度，与两

① 布莱克特照片中的炼金术反应（本书中没有收录）可以写成方程式：$_7N^{14}+_2He^4 \rightarrow _8O^{17}+_1H^1$。

组不同能量的 α 粒子相对应，它们分别来自两种不同的放射源（ThC 和 ThC[1]）。我们可以看出，α 粒子的运动轨迹基本上是直的，但是接近末尾，当 α 粒子失去了大部分的初始能量时会有所偏移，同时如果在运动过程中和氮元素的原子核非正面碰撞，α 粒子更容易产生偏移。但是这张照片中最特别的是：一条 α 粒子的运动轨迹有分叉，一条分叉又长又

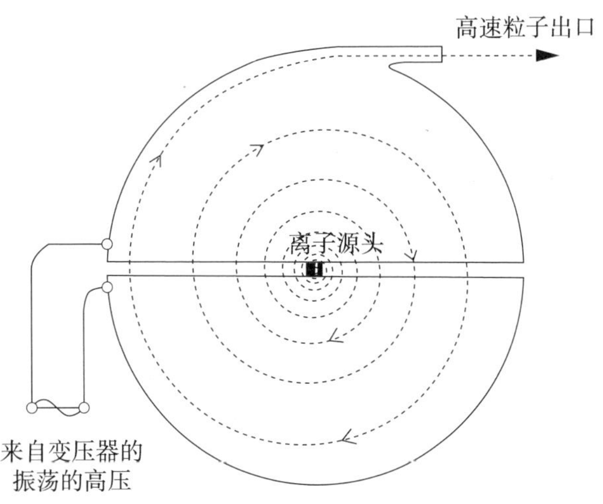

图 70

回旋加速器的运行原理

回旋加速器从本质上说包含两个放置在强烈磁场（与平面图垂直）中的半圆的金属盒。两个金属盒都连着一台变压器，由此交替充入正电荷和负电荷。我们能观测出从中心源头进入的离子在磁场中环形运动的轨迹，同时可以看出，每次穿过金属盒，离子都会加速。就这样，离子运行速度越来越快，形成回旋的轨迹，并最终高速离开加速器

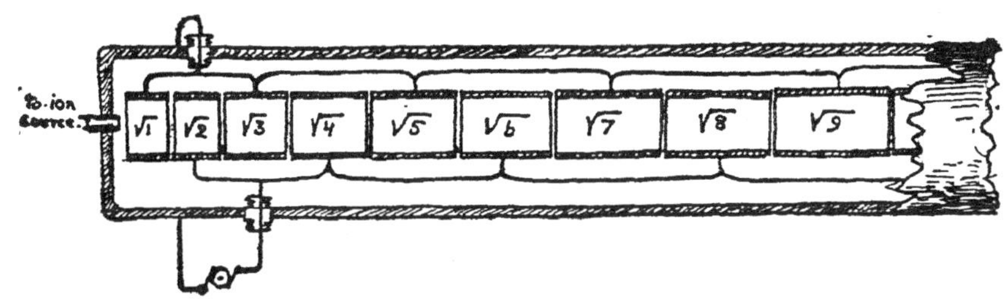

图 71

直线加速器的运行原理

这套设备由许多长度不停增长的圆筒构成，并与变压器相连，圆筒之间交替携带正负电荷。由于电压不同，离子在从一个圆筒到另一个圆筒的过程中逐渐加速，同时它们的能量也会按一定数值上涨。由于离子速度和能量的平方根成正比，因此，只要圆筒的长度和整数的平方根成正比，离子就会与交变电场保持同步。根据这个原理，只要直线加速器够长，我们就可以将离子速度提高到任何想要的数值

细，另一条则又短又粗。这是运动着的 α 粒子和云室中的氮原子核直接碰撞造成的。又细又长的轨迹代表氮原子核中被撞出来的质子，而又短又粗的是被撞到一边的原子核碎片。实际上，我们找不到第三条轨迹来与 α 粒子的反弹相对应，这说明 α 粒子在撞击中粘到了原子核上，并和它一起运动。

照片Ⅲ B 中，可以看到人工加速的质子撞击硼原子核。高速的质子束从加速器的喷口（照片中间的黑影）喷出，轰击开口处放置的一层硼，击碎的原子核向四面八方飞散。观察这张照片我们能发现一个有趣的现象：这些碎片留下的轨迹都是三个一组（一共有两组，图中可以看出一组，用箭头标了出来），这是因为硼的原子核被质子轰击成了大小相等的三部分。①

另一张照片Ⅲ A 是高速运动的氘核（是由 1 个质子和 1 个中子组成的原子核，氢的一种同位素原子核）和目标材料上的氘核。②

照片中长长的轨迹代表质子（$_1H^1$ 原子核），而短一点的轨迹代表超重氢，又名氚，原子核内有 1 个质子、2 个中子。

没有中子参与的核反应，云室照片集就不算完整，因为中子和质子都是原子核最基本的结构元素。

在云室照片中找寻中子的轨迹往往是徒劳的，因为中子不携带电荷，它们就像“核物理界的黑马”，在物质中穿越也不会离子化。就像如果看到了猎人冒烟的枪口和天空中掉落的野鸭，我们就知道是有子弹从枪口射出打中了野鸭，尽管我们看不见这颗子弹。云室的照片也是一样，照片Ⅲ C 中一个氮原子核分裂成了氦（向下的轨迹）和硼（向上的轨迹），我们难免会认为肯定有来自左边的粒子猛然撞击了这个原子核，尽管图中看不见这些粒子。实际上，要拍出这样的照片，就要在云室左墙边上放上镭和铍的混合物，由此生成高速运行的中子。③

---

① 这个反应可以写成方程式：$_5B^{11}+_1H^1 \rightarrow _2He^4+_2He^4+_2He^4$。

② 这个反应可以写成方程式：$_1H^2+_1H^2 \rightarrow _1H^3+_1H^1$。

③ 这个炼金术反应可以写成方程式：（a）生成中子，即 $_4Be^9+_2He^4$（来自镭的 α 粒子）$\rightarrow$ $_6C^{12}+_0n^1$；（b）中子撞击氮原子核，即 $_7N^{14}+_0n^1 \rightarrow _5B^{11}+_2He^4$。

我们连接中子源的位置和氮原子分裂的位置会得到一条直线，这条直线就是中子在云室里的轨迹。

照片Ⅳ展示了铀原子核的裂变过程。该照片由包基尔德（Boggild）、布罗斯特伦（Brostrom）和劳力森（Lauritsen）拍摄，我们可以看见薄薄的铝箔上的铀层经过裂变产生两块碎片，朝相反的两个方向飞去。当然，不管是导致裂变的中子还是裂变产生的中子，在照片上都看不出来。通过电加速粒子轰击原子核的办法，可以引发多种核转变，我们可以列举的例子还有很多很多，但是现在我们需要关注的是另一个更重要的问题，就是这种轰击的效率有多高。照片Ⅲ和Ⅳ中拍摄的都是单个原子分解的情况，这么看来，假设我们要把 1 克硼完全转化成氦，就需要分解这 1 克硼里所包含的 55 000 000 000 000 000 000 000 个原子。目前最先进的电加速器每秒大约能产生 1 000 000 000 000 000 个高速粒子，也就是说就算每个粒子都能轰击一个硼原子，那么我们要把 1 克硼的原子全部分解需要 5500 万秒，也就是将近两年。

实际上，各种产生粒子的电加速器的效率要低得多，而且通常情况下，大概几千个粒子中只有一个可以引发裂变。轰击原子的效率之所以这么低，是因为原子核都包裹在电子层中，电子层会减缓带电粒子的运行速度。由于原子比原子核要大得多，在轰击的时候我们又不能让粒子直接瞄准原子核，因此每个粒子必须要穿入多个原子的外层电子，才可能有机会直接击中一个原子核。图 72 就描绘出了这种情形，图 72 中实心的黑点代表原子核，浅一点的阴影代表原子核外包裹的电子。原子的直径大约是原子核的 10 000 倍，所以原子面积是原子核面积的 100 000 000 倍。另一方面，我们知道带电粒子穿过原子电子层大概损失万分之一的能量，因此这些粒子大概在穿过 1 万个原子后停止运动。通过上面的数字我们可以知道，大约在 1 万个粒子中只有 1 个能在初始能量被电子层消耗殆尽前，有机会击中原子核。鉴于带电粒子轰击目标材料原子核的效率这么低，我们发现如果想要 1 克的硼彻底转变成氦，需要一台现代原子轰击机运行至少 2 万年！

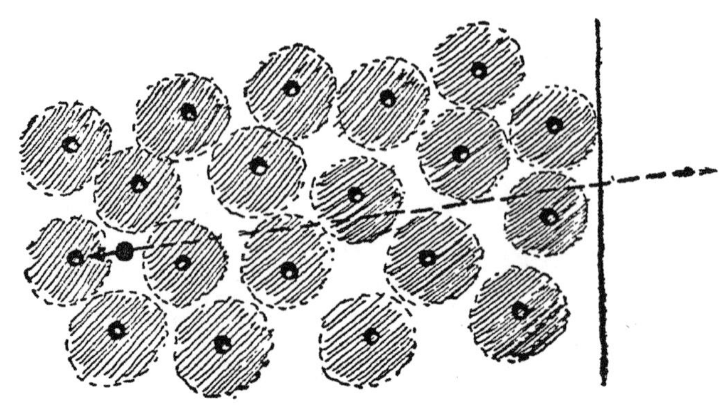

图 72

4. 核子学

“核子学”这个词用在这里似乎不是很合适，但是和其他很多词语一样很有用，所以是否恰当我们只能忽略不计了。既然“电子学”是研究自由电子束实际运用的这一广泛领域的学科，那么“核子学”研究的就是大规模释放核能的实际运用的学科。在前面几节中我们讲到过许多化学元素的原子核（除银以外）都满载大量的内部能量：较轻的元素可以通过聚变释放能量，较重的元素可以通过裂变释放能量。我们也讲到了用人工加速带电粒子轰击原子核的方法，尽管这种方法对多种核转变有着重要的理论价值，但是由于效率太低，不适合实际应用。

α 粒子、质子等一般粒子的效率都很低，主要是由于它们携带电荷，这导致它们在穿过原子的时候会失去能量，不能近距离接触轰击材料的带电原子核。因此我们不禁会思考，使用不带电的粒子——用中子来轰击各种原子核效果会不会更好。但这样又有了一个难题！中子尽管可以随意穿透原子核结构，但是自然界中并没有自由中子。而且就算我们人为地通过入射粒子轰击出 1 个自由中子（比如，用 α 粒子轰击铍原子核就能产生 1 个中子），它很快就会被其他原子核收入囊中。

因此，如果想制造出强大的质子束来进行核轰击，我们需要把某种元素原子核里的所有中子都释放出来。但是这样一来，我们又回到了老路上，要使用效率低的带电粒子。

好在有一个办法可以脱离这个恶性循环，就是我们用中子来分离中子，同时能做到每个中子可以产生更多中子，那么这些粒子就可以像兔子（如图 97 所示）或者被感染组织里的细菌一样，迅速成倍地增长。这样一来，一个中子能在很短时间内产生足够数量的中子，可以轰击一大块材料中的每一个原子核。

由于发现了特定的核反应，可以让一个中子成倍数地增加，才引发了核物理学界的大爆炸，让核物理学走出象牙塔，从单纯研究物质基本特性的理论科学，成了引人瞩目的报纸头条和时政热点，为工业生产、军事研发带来了令人叹为观止的变化。所有看报纸的人都知道核能也叫作原子能。1938 年底，哈恩（Hahn）和斯特拉斯曼（Strassman）发现铀原子核裂变的过程会释放出核能。但是，把重元素原子核分裂成相等几个部分的裂变过程，并不会引发核反应。实际上，裂变后的两个原子核碎片携带着大量的电荷（每块携带铀原子核一半的电荷），所以这些碎片不能靠近其他原子核。因此，它们最初的大量能量迅速在周围原子的电子层中消耗殆尽，这些碎片也会很快停止运动，不会再有进一步的裂变。

对于自我维持的核反应，核裂变的过程非常重要，因为我们发现每块裂变的碎片在完全静止之前都会释放 1 个中子（如图 73 所示）。

之所以裂变会有这种后续反应，主要是因为重原子核裂变时会产生两块剧烈振动的碎片，就像断了的两截弹簧，这种振动的强度不足以再引发次级核裂变（让碎片再分成两块），但是却可以让原子核结构中的部分单元分离出来。我们所说的每块碎片释放 1 个中子，只是大致

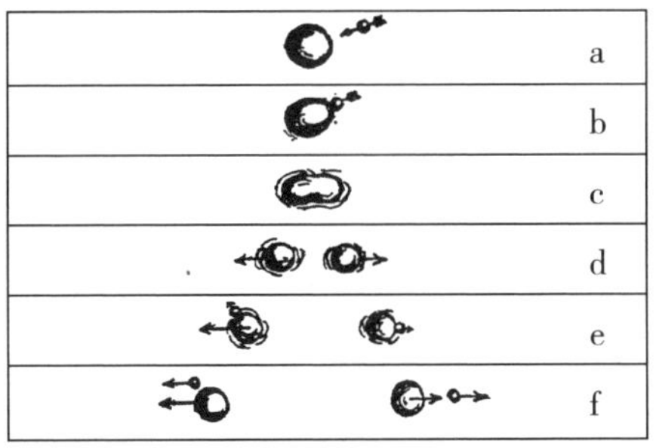

图 73
裂变过程的各个阶段

统计的数据，实际上，有的时候一块碎片中能射出 2 到 3 个中子，有的时候也可能一个也没有。显然，裂变碎片平均可以释放的中子数是由振动的强度决定的，而振动的强度又是由最初核裂变的过程中释放的能量决定的。我们之前讲过，裂变过程中释放的能量会随着原子核的质量增加。由此可知元素在元素周期表的位置越靠后，原子核裂变碎片释放的中子也就越多。因此，金原子核裂变（到目前为止，还没有成功实验过，因为这个实验需要的初始能量太高）每块碎片平均释放的中子数小于 1；铀原子核裂变，每块碎片平均释放的中子数约等于 1（每次裂变释放 2 个中子）；而更重的原子核裂变（比如钚），每块碎片平均释放的中子数很可能大于 1。

如果要中子自发增殖，显然如果有 100 个中子射入物质中，应该能产生另外 100 个以上的中子。特定种类的原子核在裂变后形成中子的相对效率，即平均每次裂变产生的中子数量决定了这个条件能否被满足。但是我们必须记住，尽管中子比带电粒子效率高得多，但是并不会 100% 裂变。实际上，高速运动的中子一进入原子核就很可能会把一部分动能给原子核，自己带着剩余的能量逃走了。这种情况下中子携带的能量分给了好几个原子核，没有一个原子核有足够的能量裂变。

根据原子核的结构我们可以大致总结出：元素的原子量越大，释放的中子引发核裂变的效率也越高，接近元素周期表末端的元素裂变的效率差不多能达到 100%。

现在我们可以计算两组数据，分别对应中子增殖的理想状态和不理想状态：(1) 假设某元素高速中子的裂变效率是 35%，平均每次裂变产生 1.6 个中子。[①] 在这种情况中，100 个中子将进行 35 次裂变，一代产生 35 × 1.6=56 个中子。很明显在这个例子中，中子的数量会迅速减少，每一代的中子大约只有上一代的一半多。(2) 我们再换一种重元素，其中子裂变的效率可以达到 65%，平均每次裂变可产生 2.2 个中子。在这种情况中，100

① 用这些数字举例更便于计算，并不是真的对应任何一种实际元素。

个中子将进行 65 次裂变，产生 65×2.2=143 个中子。每一代的中子数量较上一代都增加 50% 左右。用不了多久，中子的数量就足够轰击任意样本的原子核了。这就是分支链式反应，能进行这种反应的物质叫作可裂变物质。

经过对分支链式反应深入的实验和理论研究，我们得出结论：在自然界所有的原子核中，只有一种原子核能有这样的反应，就是著名的轻同位素——铀 235，它是唯一可以自然裂变的物质。

然而，自然界中并没有纯净的铀 235，它总是以极低的密度掺在不可裂变的重同位素铀 238 里（天然铀中，铀 235 占 0.7%，铀 238 占 99.3%）。这也就阻碍了天然铀产生链式反应，就像是木头不易燃一样。实际上，正是因为不活跃的同位素的稀释作用，极易裂变的铀 235 才得以继续存在，不然它们早就在快速的链式反应中耗尽了。因此，要想使用铀 235 的能量，我们必须把它从铀 238 中分离出来，或者想出一个办法，在保留铀 238 的同时，中和它的稀释作用。在原子能量释放问题的研究过程中，这两种方法都实践过，也都取得了成功。鉴于相关技术问题和本书内容并不在一个范畴，我们这里就简单地介绍一下。[①]

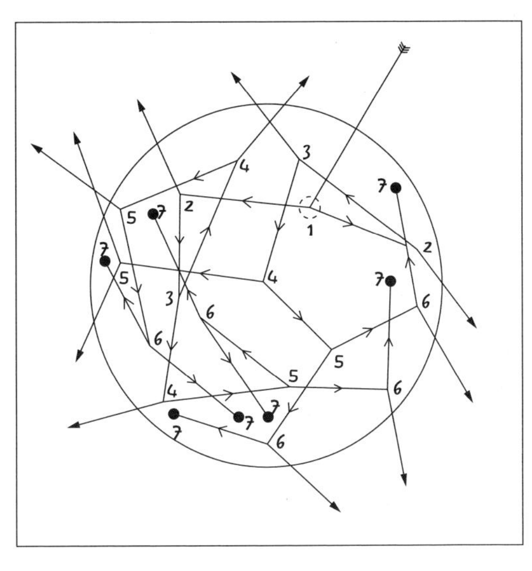

图 74

一个迷途的中子在球状可裂变物质内部引发的原子核链式反应。尽管在穿越表面的过程中失去了很多中子，但是每一代产生的中子都更多，最终会引发爆炸

从技术上讲，直接分离铀的两种同位素非常困难，

① 关于这方面详细的内容，可以参考塞利格·赫克特的著作《解释原子》，1947 年维京出版社首次出版。尤金·拉宾诺维奇博士对这本书的内容进行了修订和扩充，并收录到了“探索者平装系列丛书”之中。

因为它们的化学性质完全相同，不能使用一般的化工方法。这两种原子的唯一区别是它们的质量，铀 238 比铀 235 重 1.3%。也就是说我们可以使用基于原子的不同质量的方法，比如扩散、离心，或者利用离子束在磁场和电场中的偏转。图 75a、75b 分别介绍了两种分离方法。

这些方法都有一个缺陷，由于两种同位素铀的质量差别不大，我们不能一下彻底分离成功，而是要进行多次重复，不断提高轻同位素的纯度。不过，重复一定次数之后，我们最终能得到纯度较高的铀 235。

更好的办法是让天然铀直接进行链式反应，在这个过程中，我们可以通过使用所谓的慢化剂人为地分散开重同位素的影响。要弄清这个方法，我们必须知道铀重同位素带来的消极影响主要是由于它会吸收大部分铀 235 裂变产生的中子，进而降低了链式反应的可能性。因此，如果我们能想办法阻止铀 238 的原子核抢走铀 235 的中子，让它们能顺利引发铀 235 的裂变反应，问题就能解决了。乍一看，铀 238 的数量是铀 235 的 140 倍，阻止它抢走大部分的中子似乎不可能。但是，两种铀同位素的“中子捕捉能力”和中子的运动速度有关，对于裂变产生的快速运动着的中子，两种同位素的捕捉能力

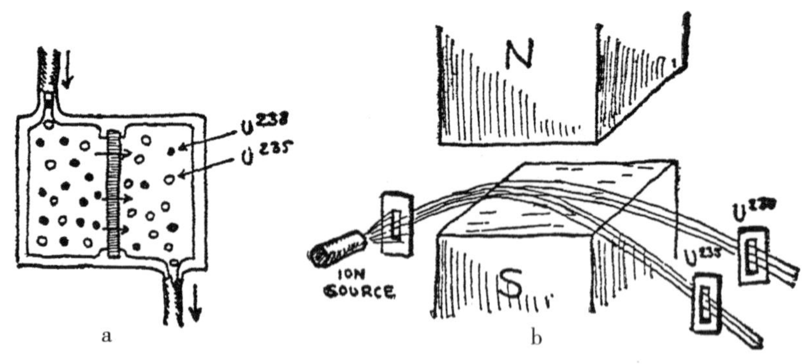

图 75

（a）利用扩散的方法分离同位素。用泵将包含两种同位素的气体输送到舱室左侧，再通过中间的隔层扩散到另一侧。由于较轻的分子扩散速度更快，右侧将充斥着铀 235
（b）利用磁场分离同位素。离子束在穿过强大磁场的时候，包含轻同位素的分子偏转得更多。为了让离子束的强度更大，我们需要更宽的缝隙，两束离子（分别携带铀 235 和铀 238）会有部分重叠，我们也只能分离出部分的同位素

差不多。因此铀 238 捕捉到的中子是铀 235 的 140 倍；铀 238 更容易捕捉到中速运动的中子；但重要的是，对于运动速度极慢的中子，铀 235 的捕捉能力要比铀 238 强得多。因此，如果我们能在裂变产生的中子遇到第一个铀原子核（铀 235 或铀 238）之前，大幅度降低它的初始运动速度，就算铀 235 数量上比较少，捕捉到中子的概率也比铀 238 大得多。

要降低中子运动的速度，我们可以把大量小块的天然铀分布在某种材料（慢化剂）上。慢化剂可以降低中子的运动速度，同时不会捕捉太多的中子。重水、碳、铍盐都是很好的慢化剂。图 76 展示了分布在慢化剂中的碎铀“堆”是如何进行链式反应的。①

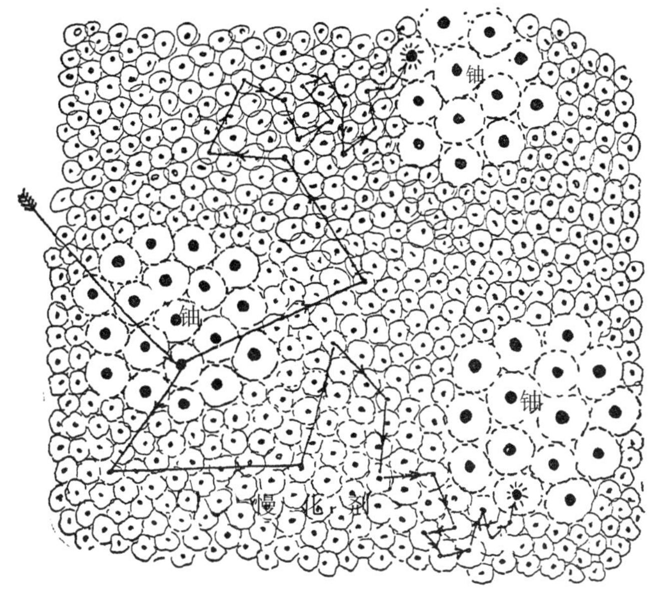

图 76

这幅图看上去像是生物图，实际上是一块块的铀（大原子）嵌入慢化剂材料中（小原子）。左侧铀块裂变产生的两个中子进入慢化剂后，和慢化剂的原子核经历了一系列撞击，速度逐渐减慢。当这些中子接近另一块铀的时候它们的速度已经变得非常慢，会迅速被铀 235 捕捉到。因为铀 235 捕捉慢速中子能力大大高于铀 238

① 关于铀反应堆的详细内容，可参阅原子能方面的相关书籍。

综上所述，轻同位素铀 235（仅占天然铀的 0.7%）是唯一能持续产生链式反应从而释放大量的核能的可裂变原子核。但是这并不意味着我们不能人工制造出自然界中不存在的某种原子核，让它和铀 235 具备一样的特性。实际上，利用可裂变元素链式反应产生的大量中子，我们能将其他不可裂变的原子核转变成可裂变的原子核。

这种类型的第一个例子就是刚才我们讲到的“反应堆”，它是天然铀和慢化剂的混合物。通过使用慢化剂，我们能减少铀 238 捕捉到的中子数量，促进铀 235 的链式反应。但是，还是会有中子被铀 238 捉到，这会有什么后果呢？

铀 238 捕捉到中子的直接后果就是生成更重的同位素铀 239。但是我们发现，这种新形成的原子核存在不了多久，它会先后释放两个电子，嬗变成原子量是 94 的新元素的原子核。这种新的人工放射性元素叫作钚（Pu-239），它比铀 235 更易于裂变。如果用另一种天然放射性元素钍（Th-232）替代铀 238，它在捕捉一个中子之后也会释放两个电子，形成另一种人造可裂变元素铀 233。

因此，从天然可裂变元素 235 开始，循环进行上面的反应，理论上讲我们很可能把所有天然铀和钍组合成可裂变产物，形成高浓度的核能来源。

在结束本章之前，我们一起来粗略估算一下未来人类和平发展和军事自我毁灭的可用能量一共有多少。据估计，地球上铀 235 的含量所产生的核能足以满足好几年全世界的工业（假设我们全部改用核能）需求。但是，如果再加上把铀 238 转变成钚产生的能量，就可以将时间延长到几个世纪。如果再算上嬗变成铀 233 的钍，由于钍的含量是铀的四倍，所产生的核能足够我们用上一两千年。这足以让任何“未来原子能短缺”的担忧烟消云散。

然而，就算我们用尽了这些核能，也没有再发现铀或者钍，我们的后代也可以从岩石中获得核能。实际上，铀、钍和其他化学元素一样，几乎少量存在于所有的物质中。比如，每吨普通的花岗岩包含 4 克的铀和 12 克的钍。这个数看上去似乎不多，我们不妨计算一下看看：我们知道 1000 克的可裂变材料所包含的能量差不多相当于 20 000 吨 TNT 炸药爆炸产生的能量（相当于 1 个原子弹），或者 20 000 吨汽油燃烧的能量。这么看来如果把 1 吨花岗岩中 16 克的铀和钍转化成可裂变材料，就相当于 320 吨普通燃料产生的能量。这样分离过程再复杂也足以补偿了——特别是在这类矿石资源快要枯竭的时候。

解决了铀这类重元素核裂变释放能量的问题，物理学家又开始研究裂变相反的过程——核聚变，即两种轻元素原子核融合成一个重原子核，释放大量能量的过程。在第十一章中我们将会讲到，我们的太阳就是通过核聚变获得能量的。普通的氢原子在太阳内部进行剧烈的热碰撞，形成重氢原子核。要复制这种所谓的热核反应，最理想的核聚变材料就是重氢，即氘，它少量存在于普通的水中。氘核由一个质子和一个中子组成，当两个氘核撞击到一起，就会出现下面两种反应中的一种：2 氘核→ $_2He^3$+ 中子；2 氘核→ $_1He^3$+ 质子。

只有在几亿度的高温下，才会有这种转变。

氢弹是我们成功制造出的第一个核聚变设备，氢弹里氘核的聚变反应是由裂变原子弹爆炸引发的。制造受控热核反应要比氢弹复杂得多，这样产生的能量也足以维持人类的和平发展。但是制造受控热核反应最大的困难在于如何控制住大量高热的气体。要解决这个问题，我们可以利用强磁场阻止氘核碰到容器壁（避免容器壁熔化或者蒸发），将其集中在中央区域内。

第八章　混乱的规律

1. 热无序

如果你倒一杯水并仔细观察，会发现这一杯清澈的液体就像一个整体，难以察觉任何的内部结构，或者运动（当然，前提是你把杯子放好，不要摇晃）。然而我们知道，水的这种统一性不过是表面现象，如果放大几百万倍，看到的是大量的水分子一个接着一个紧紧挨在一起，且形成明确的颗粒状结构。

在同样的放大倍数下还可以看出，水并不是静止的，水分子都猛烈地骚动着，相互之间推推搡搡，就好像置身于激动的人群中。水分子这种不规则运动或者其他分子的这种运动都被统称为热运动，这是由于热现象导致的运动。尽管无论是分子运动还是分子本身，我们用肉眼都难以察觉，但是分子运动会给人体器官的神经纤维带来一种刺激，使之产生热的感觉。对于比人小得多的有机体，比如悬浮在水滴中的细菌，热运动带来的影响就大得多了：躁动不安的分子从四面八方涌过来，对这些可怜的生物一通拳打脚踢、推来推去、抛上抛下，并搞得它们不得安宁（如图 77 所示）。这种有意思的现象叫作布朗运动，是以英国著名的植物学家罗伯特 · 布朗（Robert Brown）命名的。他在一个世纪之前，通过研究微小植物的孢子，发现这种现象非常普遍，任何悬浮在液体中的足够小的粒子，以及空气中的烟雾或尘埃的微粒，都会经历这些。而布朗也是发现这种现象的第一人。

如果把悬浮着微粒的水加热，里面分子的运动将更加剧烈；冷却下来的话，分子的运动强度又会明显减弱。毫无疑问，我们观察到的效应都是由物质热运动引发的，而我们平时所说的温度对于分子运动来说，只能代表着不同程度的“骚动”。通过研究布朗运动和温度之间的联系，我们发现：在 −273 ℃（即 −459°F）时，物质的热运动全部都停歇下来，而所有的分子都静止不动。很明显，这就是最低温度，因此，这个温度被命名为“绝对零度”。如果再谈及更低的温度就显得荒诞至极，因为不会有比绝对静止更慢的运动了。

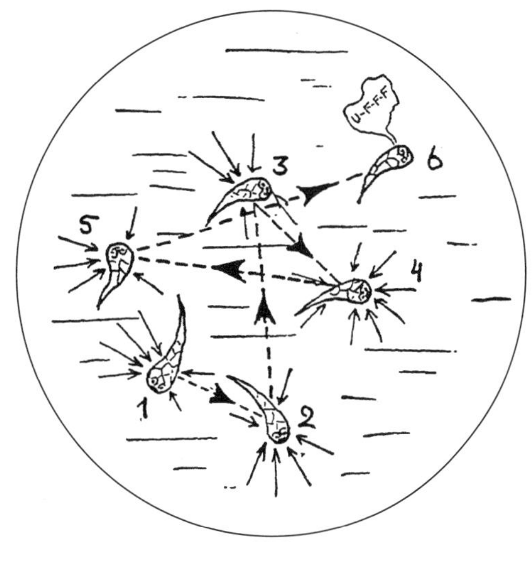

图 77
在分子运动的推搡下，一个细菌连续换了 6 个不同位置（在物理学上这种表述是正确的，但是在细菌学上并不是这样）

在接近绝对零度的时候，任何物质的分子的能量都很低，因此内聚力会将各部分粘到一起并形成一块坚硬的固体，所有分子能在冰冻的状态中颤动几下就够不错了。随着温度上升，颤动的强度越来越大，到达某一阶段后，分子又具备了活动的自由，能够相互间滑来滑去。冰冻时僵持的状态荡然无存，物质呈现出液态。物质解冻的温度取决于分子间内聚力的大小。有的物质，比如氢，或者组成大气的氮氧混合物，其分子的内聚力很薄弱，在相对低的温度下热运动就能打破冰冻的束缚。因此，氢在低于 −259℃时才会冻上，而固态的氧和氮分别会在 −218℃和 −209℃时熔化。对于分子内聚力强的物质，它们在更高的温度中仍然呈固态：纯酒精在 −114℃时仍是冰冻状态，而冻上的水，即冰块，只有在 0℃时才融化。还有的物质能在更高的温度中保持固体状态，固态的铅要到 327℃才会熔化，铁要到 1535℃，而稀有金属锇的熔化温度是 2700℃。尽管在固态时，物质的原子都在原地老老实实地待着，但这并不能说明这时候它们不受热运动的影响。根据热运动的基本定律，实际上，在某一特定温度下，不管是固态、液态还是气态，所有物质分子所具有的能量是一样的，而区别仅仅在于，对于有的物质，这些能量足以带动分子冲破束缚，自由运动，而对于有的物质，这种能量只能让分子在原地颤动，就好像短链子上拴着的生气的狗。

通过我们在上一章节讲到的X射线照片，可以很容易观察到分子的这种热颤动，或者说振动。我们知道，要想通过晶格给分子照相，需要大量的时间，最重要的就是保证分子在曝光前做到原地保持不动。但是，分子固定的颤动对照片的质量影响很大，照出来的图片肯定会有不同程度的模糊。照片Ⅰ（详见附录）中的分子照片就受到了影响。要想找出清晰的分子照，就要想办法让晶体冷却下来，所以，可以通过把它们浸泡在液态空气中达到这一效果；如果有人反过来给晶体加热，那么照片只会变得更加模糊，并且在温度达到熔点的时候，分子都会离开原来的位置，开始不规则的热运动，而晶体结构则会在熔化物中彻底消失。

固体物质熔化后，它们的分子仍结合在一起。因为尽管热运动足够强大，可以让它们挣脱其在晶格中的固定位置，但还不足以让它们分道扬镳。但是，如果温度继续上升，内聚力就难以将分子聚合在一起，除非周围有墙体能将分子围住，不然它们肯定会向四面八方飞奔。很显然，如果发生这种现象，物质就转化成了气态，就像固态熔化的时候熔点不同，不同物质由液态转化成蒸汽所需的温度也不一样。物质的内聚力越弱，转化成气态的温度相较那些内聚力强的物质就越低。同时，物质由液态转为蒸汽还受到液体所受的压力的影响，因为外部压力无疑能助内聚力一臂之力，帮它把分子聚合在一起。我们知道，盖紧的水壶中的水比敞口壶中的水沸腾时的温度更高，原因是压强越大，则沸点越高。除此之外，在高山上的气压较低，水的沸点不到100℃。需要被提到的是，通过测量水的沸点，我们可以计算出大气压强，由此可知某地的海拔高度。

但是千万别听马克·吐温（Mark Twain）所说，他在一个故事中写道：我们可以通过把无液气压计放到烧开的豆汤壶里。这样不仅无法帮助你了解所处的海拔，氧化铜也会让豆汤变味，使之难以下咽。

物质的熔点越高，沸点也就越高。因此，液态氢的沸点是−253℃，液态氧和氮的沸点分别是 −183℃和 −196℃；酒精的沸点是 78℃，铅的沸点是 1620℃，铁的沸点是 3000℃，而锇的沸点则达到了 5300℃。[①]

图 78

打破美丽的固态结晶结构后，物质的原子不得不像虫子一样，围在一起并向前爬动，然后再像惊弓之鸟一样，朝着各个方向飞去。但是后者还不能代表热运动毁灭性能力的最终表现形式。如果气温继续上升，分子内部疯狂的撞击愈演愈烈，就能够把分子分成独立的原子，这样连分子的存在都会受到威胁，这一过程叫作热分解。热分解也和分子自身的力度有关系：有一些有机物质的分子，在几百摄氏度下，就会分成独立的原子或者原子群；有的分子像水分子一样，结构比较稳固，温度要高达几千摄氏度，才能拆解了它们的分子；但是，如果温度到了几千摄氏度，任何的分子都会被分解，而一切物质都变成了由纯化学元素组成的气体。

太阳表面的温度可达 6000℃，那里的情况差不多就是这样。另一方面，红巨星[②]的大气层温度相对较低，且有的分子还没有被分解，这一点通过光谱分析法已经得到了证实。

高温时剧烈的热运动不仅会让分子相互碰撞，使之四分五裂成原子，还

---

① 沸点都是在 1 个标准大气压下沸腾时的温度。

② 详见第十一章。

会损伤原子，将其外层的电子切割下来。当温度达到几万甚至几十万摄氏度时，这种热电离现象就更明显，并且在几百万摄氏度时彻底完成这种电分离，我们在实验室中是无法达到这种极高温度的。但是在恒星内部，特别是太阳的内部，这种温度几乎是常态。因此它们的原子都不复存在，且电子层都完全剥离，其内部就是纯核子和自由电子的混合物，这些粒子横冲直撞，带着巨大的能量在空间中飞奔。尽管原子已经变得尸横遍野，但只要核子完好无损，物质基本的化学性质就没有变化。如果温度可以降下来，那么核子就可以重新俘获电子，原子又会变得完整。

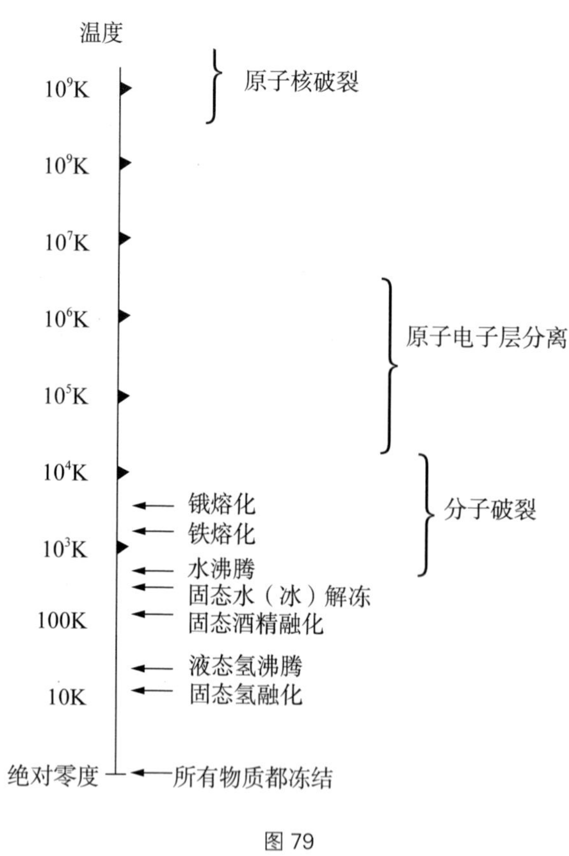

图 79
高温的毁灭性效应

要完成物质的热分解，把原子核分解成独立的核子（质子或者中子），需要的温度至少要到几十亿摄氏度才可以。哪怕现在是在最热的恒星内部，温度都难以达到那么高，但是，我们相信几十亿年前，在宇宙形成的初期，这种高热度是存在的。在本书最后一章，我们将继续探讨这个激动人心的话题。

通过上述内容可以发现，热运动可以一步一步摧毁量子定律下的精致建构，宏伟的建筑也会转化成乱跑乱撞的粒子，且没有任何规则和秩序可言。

2. 如何描述这种无序的运动

如果因为热运动毫无规则可循，就认为不能用物理语言对其进行解释描述，那可是大错特错了。确实，热运动的无规则性使得它遵循另外的定理，即无序定理，也可以称为统计行为定理。要明白这个定理，让我们一起来探讨一下“醉汉走路”这个有名的问题。假设有一个醉汉，他在城市广场路面的中央倚着路灯的灯杆站着（没有人知道他是什么时候，或怎么走到那儿的）。突然，他决定换个地方待着。离开灯杆的醉汉朝这边走几步朝那边走几步，如此往复，每走几步就换个方向，让人难以琢磨（如图 80 所示）。那么，醉汉走了 100 个这种曲折路径之后，距离灯杆有多远呢？我们一听这个问题肯定都一头雾水，因为他每次转换方向都没有规则，怎么能回答出这个问题。但是如果仔细想想，就会发现，尽管我们可能很难确定这个醉汉最后走到了哪，但是却能大致推算出他拐来拐去之后距离灯杆有多远。我们要用严格的数学方法解答这个问题，我们要先以广场中心的灯杆为原点，在路面上画出坐标轴，X 轴对着我们，Y 轴在右面。N 代表醉汉来回走的次数（如图 80 所示，其中 N=14），R 代表他到灯杆的距离；假设醉汉第 N 次拐来拐去所走的距离，在坐标轴上的投影分别为 XN 和 YN。根据毕达哥拉斯定理，我们可以得到如下公式：

$$R^2=(X_1+X_2+X_3+\cdots+X_N)^2+(Y_1+Y_2+Y_3+\cdots+Y_N)^2$$

这里的 X 和 Y 是正数还是负数，完全取决于这个醉汉是往灯杆走，还是距离灯杆越走越远。需要注意的是，由于他走得毫无规则可言，其实 X 和 Y 的正负数的个数是一样的。根据代数的基本运算定理，我们需要把公式括号里的每一项和包括它自己在内的其他项相乘。

因此：

$$(X_1+X_2+X_3+\cdots+X_N)^2$$

$$=(X_1+X_2+X_3+\cdots+X_N)(X_1+X_2+X_3+\cdots+X_N)$$
$$=X_1^{\ 2}+X_1X_2+X_1X_3+\cdots+X_2^{\ 2}+X_1X_2+\cdots+X_N^{\ 2}$$

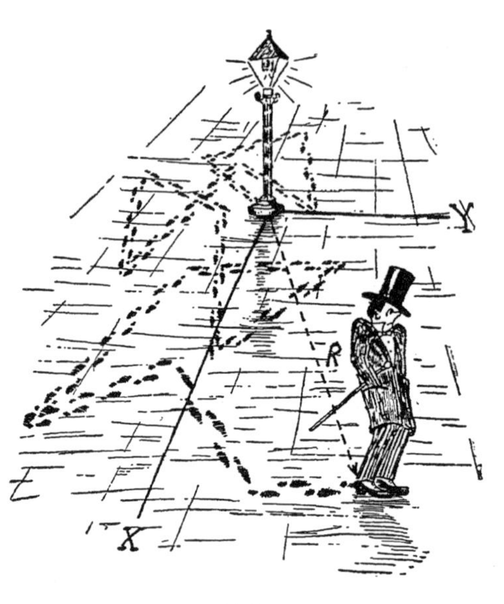

图 80
醉汉走路

长长的方程式将包括 X 所有的平方（X_1^2，X_2^2，…，X_N^2），也包含所有的混合乘积，比如 X_1X_2，X_2X_3 等。

到目前为止，我们都是用最简单的代数解决问题，下面要用到统计学要点来应对醉汉无序走路的问题了。因为这个醉汉走路完全是随机的，往灯杆走还是往远处走的可能性都一样，因此 X 是正数还是负数的概率都是 50%。因此我们会发现，方程式里的混合乘积总有数值大小一样但是正负相反的一对数可以相互抵消，而且总数越多，那么出现成对抵消的数字也就越多。最后剩下的都是平方数，因为任何数字的平方都不可能是负数。因此，上述公式可以被简化成 $X_1^{\ 2}+X_2^{\ 2}+\cdots+X_N^{\ 2}=NX^2$，$X$ 是醉汉来回曲折走的距离在 X 轴上投影的平均值。①

同理，第二个括号里面 Y 的各项数值可以简写成 NY^2，Y 是醉汉来回曲折走的距离在 Y 轴上投影的平均值。在这里，我还要重申一下，我们简化得到的方程并不全运用了代数定律，而是根据醉汉随机走的特点，依据统计学原理中的无序运动特性，将混合乘积相互抵消了。由此可以得到醉汉离灯杆的距离，可以简单表示成：$R^2=N(X^2+Y^2)$，或 $R=\sqrt{N}\times\sqrt{X^2+Y^2}$。

因为每次拐弯路线的平均投影在两个轴上的投影都是 45°，因此，根据毕达哥拉斯定理，$\sqrt{X^2+Y^2}$ 其实就等于每段距离的平均长度。假设这个长度

① 严格地说，此处的 X 应该是方均根值，即平方的平均数再开平方。——编者注

为 1，那么这个公式就变成了：$R = 1 \times \sqrt{N}$ 。

简单来说，公式最终可以说明：醉汉无规则多次拐来拐去之后，到灯杆的距离，其实就等于他每次拐弯后走的路程的平均长度再乘以拐弯次数的平方根。

因此，如果这个醉汉每次走 1 码（3 英尺）就换方向（以随意角度），这样来回拐 100 次弯，走了 100 码之后，距离灯杆可能只有 10 码远。但是如果他一直直线前进，其实是走了 100 码——但凡清醒一点，肯定都会选择直着走。

上面例子中用统计学计算出的距离，只是一般的可能距离，却并不能代表不同情况下的具体距离。尽管可能性很小，但是也说不定会有醉汉一直沿着直线走，且完全不拐弯。也有可能他每次拐弯都要拐上 180°，这样来来回回，又走回到灯杆这里。但是如果能有一群醉汉从同一个灯杆开始走，且每个人之间互不干涉，走一段时间之后，你会发现他们距离灯杆的平均长度都符合我们刚才公式里计算出的结果。图 81 展示了 6 个醉汉做这种不规则运动的分布。可以说，醉汉越多，且他们拐来拐去的次数越多，最后算出的平均距离和我们公式推导出的结果就越接近。

如果我们把醉汉换成一些微生物，比如植物中的孢子，或者液体中悬浮的细菌，就会看到与植物学家布朗在显微镜中观察到的一样的场景。当然，这些孢子和细菌是不会喝醉的，但是，正如我们之前所讲到的，它们在分子热运动的作用下不停地横冲直撞，就像在酒精作用

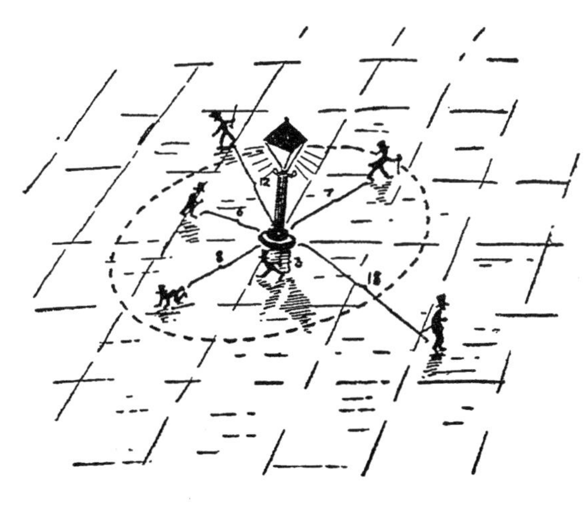

图 81
6 个醉汉在灯杆附近行走的统计学分布图

下喝昏了头的醉汉一样，不规则地拐来拐去。

如果通过显微镜观察在一滴水中悬浮的粒子是如何进行布朗运动的，我们需要把注意力集中在一个特定的小区域（接近“灯杆”的区域）内的粒子上。你会发现：随着时间的流逝，这些粒子会扩散到整个视线范围内，而且距离“灯杆”的距离和时间间隔的平方根呈正比，这也符合我们计算出的醉汉到灯杆距离的数学定律。

当然，同样的运动定律也适用于这滴水中的每个独立分子，但是我们看不到独立的分子；就算看到了也区分不出来。要观察出这种运动，我们必须使用两种能被区分出来的分子进行实验，比如颜色不同的分子。因此我们可以在一个化学试管中装入半管高锰酸钾溶液，试管中的液体呈现出漂亮的淡紫色；然后再在上面倒一层清水，注意不要破坏两种液体的分层；我们能看到淡紫色逐渐向清水中扩散渗透。一定时间之后，试管里从上到下都会变成一个颜色。这就是扩散，我们都很熟悉这种现象，它是由于染色分子无规则的热运动而形成的。我们可以把每个高锰酸钾分子都想象成一个醉汉，它们在热运动没有停歇的冲击下前前后后地窜动。由于水分子之间的排列比较紧密（相对于气体来说），因此水分子在连续两次撞击之间的自由运行的路程也都很短，大约只有几亿分之一英寸。同时由于在室温下，分子的运动速度大约是每秒 0.1 英里，那么两次撞击之间的时间间隔也就是一万亿分之一秒。因此，每秒钟染色分子会连续碰撞一万亿次，而运动方向也会跟着改变一万亿次。这么算来，一秒钟分子行动的距离就是一亿分之一英寸（自由路径长度）乘以一万亿的平方根。于是，平均扩散速度就是 0.01 英尺每秒。和不受撞击影响分子相比，这个速度真是慢很多！如果我们等待 100 秒，这个分子会努力走过 10（$\sqrt{100}=10$）倍的距离；如果等到 1 万秒，也就是 3 个小时后，扩散作用会把染色分子带到 100（$\sqrt{10\,000}=100$）倍之外的距离，也就是 1 英寸以外。这么看来，扩散是个非常缓慢的过程。所以，我们如果在茶里放进一块方糖，还是不要等糖分子自己扩散，最好还是搅拌一下。

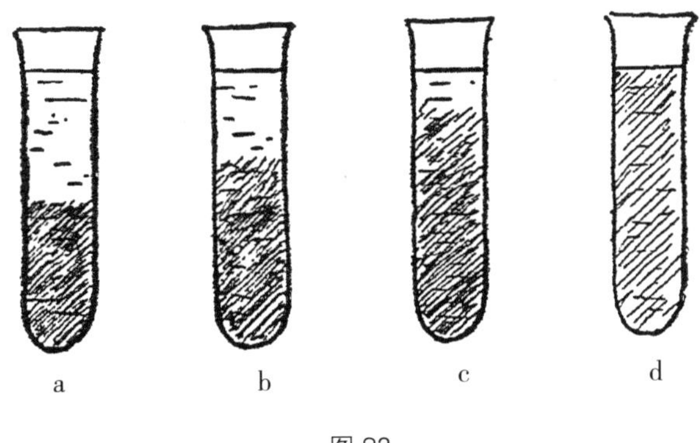

图 82

扩散过程是分子物理学中最重要的过程之一，下面，我们再通过一个例子来看一下，来思考一下，如果把一根铁棍放进火中，其热量是如何沿着铁棍进行扩散的。根据经验，我们知道，想让另一头热到烫手的地步，是需要一段时间的。但是你肯定没想过，铁棍之所以可以传递热量，其实是电子扩散的结果。是的，一根普通的铁棍实际上和其他金属物一样，带着许多电子。而金属和其他物质，比如玻璃之间的区别在于，金属的原子可能会失去一些外层的电子，这些电子会在金属晶格上游走，并参与无序的热运动，就好像一般气体中的粒子一样。

金属外部的表面张力使得这些电子难以逃出去①，但是在金属内部，它们几乎可以说是能完全自由地运动。如果给金属丝通上电，那么这些电子会在电压的作用下移动，并形成电流。这在另一方面也说明了非金属是很好的绝缘材料，因为它们的电子被紧紧束缚在原子中，且不能自由运动。

当把金属棍的一头放到火中之后，这一头自由电子的热运动会急剧上升，那些快速运动着的电子携带着额外的热能量，快速朝着金属棍的另一头扩散。这个过程和染色分子在水中扩散的过程很相似，不同的是，这里不包含两种粒子（水分子和染色分子），而是热电子气扩散到了以冷电子气为主

① 如果把金属丝加热到一定高温，电子在金属里面的热运动会变得更加剧烈，有的甚至会从表面出来。电子管中就有这种现象，无线电爱好者对这种现象也很熟悉。

的区域内。醉汉走路的定律在这里一样适用，即热在金属棍上传导的距离与时间的平方根成正比。

关于扩散，我们再来看最后一个例子，它和前面举的例子完全不同，同时又极为重要。在后面的章节中，我们将会学到，太阳的能量来自其内部化学元素炼金术嬗变的过程。由此产生的能量通过强烈的辐射释放出来，而这些“光粒子”或者说光量子开始了从太阳内部朝着表面游走的旅程。由于光速为每秒 30 万千米，而太阳的半径只有 70 万千米。因此，只要没有偏移，保持直线运动超过 2 秒钟，光量子就可以到太阳外部来。然而事实却大相径庭，在往太阳表面行驶的过程中，光量子会被无数太阳物质的原子核电子撞击。在太阳物质中光量子的自由路径大概只有 1 厘米（比分子的自由路径长多了！），又因为太阳的半径是 7×10^{10} 厘米，如果光量子以醉汉走路的方式想要到达太阳表面，则需要走上 $(7\times10^{10})^2$ 或者 5×10^{21} 步。而每一步需要 3×10^{-11} 秒，那么到达地球表面需要 $3\times10^{-11}\times5\times10^{21}=1.5\times10^{11}$ 秒，也就是大约 5000 年！这里又一次证实了扩散的过程是多么缓慢。连光都需要 50 个世纪才能从太阳中心扩散到表面，但是，如果到了空旷无垠的星际世界，同时能保持直线运动的时候，光从太阳到地球只需要 8 分多钟！

3. 计算概率

扩散现象只是概率统计运用到分子运动中的一个简单的例子。我们先来看看简单或者复杂事件的概率是如何计算的，再来继续原子运动的探讨，以及熵定律的学习。熵定律也被称为热力学定律，小到微小的液滴，大到宇宙中的恒星，所有物质体的热行为都遵守着熵定律。

掷硬币应该是最简单的概率问题了。所有人都知道在掷硬币的过程中(不作弊的情况下)，得到正面和背面的概率是相等的。我们经常说，掷到正面和背面的可能性都是 50%，在数学中，我们更习惯把掷硬币的概率说成一半一半。如果把掷到正面和背面的机会加起来，就是$\frac{1}{2}+\frac{1}{2}=1$。在概率问题中，数字 1 表示确定，也就是在掷硬币的过程中，我们很确定：掷到的不是正面就是背面，除非这枚硬币滚到沙发下面找不到了。

假设连续掷 2 次硬币，或者同时掷了 2 枚硬币，你可以很容易知道这 2 次硬币正背面的概率一共有图 83 中的 4 种组合。

图 83

掷两次硬币可能得到的 4 种不同的组合

第一种情况是两面都是正面，第四种情况是两面都是背面，中间的两种情况差不多，只是正背面的次序（或者硬币的朝向）不同。因此我们可以说 2 次都掷到正面的概率是 4 次里面的 1 次，或者说$\frac{1}{4}$，2 次都掷到背面的概率也是$\frac{1}{4}$；而 1 次掷到正面、1 次掷到背面的概率是 4 次里面的 2 次，也就是$\frac{1}{2}$。每种概率加起来$\frac{1}{4}+\frac{1}{4}+\frac{1}{2}=1$，也就是说很确定我们会掷到 3 种形式中的一种。再来看看掷 3 次硬币会怎么样。这种情况下一共有 8 种可能，都列在了下表中：

	Ⅰ	Ⅱ	Ⅱ	Ⅲ	Ⅱ	Ⅲ	Ⅲ	Ⅳ
第一次掷	正面	正面	正面	正面	背面	背面	背面	背面
第二次掷	正面	正面	背面	背面	正面	正面	背面	背面
第三次掷	正面	背面	正面	背面	正面	背面	正面	背面

仔细看上表可以知道，3 次都掷到正面的概率是 $\frac{1}{8}$，都掷到背面的概率也是 $\frac{1}{8}$；剩下有一半的可能是 2 次正面 1 次背面，另一半的可能是 2 次背面 1 次正面，且每种情况的概率都是 $\frac{3}{8}$。

随着投掷次数的增加，可能性也随之急剧增加。如果投掷 4 次硬币，一共有 16 种可能，如下表：

	Ⅰ	Ⅱ	Ⅱ	Ⅲ	Ⅱ	Ⅲ	Ⅲ	Ⅳ	Ⅱ	Ⅲ	Ⅲ	Ⅳ	Ⅲ	Ⅳ	Ⅳ	Ⅴ
第一次	正面	正面	正面	正面	正面	正面	正面	正面	背面	背面	背面	背面	背面	背面	背面	背面
第二次	正面	正面	正面	正面	背面	背面	背面	背面	正面	正面	正面	正面	背面	背面	背面	背面
第三次	正面	正面	背面	背面	正面	正面	背面	背面	正面	正面	背面	背面	正面	正面	背面	背面
第四次	正面	背面	正面	背面	正面	背面	正面	背面	正面	背面	正面	背面	正面	背面	正面	背面

这回 4 次都掷到正面的可能性是 $\frac{1}{16}$，都掷到背面的概率也是 $\frac{1}{16}$；掷到 3 次正面 1 次背面和 3 次背面 1 次正面的概率合起来是 $\frac{4}{16}$，也就是 $\frac{1}{4}$；而正面和背面各被掷到 2 次的概率是 $\frac{6}{16}$，也就是 $\frac{3}{8}$。

如果再增加投掷次数并接着统计下去，表格会越来越长，在纸上都写不开了。比如掷 10 次硬币一共有 1024 种不同的可能（也就是 $2\times2\times2\times2\times2\times2\times2\times2\times2\times2$）。但是，我们完全不用为了知道概率而去列个表，因为通过观察上面例子中简单的规律，就可以直接将其运用到复杂的情况中。

从之前的例子中我们知道，掷到 2 次正面的概率，就相当于 2 次掷到正面的概率相乘，即 $\frac{1}{2}\times\frac{1}{2}=\frac{1}{4}$；同理，连续 3 次或者 4 次掷到正面的概率就相当于把每次都掷到正面的概率相乘 $\left(\frac{1}{8}=\frac{1}{2}\times\frac{1}{2}\times\frac{1}{2};\ \frac{1}{16}=\frac{1}{2}\times\frac{1}{2}\times\frac{1}{2}\times\frac{1}{2}\right)$。因此，如果有人问你掷 10 次硬币都是正面的概率是多少，你只需要把 10 个 $\frac{1}{2}$ 相乘就能得到答案，也就是 0.000 98。这个概率非常低，大约是一千分之一！由此，我们得到了“概率乘法”的定理：如果你想要多件东西，得到这些东西的概率就是把得到每件东西的概率相乘的乘积。如果你想要的很多，而每件又都不好得到，满足愿望将其全都收入囊中的概率会低到让你心灰意冷！

同时，还有另一个定律，即“概率加法”定律：如果你想要几件事物中的 1 件（不管哪件都行），数学上得到 1 件的概率是把得到每件的概率相加。

通过掷 2 次硬币 1 次正面 1 次背面的例子，我们可以很容易理解上面的内容。我们想要的是“正面 1 次，背面 1 次”或者“背面 1 次，正面 1 次”。得到上述每一种情况的概率都是 $\frac{1}{4}$，那么得到其中一种情况的概率就是 $\frac{1}{4}$ 加上 $\frac{1}{4}$，即 $\frac{1}{2}$。因此可知：如果我们想要“这个，那个，还有那个……”，就把每种概率的数字相乘；如果我们想要“这个，或者那个，或者那个……”，就把每种概率的数字相加。

所有都想要的情况下，你达成心愿的概率会随着你想要东西的增长而下降；在想要其中一样的情况中，你想要的只是多个中的一个，所以随着可选择项目的增加，能让你满意的概率也跟着增加。

掷硬币是个很好的例子，向我们形象地展示了数字越大或者实验的次数越多，则概率定律得出的结果越精确。图 84 向我们充分展示了这一点，里面描绘了掷 2 次、3 次、4 次、10 次、100 次硬币所得到正面和背面的结果次数不一样的概率。我们可以看出，投掷的次数增加，概率曲线会越来越陡，而正面和背面五五分的趋势也越来越明显。

因此，尽管掷 2 次、3 次，甚至 4 次硬币，每次都是正面或者背面的概率还算可以；但如果掷到 10 次，哪怕想要 9 次结果都一样的概率就相当低了。如果增加投掷次数，比如说 100 次或者 1000 次，那么曲线会变得像一根针一样直上直下，想让概率不是 50% 的可能性几乎就是 0。我们通过刚学到的微积分概率，来判断一下在受欢迎的扑克牌游戏中，选择 5 张牌时多种不同组合的概率。

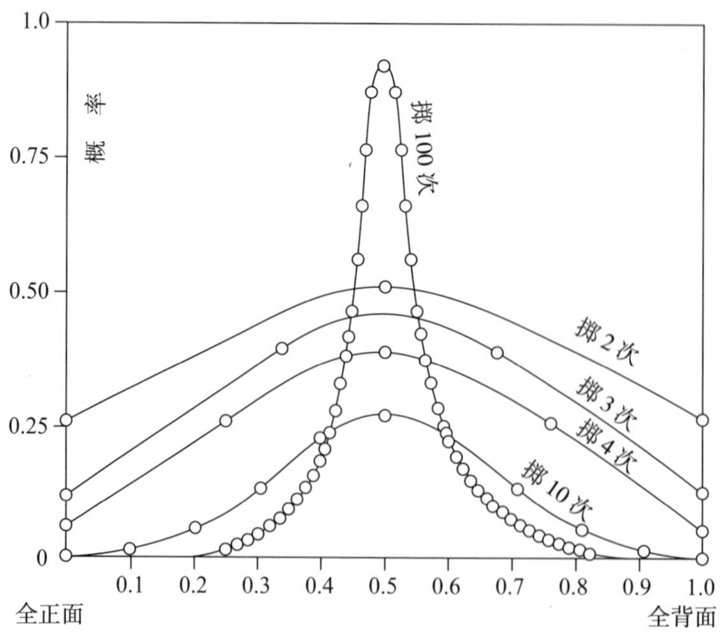

图 84
正面和反面的相对次数

我们先来介绍一下这种扑克的玩法。每个玩家都有 5 张牌，牌面组合最大的算赢。为了避免问题复杂化，我们就姑且忽略调换牌的情况，也不利用心理战术来虚张声势，不把对手误以为你的牌大而投降的情况算在内。尽管这个游戏的精髓就在于唬人环节，丹麦物理学家尼尔斯 · 玻尔甚至发明了一种全新的玩法：可以不用一张牌，单靠玩家之间吹牛皮，对自己想象的一手牌大吹大擂就行。但这和概率计算完全扯不上关系，是单纯的心理游戏。

下面我们通过扑克牌的不同组合，来练习一下刚刚学到的概率计算法。有一种扑克的组合形式叫作“同花”，指拿到的 5 张牌是同一个花色（如图 85 所示）。

图 85
同花（黑桃）

如果你想要 5 张同花，第一张牌是什么其实无所谓，我们只要计算出剩下 4 张和第一张同一花色的概率就可以。一副扑克牌是 52 张，每个花色有 13 张[①]，所以你拿了一张扑克后，同一花色的牌还剩下 12 张，这样第二张牌是同一花色的概率是 $\frac{12}{51}$；同理第三张、第四张、第五张都是同一花色的概率分别是 $\frac{11}{50}$，$\frac{10}{49}$，$\frac{9}{48}$。根据概率乘法定理，我们想要 5 张牌同一花色，就要把每张牌的概率相乘，即 $\frac{12}{51}\times\frac{11}{50}\times\frac{10}{49}\times\frac{9}{48}=\frac{11\,880}{5\,997\,600}$，也就是大约 $\frac{1}{500}$。

但是千万别以为你玩 500 把就能拿到一手同花。你可能一次同花也赶不

① 为了使问题简化，我们在这里不算上“大王和小王”两张牌，游戏中可以用这两张牌充当任何一张牌。

上，也可能拿到两次。我们计算的都是概率，实际上你可能玩了 500 多把也没有同花，也可能第一把就摸到了同花。概率只能告诉我们如果玩上 500 次，可能有一次赶上同花。通过概率计算我们还能算出，如果玩上 3000 万把扑克，可能有 10 次摸到一手 A（包括大小王）。

图 86
满堂彩

玩这种扑克还有一种组合，比上面说到的更难摸到，也更有价值的组合，叫作“满堂彩”，由“对子”加上“三条”（就是 2 张同数的牌和 3 张同数的牌——如图 86 例子中 2 个 5 和 3 个 Q）组成。

如果想摸一手满堂彩，其实前 2 张是什么并不重要（比如你有了 1 个 Q 和 1 个 5，剩下的牌里还有 3 个 Q 和 3 个 5）。在剩下的 50 张牌中符合要求的有 6 张，概率就是 $\frac{6}{50}$；第四张牌是在剩余的 49 张扑克中，有 5 张符合要求，概率为 $\frac{5}{49}$；第五张牌符合要求的概率是 $\frac{4}{48}$。因此，摸到满堂彩的概率就是把每个概率相乘，即 $\frac{6}{50} \times \frac{5}{49} \times \frac{4}{48} = \frac{120}{117\ 600}$，大约是摸到 5 张同花的概率的一半。

以同样的方式我们还可以计算出其他组合的概率，比如一手“顺”（数字相连的 5 张牌）。也可以试着算出加上大小王概率的变化，以及换牌导致的概率的变化。

通过计算我们可以发现，扑克组合的好坏确实是和概率相对应的，也就是越有价值的组合摸到的概率越低。我们无从知晓游戏规则是古时候的数学家提出的，还是完全基于人们玩扑克的实践，不管是灯红酒绿的大赌场还是安静角落里的小赌坊，总之千百万的赌徒愿意赔上身家，铤而走险。如果真是源于实践，那么我们必须承认在复杂事件的概率问题上，我们的数据研究已经相当成熟。

关于概率的计算还有一个有趣的例子，而且这个例子的结果还挺让人瞠目结舌，这就是关于“同一天生日”的问题。你可以试着回想一下是不是曾经同一天收到了两个生日派对的邀请。你也可能会说这样的概率很小，因为会邀请你的朋友也就 24 个人，而一年 365 天，他们的生日可能是其中任意的一天。可选的时间有这么多，由此看来，你的 24 个朋友中正好有两个人同一天吹蜡烛过生日的概率肯定很小。

事实也许会让你觉得难以置信，但是我们的判断是错误的。实际上，24 个人中有一对，甚至几对是同一天生日的概率很高。同时，这种概率比没有两个人同一天生日的概率大得多。

要证明事实到底怎样，我们可以列出 24 个人以及他们的生日，或者简单一点，打开一本《美国名人录》之类的书，随便从某一页开始比较上面挨着的 24 个人的生日。我们也可以运用在掷硬币和玩扑克的例子中学会的概率计算，来确定一下概率。

我们先试着算一下这 24 个人的生日不在同一天的概率。先问一下第一个人的生日，可能是 365 天中任意的一天；那么现在，第二个人的生日和第一个人不是同一天的概率是多少呢？因为这个人（第二个）可能是一年之中的任何一天出生，也就是说 365 天里，1 天的生日和第一个人重合，剩下 364 天的生日不会重合，第二个人和第一个人不是一天生日的概率就是 $\frac{364}{365}$；同理，第三个人和前两个人生日不在一天，那么他的生日可选范围就少了 2 天，概率就成了 $\frac{363}{365}$；下面的人和前面几个人的生日不在一天的概率就是 $\frac{362}{365}$，$\frac{361}{365}$，$\frac{360}{365}$…以此类推，最后一个人和前面所有人生日不在一天的概率就是 $\frac{365-23}{365}=\frac{342}{365}$。

因为我们想要知道24个人恰巧生日不在同一天的概率，因此要把上述分数相乘：$\frac{364}{365} \times \frac{363}{365} \times \frac{362}{365} \times \cdots \times \frac{342}{365}$。

用高等算术中的特定方法，几分钟就可以算出结果。不知道窍门也没关系，可以辛苦一点一项一项相乘计算①，这样也费不了多长时间，得出的结果是46%，也就是说24个人生日不在同一天的概率比一半还少一点。也就是说24个人生日不在一天的概率是46%，而有54%的可能这里面有两个甚至更多人是一天的生日。这么说来，如果你有25个或者更多的朋友，却从来没有在一天收到两个生日邀请的话，那么只有两种可能，要不就是你的朋友大部分不喜欢开生日派对，要不就是他们没有邀请你。

关于出生日期在同一天的例子形象地告诉我们，关于复杂事件的概率问题，有时候我们所谓的常识可能完全是错的。我曾问过很多人这个生日问题，其中不乏声名显赫的科学家，但是除了一个人之外②，其他人都愿意和我打赌不会有人同一天生日，并且赌注的赔率从2∶1到15∶1不等。如果唯一明白的那个人愿意和其余的人赌，他现在也就发家致富了。

我们要引起注意的是，就算根据要求计算出不同事件的概率，再找出其中最可能发生的情况，我们还是不能确定这一情况就会发生。除非测试上千次，甚至几百万次，抑或者几十亿次，不然预测的结果只是“很可能”发生的，而不是“绝对”会发生的。在应对测试数字比较少的问题时，概率法则就不是那么准确了。比如，在破译文本较短的密码的时候，用概率进行数据分析就没那么有用了。我们以爱伦·坡（Allan Poe）著名的小说《金甲虫》中的情节为例，一起来看一下。故事中勒格朗沿着南卡罗来纳州的海滩散步，偶然捡到了一张半掩在沙子中的羊皮纸。回到海边的小屋，在炉火的烘烤下，纸上渐渐现出了一连串神秘的符号，这些符号在正常的温度下看不到，但是一旦加热就变成醒目的红色跃然纸上。羊皮纸上还有一个骷髅头，

① 如果可以，最好还是用对数表或者对数计算尺。

② 毫无疑问，唯一例外的人是位来自匈牙利的数学家（详见本书第一章内容）。

证明这是海盗所书；同时还有一个山羊头，由此可知这个海盗就是大名鼎鼎的基德船长。而上面的秘密符号指明了宝藏的藏匿地点（如图 87 所示）。

从爱伦 · 坡的故事中可以得知，17 世纪的海盗熟悉掌握分号、问号以及‡，+，¶这类符号的用法。

勒格朗处境窘迫，很需要钱，于是绞尽脑汁试图破译这些神秘的符号，最后通过英语里面不同字母的使用频率达成了心愿。他破译的方法源自在生活中的一个事实，他发现不管是莎士比亚的十四行诗还是埃德加 · 华莱士的神秘故事，如果要计算英语文本中不同字母的使用次数，“e”一定是使用频率最高的。接下来按照字母使用频率由高到低的排列顺序如下：

a，*o*，*i*，*d*，*h*，*n*，*r*，*s*，*t*，*u*，*y*，*c*，*f*，*g*，*l*，*m*，*w*，*b*，*k*，*p*，*q*，*x*，*z*

通过研究基德船长密码中不同符号的使用次数，勒格朗发现数字 8 使用的频率最高。“哈哈，”他感慨道，“这说明 8 很可能代表字母 e。”

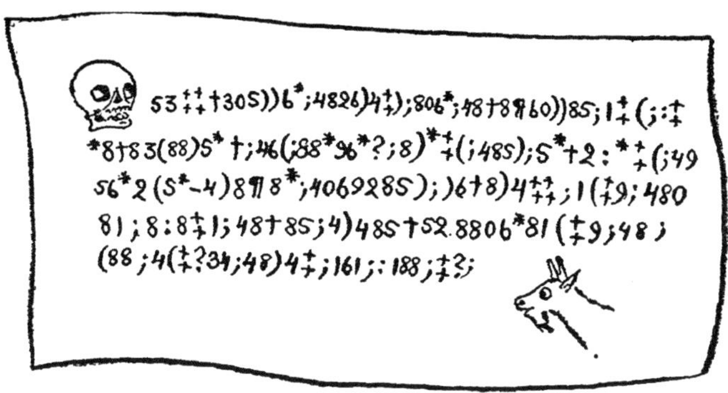

图 87
基德船长的藏宝信息

这一点他确实是说对了，当然很可能只是字母和符号有这种对应，并不一定真的是这样。实际上，如果秘密信息是“在鸟岛北端有一所古老简陋的小房子，在它南面 200 码远的树林里，你会发现一个铁盒，里面装满黄金和钱币（You will find a lot of gold and coins in an iron box in woods two thousand yards south from an old hut on Bird Island’s north tip)”，这里面的英文里没有一个字母“e”！但是这里勒格朗受到了概率法则的垂青，他的猜想是对的。

第一步走对了，勒格朗自信满满，以同样的方式将字母和符号使用的频率相对应。下表中将基德船长藏宝图上符号的使用频率和字母一一对应在一起：

数字 8 出现了 33 次		e	e
;	26	a	t
4	19	o	h
‡	16	i	o
(	16	d	r
*	13	h	n
5	12	n	a
6	11	r	i
†	8	s	d
1	8	t	
0	6	u	
g	5	y	
2	5	c	
i	4		
3	4	g	g
?	3	l	u
¶	2	m	
-	1	w	
.	1	b	

右边第二列按照在英语中的使用频率，把字母排列在一起。按照勒格朗的逻辑，左边一列的符号应该是和这一列的字母对应的。但是我们按照这种想法组合后，会发现基德船长的信息是：ngiisgunddrhaoecr...

简直不知所云!

这到底是怎么回事？难不成这个狡猾的老海盗不是按照英语字母使用频率编辑的密码，而是用的另一种特殊的语言？其实不是。我们找不到答案仅仅是因为藏宝信息太短了，不适合抽样统计，也没有遵循字母的使用频率。

如果基德船长的藏宝信息再多写上几页，或者能自成一册，勒格朗利用字母使用频率的方法就能轻松解开疑团。

就好比我们掷 100 次硬币，很可能有 50 次是正面朝上。但是如果只掷 4 次，很可能 3 次正面 1 次背面，或者 3 次背面 1 次正面。概率遵循一个原则：尝试的次数越多，结果符合概率法则的可能性就越大。

藏宝图上的符号不够多，因此我们不能通过简单的数据分析来找到宝藏。于是勒格朗决定通过英语不同单词的结构来进行分析。首先他通过研究，确定符号“8”很可能代表字母“e”，因为在羊皮纸上短短的几行里，“88”出现的频率很高，足足有 5 次。我们都知道，很多英语单词包含字母 ee 的组合，比如 meet、fleet、speed、seen、been、agree 等。而且如果 8 代表字母 e，又出现了这么多次，很可能是和其他符号一起组成英文单词“the”。通过检查密码符号，可以发现短短几行中，“ ；48”组合出现了 7 次。按照上面的推理，我们就可以知道“ ；”代表字母“t”，“4”代表字母“h”。

最后勒格朗是怎么破译了基德船长的密码，并成功找到宝藏的，有兴趣的读者可以去读读爱伦 · 坡的这本书。总之这段密码符号对应的内容是：“主教旅社的魔鬼椅上，放着一面漂亮的镜子。从这里东北方向 41°13′，找到一棵树主枝东边的第七根分支，从骷髅的左眼开一枪，沿着开枪的方向从树下开始走 50 英尺（A good glass in the bishop’s hostel in the devil’s seat. Forty-one degrees and thirteen minutes northeast by north. Main branch seventh limb east side. Shoot from the left eye of the death’s head. A bee-line from the tree through the shot fifty feet out）。”

在图表的最右一列，是宝藏符号和字母的真正对应。可以看出，它们并没有像我们想的那样，准确地对应概率法则。当然，这是因为文本太短，没有给概率法则去发挥它效力的机会。但是哪怕在这么短的一段“数据样本”中，都能看出里面符号按照概率排列的趋势，可想而知如果这里的语句够多，肯定能完全符合概率规律。

图 88

通过大量实验证实的概率法则似乎只有一个（除了订单不绝的保险公司），就是美国国旗和火柴的问题。

要解答这个特殊的概率问题，我们需要一面美国国旗，国旗上大部分是红白相间的条纹。如果找不到旗，可以在一张大纸上画上许多相互平行，又间距相等的线。然后需要准备一盒火柴，什么火柴都可以，只要火柴的长度小于条纹的宽度。接下来还需要一个希腊的“pi”，这可不是吃的派，而是希腊字母表上的字母，对应英语中的“p”，其书写体是 π 。它除了是希腊语中的字母，还表示圆周率，是圆的周长与直径的比值。我们知道 $\pi=3.141\,592\,653\,5\cdots$（后面还有无数个数字，但是我们这里不用那么多）。

下面我们在桌子上把星条旗展平，然后从上空扔火柴，观察落到旗上的火柴。火柴可能落到一个条纹之中，也可能跨过两个条纹，那么这两种情况发生的概率是多大呢？

根据其他概率的计算方法，我们必须先知道不同情况发生的次数。

但是火柴掉落到旗面上的形式数不胜数，我们怎么来计算概率呢？

我们不妨进一步思考一下这个问题。如图 89，我们可以根据火柴中点到最近条纹的距离，以及火柴与条纹之间的夹角来确定掉落火柴的位置。图中画出了火柴掉落的 3 种不同位置，为了便于观察，假设火柴长度和条纹宽度都是 2 英寸。如果火柴中点距离条纹边界很近，且夹角很大（如情况 a 所示），火柴会和条纹边界相交；相反，如果火柴和条纹夹角很小（如情况 b 所示），或者火柴中心距离条纹边界很远（如情况 c 所示），那么火柴就在条纹里面。准确地说就是，如果半根火柴在垂直方向上的投影长于条纹一半的宽度（如情况 a 所示），火柴与条纹相交；反之则不会相交（如情况 b 所示）。图 89 下面的示意图就说明了这一点。我们用水平轴（横坐标轴）表示掉落火柴与条纹的夹角，用垂直轴（纵坐标轴）表示半根火柴在垂直方向上的投影。半根火柴长度是 1 英寸，在直角三角形中，这个距离对应该弧度的正弦值。当弧度是 0 时正弦值也是 0，火柴和条纹平行；当弧度是 $\frac{\pi}{2}$ 时，则夹角为直角[①]，正弦值等于1，因为火柴垂直，其投影也等于它在垂直方向上的投影；夹角大小在 0—90° 之间时，正弦值可以用我们熟悉的正弦曲线表示。（图 89 下部只画出了 $\frac{1}{4}$ 的曲线，夹角在 0 到 $\frac{\pi}{2}$ 之间）

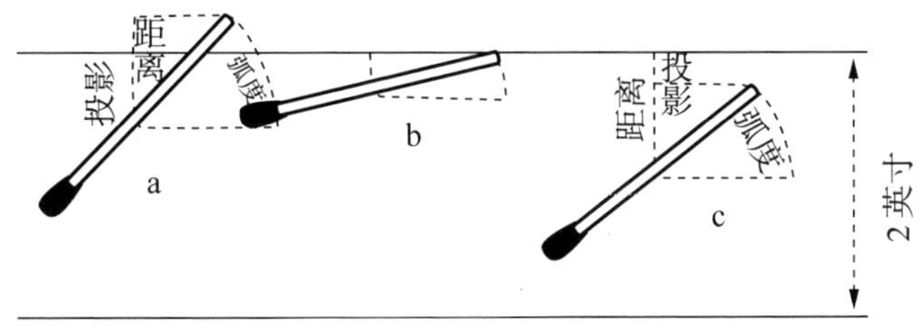

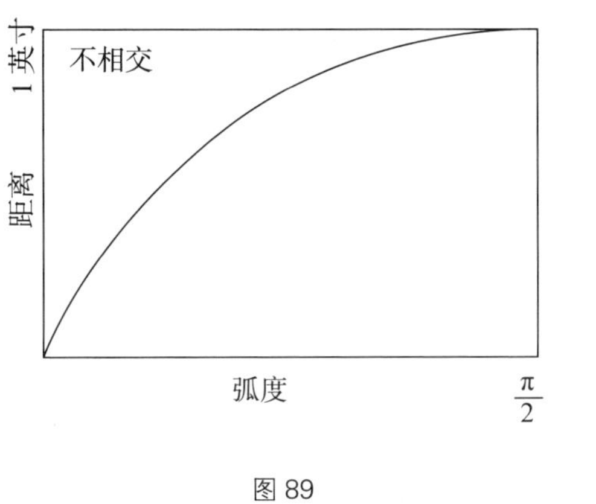

图 89

根据这个示意图，我们就可以估测出火柴和条纹相交或者不相交的概率了。实际上，正如我们之前讲到的（可以再研究一下图 89 上部分的 3 个例子），如果火柴中点到条纹边界的距离小于其在垂直方向上的投影，也就是

① 半径为 1 的圆的周长是直径的 π 倍，即 2π。因此 $\frac{1}{4}$ 圆的周长是 $\frac{2}{4}\pi=\frac{\pi}{2}$，故直角等于 $\frac{\pi}{2}$。

说小于该角度的正弦值，那么火柴与条纹相交。也就是说，距离和弧度对应的点在图 89 下部正弦曲线的下方，则火柴与条纹相交；反之，如果这个点在正弦曲线上面，则不相交。

根据概率计算法则可知，火柴相交与不相交的比率等于曲线下方的面积比上上方的面积；或者根据坐标轴中长方形的面积分割，计算出两种情况的概率。用数学方法可以证明（详见第二章）正弦曲线下面的面积等于 1 ；我们知道这个长方形的面积是 $\frac{\pi}{2}\times 1=\frac{\pi}{2}$，火柴与边界相交的概率为（前提是火柴与条纹宽度相等）：$\frac{1}{\pi/2}=\frac{2}{\pi}$。

第一个发现这种现象的是 18 世纪的科学家布丰（Buffon），这也被称作“布丰投针问题”。

第一个将其付诸实验的人是勤奋的意大利科学家拉兹瑞尼（Lazzerini）。他通过扔了 3408 次火柴，发现其中有 2169 次和条纹相交，这个实验记录的结果代入到布丰的公式里，计算出 π 的大小为 $\frac{2\times 3408}{2169}$，也就约是 3.141 592 9，到小数点后的第七位才和正确的圆周率不一致。

这个过程看似有趣，同时也有力地证明了概率法则的有效性。不过如果你有耐心掷上上千次硬币，记录出正面朝上和背面朝上的次数，最后得出数字“2”也无疑是一种有趣的尝试。而你的实验结果也会和拉兹瑞尼算出的 π 一样，有一点小小的误差。

4.“神秘”的熵

上面关于计算概率的例子，都来自我们的生活中。我们已经知道对于这类问题，如果包含的数字较少，概率预测结果会让人失望，但是如果数字够多，结果就能令人满意。这么看来，概率定理非常适用于原子和分子，因为哪怕很小一块物质，都包含不计其数的原子和分子。这么看来，“醉汉走路”的定理对于拐了二十几次弯的六个醉汉没有那么精确，只能告诉我们大概的结果；但是对于每秒钟经历几十亿次碰撞的成百上千亿个染色分子，却能准确概括物理学中的扩散问题。也就是说，本来在一半试管中的染色分子，在扩散的过程中能均匀地分布在所有液体里，是因为这种均匀分布的概率高于原来的分布情况。

同理，如果你坐在一间屋子里看我们这本书，不管是墙面之间，还是从天花板到地板，都均匀分布着空气；你也从来没有想过空气会趁你不备，集中到房间的某个角落，让坐在椅子上的你窒息而亡。从物理学角度看，这种可怕的事不是不会发生，只是非常不可能发生。

要理解这个问题，我们可以先假设一间屋子被垂直的平面分成了两间，然后再试想一下，这两间屋子里空气中的分子是怎么分布的呢？毋庸置疑，答案和我们之前讲到的掷硬币问题一样是五五分。也就是说如果有一个分子，它去房间的左面和右面的概率是一样的，就和硬币掉到桌子上，正面朝上和背面朝上的概率是一样的。第二个、第三个分子乃至空气中所有的分子都是一样的，不管其他的分子去了哪里，它们去房间的左面还是右面的概率是一样的。① 因此在房间的左右两部分分配分子的问题就相当于掷硬币的问题。正如图 84 所示，分子分布情况最可能是五五分。从图中我们还可以看出，随着掷硬币次数的增多（在这里是空气分子的增多），概率越来越向 50% 靠拢，当数目足够大时，这个概率就成了确定的事实。普通大小的房间里大约包含 10^{27} 个分子 ②，因此，这些分子同时存在于房间右半面的概率是：

$$\left(\frac{1}{2}\right)^{10^{27}} \approx 10^{-3\times10^{26}}$$

① 实际上，由于气体中分子之间的间距很大，所以空间并不拥挤。一定体积内存在的大量分子并不会阻止其他分子的进入。

② 一间 10 英尺宽、15 英尺长、9 英尺高的房间的体积是 1350 立方英尺，即 5×10^7 立方厘米，其中有 5×10^4 克的空气。由于空气中的分子的平均质量为 $30\times1.66\times10^{-24}\approx5\times10^{-23}$ 克，所以分子总数为：（5×10^4）/（5×10^{-23}）$\approx10^{27}$。

也就是 $\frac{1}{10^{3\times10^{26}}}$。

另一方面，由于空气中分子的运动速度是每秒钟 0.5 千米，也就是说它们从房间的一面运动到另一面只需要 0.01 秒的时间，在房间中的分布每秒钟就会变换 100 次。[①] 因此，要想让所有的分子都聚集在房间的一边，我们需要等上 $10^{299\,999\,999\,999\,999\,999\,999\,999\,998}$ 秒，而宇宙的年龄也不过 10^{17} 秒！这么看来，你可以安枕无忧好好看书了，一时半会儿是不会有窒息的风险的。

我们再来看另一个例子，假设桌子上放着一杯水。我们知道在无规则热运动的作用下，水分子以很快的速度向各个方向横冲直撞，好在由于相互之间的内聚力，而不会四处飞散。

因为每个分子的运动方向完全是随机的，我们可以假设在某一时间，杯子上半部分的分子同时向上运动，而下半部分的分子都向下运动。[②] 在这种情况下，作用于水平面上的内聚力无力抵抗上、下部分分子“分道扬镳的共同愿望”，将会出现难得一见的物理现象：杯子上半部分的水顷刻间如出膛的子弹一般，朝天花板射去！

还有一种可能就是，热运动的所有能量恰巧都集中在杯子上半部分的水中，这样一来，接近杯底的水会突然冻结，而上半部分剧烈沸腾。可是为什么我们从来没有见到过这种景象？不是因为它们不可能发生，而是因为它们发生的概率太小。实际上，如果我们试着计算一下一开始随机运动的分子按照上面说的情况运动的概率，会发现这和空气中的分子都挤到一个角落里的情况一样，发生的可能性极小。同理，由于相互碰撞，有的分子会失去动能，而另一些会获得额外动能的情况发生的概率也很小。这种情况下的分子运动方向的分布情况和我们一般情况下观察到的一样，也是按照概率最大的情况发生的。

---

① 实际上，因为分子是连续无规则运动的，房间里的空气分子的分布也在无时无刻地发生变化。——编者注

② 根据动量守恒定律这一力学规律，杯子中所有的水分子不可能都朝着一个方向运动，所以在这里我们以一半一半的情况为例。

有的时候，分子的位置或者速度可能不符合最大概率出现的情况，比如在房间某个角落释放气体，或者在凉水上面倒上热水，随即就会发生一系列的物理变化，之前小概率的情况概率就会变大。气体会四处扩散，直到在房间里的分布变得均匀；而水杯中上半部的热量也会向底部流动，直到整杯水的水温一致。由此我们会觉得，所有基于不规则热运动的物理过程都会按照大概率的方向发展。而达到平衡之后，也就是不会再有其他变化之后的情况就是最大概率下会发生的情况。

从房间中空气的例子我们发现，各种分子的分布概率都是很小的数字，使用起来很不方便（比如空气都集中到房间一个角落的概率是 $\frac{1}{10^{3\times10^{26}}}$），人们习惯于使用这些数字的对数。这个物理量叫作熵，在物质不规则的热运动中有着重要的作用。刚才有关物理过程中概率的变化还可以说成：任何物理系统中自发的变化都朝着熵增的方向发展，达到平衡状态后对应熵能存在最大值。

这就是著名的熵定律，也被称作热力学第二定律（第一定律是能量守恒定律）。我们通过上面的例子可以看到，这个定律并不可怕。

熵定律还可以被称作熵增定律或者无序增加定律，和上面例子中一样，当熵增到最大之后，分子的位置和速度都完全随机分布，这时候任何让分子变得有秩序的尝试都会使熵减少。同时，我们可以通过把热量转化为机械运动来实现熵增定律。记住热其实是分子不规则机械运动的表现，因此我们很好理解，任何物质体的热量大量转化为运动机械能，就相当于迫使该物质体的所有分子朝着一个方向运动。但是我们根据之前讲到的例子知道，这种情况如果发生在杯子里的水分子中，就会出现上半部的水喷向天花板的现象，而这几乎是不可能发生的。因此，尽管机械能可以完全转化为热能（比如通过摩擦），但热能永远不可能完全转化成机械能。这也说明“第二永动机”是不可能制成的。[①] 第二永动机就是设想从物质体中吸取热能，并将这些热

① 要和“第一永动机”进行区分，因为第二永动机不符合第一永动机不消耗任何能量，却可以源源不断地对外做功的设计方案。

能作为驱动永动机转动的机械功输出的源头。这就好比我们没有办法建造出一艘汽船，它汽锅里的蒸汽不是靠燃烧煤而获得的，而是从海水中吸收热能获得的。这样做要先把海水吸进机舱，提取完热能之后再把失去热能的冰块从船上扔到海里。

那么蒸汽机怎么在不违背熵增定律的前提下，将热能转化为动能呢？实际上在蒸汽机中，通过燃烧燃料，一部分的热能被释放了出来，剩余的大部分则以尾气的形式被排放到了空气中，或者被设置好的冷却剂吸收了。在这种情况下，系统中的熵产生了两个相反的变化：（1）熵的减少是因为一部分热能转化为活塞机械能；（2）熵的增加是因为热水锅炉剩下的热能进入了冷却机。根据熵增定律系统中熵总量是需要增加的，我们可以通过让上面的第二项大于第一项而轻松达到这一点。我们通过另一个例子来更好地理解这个问题，假设把一个 5 磅重的东西放在距离地面 6 英尺的架子上，根据能量守恒定律，这个东西是不会在没有外力帮助的情况下升到天花板高度的。同时，我们倒是可以让它的一部分重量落到地上，并利用由此释放的能量将剩下的部分抬上去。

同理，在我们的系统中可以让一部分的熵减少，同时补偿性地增加另一部分的熵。换成分子的无序运动就是：可以在某一区域中添加秩序，同时让剩下的区域变得更加没有规则。在许多实际情况下，包括不同类型的热功机械中，我们都不介意让部分分子更加无序地运动。

5. 统计波动

通过之前部分的讨论我们已经知道，熵增定律以及其他结果都是完全建立在宏观物理学的基础上的，即处理对象是数目庞大的独立分子，这样根据概率预测的结果才能有很高的确定性。但是如果物质的数量很少，预测结果就没有那么确定了。

举个例子，我们不像上面讲到的那样用一个房间的空气作为例子，而是用体积很小的气体，比如棱长为百分之一微米①的立方体的气体，那所有的情况都会不一样。实际上，这个立方体的体积只有 10^{-18} 立方厘米，所以只可能包含 $\frac{10^{-18}\times10^{-3}}{3\times10^{-23}}=30$ 个分子，它们全都集中在立方体中一半空间的概率就是 $\left(\frac{1}{2}\right)^{30}=10^{-10}$。

另一方面，由于立方体太小了，这些分子每秒钟得重新排列 5×10^{10} 次(速度为 0.5 千米每秒，而距离只有 10^{-6} 厘米)，这么说来，每秒钟立方体都会有一半是空的。所以这些分子中有一部分都集中在立方体一边的情况会更容易出现。比如立方体的一边有 20 个分子，另一边有 10 个分子（一边只比另一边多 10 个)，这种情况出现的频率为 $\left(\frac{1}{2}\right)^{10}\times5\times10^{10}=10^{-3}\times5\times10^{10}=5\times10^{7}$，也就是每秒 5000 万次。

因此在小范围内，空气中分子的分布很不均匀。如果能够放大足够多倍数，就能发现在气体中，不同的点能即刻形成小的分子聚集。但是它们很快就会消散，而类似的分子聚集又会出现在其他点上。这种现象叫作密度涨落，在很多物理现象中都起着重要的作用。比如，当阳光穿过大气层时，由于大气分布不均匀，光谱中的蓝色扩散到空气中再反射回来，于是人们看天空只能见到日光中的蓝色光，太阳也看上去更红。特别是日落时，太阳光需要穿过更厚的大气层，太阳红得更加明显。如果没有这种密度的涨落，天空会一直是黑色的，我们也会不分白天黑夜都能看到星星呢。

尽管没有很明显，一般液体的密度和压力也会出现涨落效应。我们可以用另一种方式描述布朗运动，即悬浮在水中的微小粒子由于其不同面上受到的压力的改变，被带动着到处乱窜。当液体被加热到接近沸点时，这种密度的涨落变得更加剧烈，液体也会呈现出一层淡淡的乳白色。

---

① 微米是长度单位，符号：μ。1 微米相当于 0.0001 厘米。

对于这么小的物体，数据浮动显得最为重要，那么熵增定律还能适用于它们吗？很明显，一个终其一生在分子作用下横冲直撞的细菌，对于热能不能转化成机械能的说法肯定嗤之以鼻！但是在这种情况下，与其说熵增定律失效了，不如说它失去了意义。实际上，熵增定律指的是分子运动不可能被完全转化成包含无数独立分子的大型物体的运动；对于还不如分子大的细菌来说，热运动和机械运动其实没什么区别，对它来说分子的撞击就像我们置身于兴奋的人群中，被挤来挤去一样。如果我们是细菌，只要把自己绑在飞转的轮子上，就能制造出第二永动机，但是这样我们也失去了使用它的智慧了。这么看来，不当细菌也没有什么可遗憾的！

生物体似乎看上去和熵增定律相矛盾。实际上，生长中的植物从空气中吸收简单的二氧化碳分子，从土壤里吸收水分子，并把它们转化成复杂的有机分子构成植物体，分子这种由简到繁的变化表明熵的减少；在木头燃烧的过程中，熵是增加的，因为构成木材的元素分解成了二氧化碳和水蒸气。难道真的像古时候哲学家所说的那样，植物有某些神秘的生命力相助，且和熵增定律相矛盾？

通过对这个问题的深入分析我们会发现，这种矛盾是不存在的。因为植物的生长除了需要二氧化碳、水和某些盐类，还需要大量的阳光。植物的能量储存在植物的材质中，会在某个时间燃烧的过程中释放出来；阳光还同时为植物带来“负熵”，也就是低熵，当阳光被绿叶吸收后，低熵就消失了。因此植物叶子的光合作用包含两个过程：(1) 将太阳光中的光能转化成复杂有机分子的化学能；(2) 利用阳光中的低熵降低植物将简单分子转化成复杂分子过程中的熵。在“秩序和无序”方面，我们可能会认为叶子在吸收阳光辐射的同时，也夺去了阳光中原有的分子秩序，这些秩序能让分子形成更复杂、更有秩序的结构。植物通过吸收了阳光中的低熵（秩序），以无机化合物为原料来构建自己的身体；而动物要通过吃植物（或者相互吃）来获得低熵，成为低熵的二手用户。

第九章　生命之谜

1. 我们是由细胞构成的

在讨论物质结构的时候，我们有意回避了一个相对不大，但是极为重要的物质群体，这一群体和宇宙中其他物体不一样，它们是活着的生命体。那么生命体和非生命体之间的区别是什么呢？通过物理学的基本定理，我们已经成功解释了非生命体的特性，那么，这些定理能不能帮助我们认识生命呢？

说到生命，我们总会想到一些体积较大，且结构较复杂的生物体，比如说树、马，或者人。但是，如果想要试着研究生命体的特性，以这些复杂的有机系统为整体进行检查，势必是徒劳一场。这就好比从汽车这类复杂的机器入手，来研究无机物的结构一样。

这种研究有个显而易见的问题：奔驰的汽车是由成千上万个不同的零件所组成的，而这些零件又是由不同材质的物体在不同的物理状态下制造出来的。有的零件，比如钢制车架、铜丝电线和挡风玻璃是固体，有的如散热器里的水、油箱里的汽油和发动机里的机油是液体，还有的比如经过汽化器喷到气缸里的混合物是气体。所以，如果想要分析汽车这么复杂的东西，第一步就是先按照物理性质把这些零件分出来。由此，我们可以知道：汽车是由多种金属组成的，比如钢、铜、铬；还包含多种玻璃制品，比如在制造过程中使用的玻璃和塑料物质；同时还有水、汽油等液体。

现在，我们通过可行的物理方法进一步分析，可以发现：铜是由独立的小晶体组成的，单独的铜原子紧紧地叠加在一起，一层一层排列形成小晶体；散热器里的水是由大量的水分子组成的，而这些水分子相对排列得比较松散，且每个水分子都包含着 1 个氧原子和 2 个氢原子；大量来自大气中自由运动着的氧分子、氮分子和由碳原子、氢原子构成的汽油蒸汽分子在汽化器中混合在一起形成燃烧剂，这些混合气体则从阀门涌进气缸。

同理，当我们要分析复杂的有机生物体，比如说人体的时候，必须先将其分解成包括大脑、心脏、胃等不同的器官，然后再将这些器官分解成不同的生物学均质材料，也就是所谓的不同人体“组织”。

从某种意义上来讲，不同类型的组织构成了复杂的有机生物体，这就好比机械装置是由不同的物理学均质材料组成的。解剖学和生理学是通过研究组成有机生物体的组织，并基于不同组织的特性，来分析它们是如何运转的。它们在这方面和工程学类似，工程学是通过探究在建构机器过程中使用的物质所具备的力学、电磁学和其他方面的特征，来研究不同机器的运行原理。

因此，如果想要解答生命的谜团，就不能单靠研究组织是如何装配在一起并组成复杂器官的，还要分析独立的原子是如何组成组织的，而最后又是如何形成有机生物体的。

如果我们认为生物性质均匀的活性组织和物理性质均匀的一般物质类似，那可就大错特错了。实际上，随便选取一块组织（不管是取自皮肤、肌肉，还是大脑都可以），并放在显微镜下一看便知，组织是由许许多多独立的单元组成的，而这些单元的自然属性差不多就决定了组织的特性（如图90所示）。这些生物体的基本结构单元就是我们所说的“细胞”，也可以叫作“生物原子”（即不可分量）。也就是说，只有包含一个以上独立不可分的细胞，某类组织才能保留其生物特性。

比如说，被切割成的只有半个细胞的肌肉组织，是会失去所有肌肉收缩的能力的。这就好比是一段只包含了半个镁细胞的镁丝，就已经不再是金属镁，反而更像是一小块煤。①

① 我们讲原子结构的时候讲过，镁原子的原子序数是12，原子量是24，它的原子核由12个质子和12个中子构成，这些核子共同包裹在12个电子之中。将一个镁原子一分为二，我们将得到两个新的原子。这两个新原子每个都包含6个质子、6个中子和6个电子——也就是说，会形成两个碳原子。

构成组织的细胞非常小（平均直径只有 0.01 毫米[①]）。而我们生活中所有的动植物都由大量独立的细胞组成，一个成年人身体包含几百万亿个独立细胞！

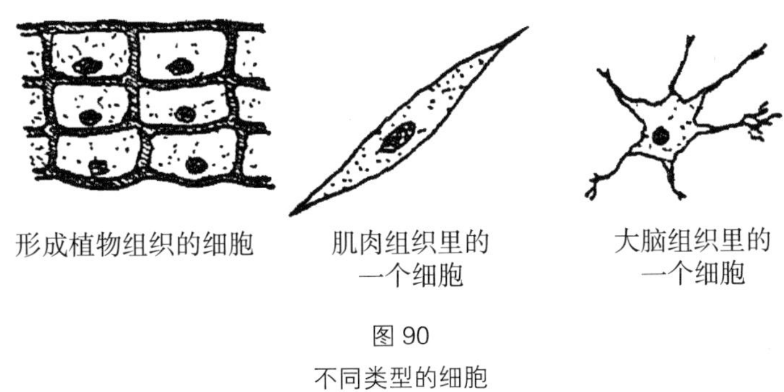

图 90
不同类型的细胞

当然，小的生物所包含的细胞数目也少，比如苍蝇、蚂蚁，它们的细胞不超过几亿个；同时，还有一大类单细胞生物，比如阿米巴原虫、真菌（比如那些能引起感染，长“癣”的真菌）和各种类型的细菌，它们都只有一个细胞，且必须通过倍数够大的显微镜才可以被观察到。这些单个的活细胞与复杂生物体中的细胞不同，它们不受任何“社会功能”的牵制，而对它们的研究也是生物学中最令人兴奋的主题之一。

要想从整体上了解生命问题，我们就必须从活细胞的结构和特性中寻找答案。

生物的细胞到底有什么特性，能让它和无机物质区别开来？或者说，为什么能和学习桌的木头或者鞋子的皮革的死细胞不一样？

活细胞与众不同的基本特性，在于它的几种能力：(1) 它可以从周围的环境中吸收结构所需要的材料；(2) 它能将这些物质转化成能促进生物体成长的物质；(3) 当这些活细胞的几何尺寸太大时，它们可以分裂成两个大小

① 有的单个细胞非常大，比如我们比较熟悉的鸡蛋黄，就只有一个细胞。但是就算是在这种情况下，细胞中对生命至关重要的部分还是微观尺寸，周围大量的黄色物质只是为了胚胎发育而积累的食物。

一样的细胞，且这些细胞还能继续生长。所有复杂生物的单个细胞，都具有这种能吃、能长、能繁殖的能力。

比较犀利的读者可能会进行反驳：普通的无机物也有这三点特性。比方说，我们把一小块盐晶体放到盐水的饱和溶液中[①]，这块晶体也会不断增长，在表面一层一层附着溶液中提取的（或者说溶液中多余不要的）盐分子；我们甚至可以想象晶体在某些力学效应下的变化，比如说由于增加了重量，当晶体达到一定大小后就被分成了两半，而新形成的“晶体宝宝”将继续增长。为什么我们不把上述情况也称作是“生命现象”呢？

要回答这一类的问题，必须先说明一点，生命只是比一般的物理现象和化学现象稍显复杂而已，生命和非生命之间也并没有什么明确的界限。同理，我们在第八章中用统计学定律来描述由大量分子形成的气体时，也不能确定其准确性的有效限度。实际上，我们很清楚，屋子中的空气不会突然都聚集到一个角落里，至少这种罕见的情况发生的概率极小，且可以忽略不计。但是同时我们也清楚，如果屋子里只有一个，或者两个、三个、四个分子，那么它们聚集到一个角落的概率就会大大增加。

那么想让房间里的分子都聚集到一个角落里，数量上的界限到底是多少呢？ 1000 个？ 100 万个？还是 10 亿个？

同理，在研究基本的生命过程方面，我们也不能在溶液中的盐结晶这种简单的分子现象和活细胞的成长、分裂现象之间划出明确的界限，后者极为复杂，但和前者又有相似之处。

然而，在上面的例子里，溶液中盐晶体的增长并不能算是生命现象，因为让晶体成长的“食物”在溶液中没有经过任何变化就被吸收了。之前和水分子混合在一起的盐分子只不过是被附着在不断增长的晶体表面上，这更像是物质的机械堆积，而非典型的生物同化。同时，晶体偶然开裂成不规则的

① 我们可以在热水中加入大量的盐，再将其冷却至室温形成盐水的饱和溶液。因为水的溶解力会随着温度的降低而下降，水中盐分子的含量会大于其溶解力。但是多余的盐分子还是会在溶液中存在很久，除非我们放进去一块盐晶体，就相当于一种最初的动力，或者说帮助盐分子从溶液中抽身的“组织机构”。

部分，且并没有任何设定的比例，这种繁殖和精确且连续的活细胞生物分裂之间完全没有什么可比性。而且晶体裂开仅仅是因为重量增加而引发的机械力，但是活细胞繁殖是在内力的驱动下的，且子代和亲代之间严格保持着一致性。

要和生物过程进行类比，我们可以找一个更接近的例子。比如，在二氧化碳气体和水的溶液中，有一个酒精分子（C_2H_5OH），这个酒精分子能够独立将水中的 H_2O 和二氧化碳气体中的 CO_2 集合起来，形成新的酒精分子。①如果在一杯普通的气泡水中加上一滴威士忌，就能把水变成酒，那么酒精也算是个活物了！

这个例子其实并不像看上去那么天方夜谭。实际上，我们在后面会讲到一种复杂的化学物质，叫作病毒，它的分子极为复杂，每个分子包含了几十万个原子，这些原子都忙着把周围环境中的分子结构弄得和自己一样。因此，这些病毒粒子既是一般的化学分子，又是生物体，其代表着生命和非生命之间“缺失的联系”。

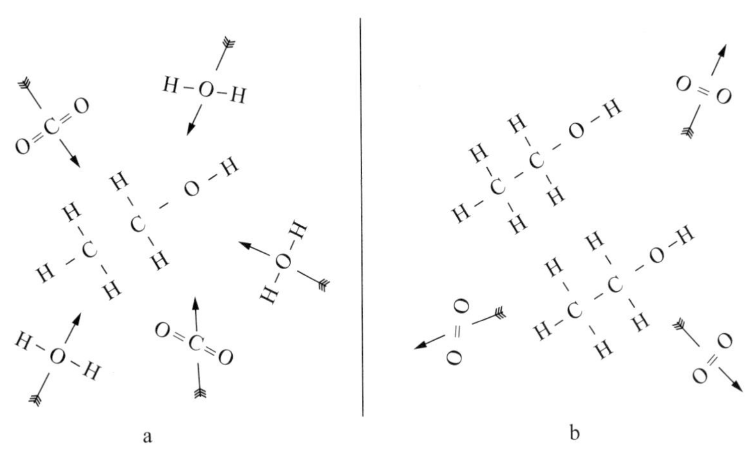

图 91

图示为一个酒精分子是如何组织水分子和二氧化碳分子形成新的酒精分子的。如果酒精的这种“自我繁殖”是可行的，那么它也算是有生命的物质

① 例子中假设出的化学反应方程为 $3H_2O+2CO_2+C_2H_5OH \rightarrow 2C_2H_5OH+3O_2$，一个酒精分子就能形成两个新的酒精分子。

我们再回来看看一般细胞的成长和繁殖。尽管这些细胞非常复杂，但是和分子比起来还是差远了，只能算是最简单的生命体。

如果我们通过一个倍数高的显微镜观察细胞，就会发现细胞是一种半透明的胶状物质，且化学结构极为复杂。这种半透明、胶状的物质被我们统称为原生质。原生质外面包裹着细胞壁，动物的细胞壁很薄，且很有弹性；但有的植物的细胞壁则又厚又沉，所以植物的身体也通常比动物的身体更加僵硬（如图 90 所示）。每个细胞里面都有一个小球体，叫作细胞核，里面的网状结构叫作染色质（图 92 所示）。需要注意的是，在一般情况下，组成细胞的各种原生质都有相同的透明度，所以通过显微镜无法直接观察到其内部的结构。我们需要对细胞进行染色，里面不同的原生质对色彩的吸收度不一样，由此再来进行观察。构成细胞质中网状结构的物质对染色过程极为敏感，在很浅的背景下就可以被清楚地观察到。[①] 这种物质也因此被命名为“染色质”，在希腊语中，它的意思是“能够显色的物质”。

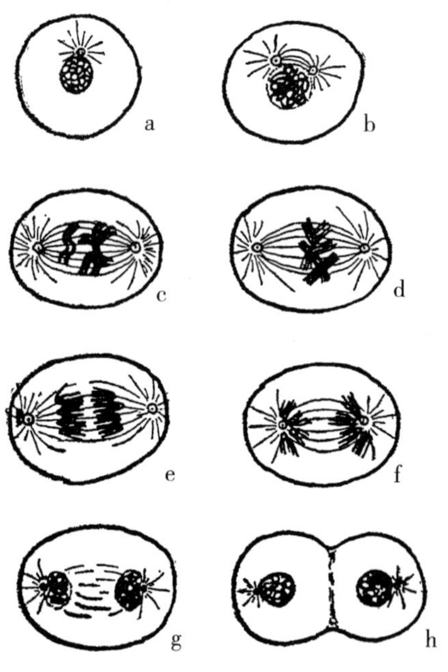

图 92
细胞分裂的连续阶段（有丝分裂）

当细胞准备分裂的时候，细胞核里面的网状结构较之前会发生很大的变化，里面会有一套独立的粒子（如图 92b、c 所示），而这些粒子是纤维状或者杆状的，叫作“染

① 我们也可以用同样的方法进行染色。先在一张纸上用蜡烛随便写点什么，这时候你需要用铅笔给纸上涂色，又因为有蜡的地方铅笔的石墨不能染上色，所以在阴影背景下就能看到写的东西。

色体”（也就是能够显色的主体）。[①]（详见附录照片 VA、VB）

任何特定物种的所有细胞（除了所谓的生殖细胞）都包含同样数目的染色体。总体上讲，高级生物的染色体数量比低级生物的染色体数量多。

小小的果蝇，在拉丁语中也被叫作“黑腹果蝇”（Drosophila melanogaster），帮助科学家解开了许多生命的谜团。果蝇的每个细胞中有 8 条染色体，豆类植物有 14 条染色体，而玉米有 20 条染色体。所有的人类，包括生物学家们，每个细胞都有 46 条染色体，这在数字上也证明了人类比果蝇高级 5 倍多。但是，要是这么说，小龙虾要比人类高级 4 倍多，因为它们的细胞有 200 条染色体！

关于不同物种细胞中染色体的数量，有一点很重要，就是：这些数字都是偶数。实际上，在所有的活细胞中（除了我们之后讲到的情况），都有两套几乎一样的染色体（详见附录照片 VA）：一套来自母体，一套来自父体。这两套染色体分别来自父母双方，它们携带着复杂的遗传特性，在生命体中代代相传。

细胞的分裂最初是从染色体开始的，每个线状染色体都被分裂成两个长度一样，但是更细的两部分，而细胞还是一个完好无损的整体（如图 92d 所示）。

紧密缠绕的细胞核染色体开始就位、准备分裂的时候，距离细胞核外缘很近的两个点开始分别朝细胞两端的方向运动，这两个点叫作中心体（如图 92a、b、c 所示）。通过观察我们可以看出，越来越远的中心体和细胞核内的染色体之间被一根细丝连着。染色体分裂成两半后，细线也跟着收缩，拉着两条染色体向细胞两端的中心体靠近（如图 92e、f 所示）。这一过程完成后（如图 92g 所示），细胞壁会沿着中线在左右两半细胞之间形成一层薄薄的壁膜，这样就形成了两个不同的新细胞。

---

① 注意：在染色之前，需要先杀死细胞，避免它继续生长。因此，像图 92 那种细胞分裂的连续图片并不是观察的一个细胞，而是通过给处于不同发展阶段的不同细胞染色（灭活）。从理论上讲，这样做并不会有什么问题。

如果外界的食物充足，两个细胞宝宝很快就能长成细胞妈妈的大小（原来体积的 2 倍大），并在休息一段时间之后，子细胞会继续按照刚才的过程分裂。

这里的细胞被分裂成两个独立的细胞的过程，是我们直接观察的结果，但是，以目前的科学发展来看，我们还没有办法解释这个现象，到底是什么物理或化学方面的力导致了这一分裂过程，通过观察，我们还是难以解答。细胞作为一个整体似乎还是很复杂，且不可以进行直接的物理分析。所以，在了解细胞分裂之前，我们必须先了解染色体的特性——相比之下，这个问题似乎简单很多，而我们会在下一个部分展开介绍。

但是，首先我们还是来看一下，为什么说由大量细胞构成的复杂生命体，其生殖过程和细胞的分裂密切相关。这时候我们可能又要问到那个谁先谁后的问题——是先有的鸡，还是先有的蛋？实际上，对于这种循环的过程，是先有了蛋长成了鸡（或者其他动物），还是先有鸡再下出蛋这一问题并不是那么重要。

我们假设：现有一只“鸡”从鸡蛋里孵出来，从它孵出（或者说出生）那一刻开始，身体里的细胞就开始经历连续分裂的过程，生物体才得以快速生长发育。我们说过，成年的动物体内有数万亿个细胞，而这些细胞都是由一个受精卵细胞连续分裂而产生的。我们可能会很自然地认为，肯定要经历无数个连续分裂的过程，才能从一个变成这么多。然而我们在第一章中讲过，西萨 · 本是怎么样按照几何等比计算出 64 个格子所装下的小麦，让充满感激的舍罕王答应赐予他数不尽的粮食；还有第一章中的“世界末日”的问题，怎么移动 64 片金盘。由此看来，细胞不用连续分裂很多次，就可以变成大量的细胞。如果我们假设细胞连续分裂 x 次，细胞数量等于一个成年人体内的细胞数量，同时我们又知道每一次分裂，细胞的数量都会翻倍（因为每一个都会分裂成两个），我们就能写出等式，计算出从一个细胞分裂成为成年人体内那么多的细胞，需要经过多少次连续分裂，即 $2^x=10^{14}$，可以算出 $x=47$。

由此可知，每一个成年人体内的细胞都是最初那个受精卵经历了大概

50代后才有的。①

年幼的动物体内的细胞分裂得极快，而大部分细胞在生命体成年之后进入“休息状态”，只是偶尔才会分裂，以实现身体的“维护”或者修补磨损。

下面，我们来看一种特殊的细胞分裂，这种分裂会形成“配子”，或者说“生殖细胞”，进而引发繁殖现象。

在两性生物生命的初始阶段，都会把一部分细胞“保留”起来，等到繁殖的时候用。这些细胞都被贮藏在专门的生殖器官里，在生命体成长的过程中，这些细胞的常规性分裂和身体其他地方的细胞相比次数较少。因此，在准备繁殖下一代的时候，这些细胞还是活力十足、精力旺盛的。同时，这些生殖细胞的分裂方式和我们刚才讲到的身体细胞的分裂方式相比，也更简单。它们细胞核中的染色体不会和一般细胞那样先分裂为两个染色体，而是直接由1条染色体分成两部分（如图93a、b、c所示），这样一来，每个子细胞里面只有半个原来的染色体。

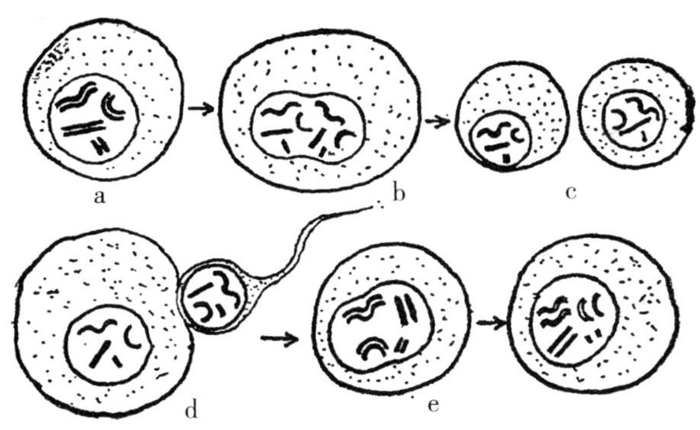

图93

生殖细胞的形成（a、b、c）和卵细胞受精（d、e、f）。在第一个过程中（减数分裂），保留的生殖细胞中成对的染色体没有初步分裂，直接被分割成两个“半个细胞”；在第二个过程中（配子结合或者胚子发生），雄性的精细胞进入到雌性的卵细胞之中，它们的染色体配对成受精卵细胞，这些受精卵如图92所示，开始准备正常分裂

① 我们把细胞的连续分裂次数和原子弹爆炸原子的分裂次数（详见第七章）进行比较，你会觉得非常有意思。假设铀原子需要连续分裂x次，才能让1千克物质中的每一个铀原子都发生裂变，也就是$2×5×10^{24}$个原子。由此可以列出等式$2^x=2×5×10^{24}$，进而得出x=61。

这种“染色体有缺陷”的细胞形成过程叫作减数分裂，和一般细胞的分裂过程，即“有丝分裂”形成了鲜明的对比。减数分裂出的细胞分为“精细胞”和“卵细胞”，也可以叫作雄配子和雌配子。

仔细的读者也许会感到疑惑，如果说最初的繁殖细胞分成了相同的两半，为什么又有雄配子和雌配子之分呢？答案就是我们之前讲到的，在所有的活细胞中都有两套几乎一样的染色体，也就是说其中 44 条（22 对）为常染色体，而另两条染色体在雌体里相同，在雄体里却不一样。这两条在性发育中起决定性作用的染色体，就被称为性染色体。女性的两条性染色体，大小与形态完全相同，称 X 染色体。男性的一条与 X 相同，另一条则小得多，称 Y 染色体。即女性有两条 X 染色体，男性有一条 X 染色体、一条 Y 染色体。[①] 性别之间的基本差异就是一条 X 染色体被换成了 Y 染色体（如图 94 所示）。

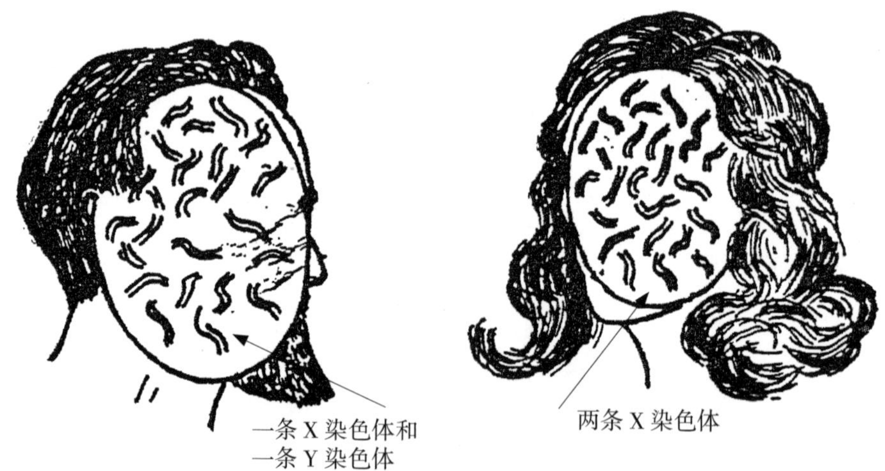

图 94

男女之间“面值”的差异。女性体内的每个细胞都有 46 条染色体，两两配对组成了 23 对，每对中的两条染色体都是一样的。而男性体内细胞有一对染色体不一样，不同于女性的两条 X 染色体，男性拥有一条 X 染色体和一条 Y 染色体

① 这种描述只适用于人类和所有的哺乳动物，然而对鸟来说正好和人类反过来。再比如，公鸡有两条一样的性染色体，而母鸡的两条性染色体则不同。

由于贮藏在女性器官中的生殖细胞都有一套完整的 X 染色体，因此在一个染色体分成两半的减数分裂过程中，每一半的细胞，或者说每个配子都得到一条 X 染色体；而每个雄性生殖细胞有一条 X 染色体和一条 Y 染色体，分成两半后自然一个配子里包含 X 染色体，而另一个配子里包含 Y 染色体。

在受精过程中，当一个雄配子（精细胞）和一个雌配子（卵细胞）结合到一起的时候，有 50% 的可能合成的细胞中含有两条 X 染色体，也有 50% 的可能含有一条 X 染色体、一条 Y 染色体。第一种情况下，染色体会发育成女孩，而第二种情况的染色体会发育成男孩。

我们在下一个部分再就这个重要问题展开讨论，下面，我们继续来聊聊繁殖过程。

当雄性精细胞和雌性卵细胞结合在一起时，就开始“配子结合”，并形成一个完整的细胞；这个细胞则通过“有丝分裂”又被分裂成 2 个，如图 92 所示；这两个新形成的细胞继续各自分裂为 2 个，经过一段休息后，这 4 个细胞又开始有丝分裂……如此往复。每个子细胞的染色体都完全复制了最初受精卵的染色体，而其中一半来自母体，一半来自父体。图 95 展示出了从受精卵到成熟个体逐步发展的过程。在图 95a 中，可以看到精细胞正在穿入卵细胞中。

两个配子的结合会激发完整细胞开始一项新的活动，它们先被分裂成 2 个，然后 4 个，然后 8 个，然后 16 个……（如图 95b、c、d、e 所示）。当独立的细胞数目够多的时候，它们都会跑到表面上来，以便吸收周围的营养物质。在这个阶段，生命体看起来像一个中空的小泡泡，我们称之为“囊胚”（如图 95f 所示）。接着，囊胚的内腔壁开始向里面弯曲（如图 95g 所示），而生命体进入“原肠胚”阶段（如图 95h 所示）。这一阶段的生命体看起来像是一个小袋子，其开口的一面既能吸收新鲜的食物，又能排出消化完的废物。有一些简单的动物，比如珊瑚，就停留在这个阶段，不再发展。而对于更高级的物种，还在继续成长，并进一步改进：有的细胞发育成了骨骼，还有的发育成为消化系统、呼吸系统，以及神经系统。经过胚胎

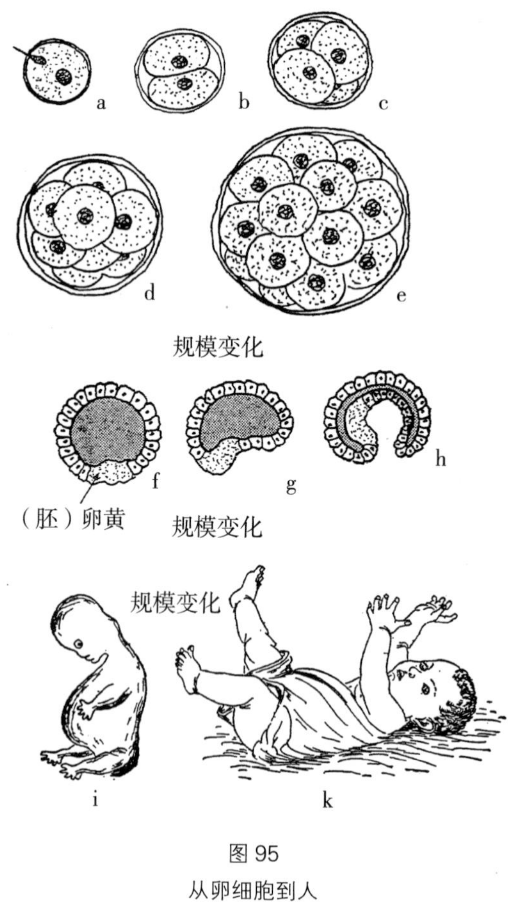

图 95
从卵细胞到人

期的各个阶段（如图 95i 所示），生物体终于变成带有物种特征的幼年动物（如图 95k 所示）。

正如我们之前所提到的，在生命发展的初期，有的成长细胞会被单独放到一边，或者说贮藏起来，用来完成后续的生殖功能。当生物体发育成熟后，这些细胞经过减数分裂变成了配子，再重新开始了一遍生命的过程，就这样周而复始，一路向前。

2. 遗传与基因

生殖过程最引人注目的特点就是，新的生命是从一对配子开始的。这一对配子分别来自父母双方，它们不会长成任何形式的生命体，但是它们绝对够忠诚，虽然谈不上完全一致，也算是对父母，甚至祖父母的复刻了。

我们都知道一对爱尔兰雪达犬的幼犬是绝对不会像大象或者兔子的，它看上去就是狗，既不会长到大象那么大，也不会一直像兔子一样这么小；它会有四条腿，一条长长的尾巴，脑袋两侧有两只耳朵和两只眼睛；我们还知道它的耳朵会软软地耷拉下来，它身上长长的毛是金棕色的，它很可能喜欢捕猎；同时，它身上能找到诸多它的爸爸妈妈，或它祖上的狗所具备的特点，当然它还会有自己独特的个体特征。

一条纯种的爱尔兰雪达犬所具有的这些不同的特征，是怎么由组成配子的微观物质携带着，再通过两个配子的结合发展成幼犬的呢？

我们上一部分已经讲过，所有新生物的染色体都有一半来自爸爸，一半来自妈妈。很明显，父母双方的染色体中肯定包含某一特定物种的主要特征，而个体之间相互差别的小特点，可能来自父母中任意一方。尽管我们都相信随着时间的流逝，一代一代的繁衍生息，很多动物和植物的基本特性都在变化（生物进化有力地证明了这一点）。但是在这有限的观察时间里，我们的认知所能察觉到的只是一些次要特征相对很小的变化。

研究这些特征，以及它们是怎么从亲代到子代传递的学科叫作基因学，它是一门新的科学。虽然基因学还在初步发展阶段，但是它已经能够为我们讲述动人的故事，揭开生命最神秘的面纱。比如，我们都知道遗传过程和大多数的生物现象不同，它几乎和数学一样简单直接，这同时也说明了它是一种基本的生命现象。

我们以大家都很熟悉的视觉缺陷——色盲为例。大部分的色盲都不能区分出红色和绿色，要想弄明白色盲症的病理，我们必须先知道为什么我们能看到颜色。这就需要研究视网膜的复杂结构和特性，探究不同波长的光引发的光化学反应，如此等等。但是色盲是怎么遗传的呢？这个问题乍一看似乎比揭示色盲产生的原因还要复杂，但其实它的答案竟然出乎意料地简单。我们通过对事实的观察，发现：(1) 男性色盲比女性色盲多；(2) 一个有色盲症的男性和一个“正常”女性所生的孩子绝对不会是色盲；(3) 一个有色盲症的女性和一个“正常”男性的孩子，如果是男孩，就会是色盲，如果是女孩，则不会是色盲。这些事实很明确地告诉我们色盲的遗传和性别有关。我们假设色盲是由于一个染色体的缺陷导致的，而这个有缺陷的染色体又由上一代人传给了下一代。通过已有的知识和逻辑思维，我们可以进一步推断造成色盲的性染色体就是我们之前所说的 X 染色体。

通过这个推断，色盲的形成规律就会变得清晰明了。我们讲过的雌细胞有两条 X 染色体，而雄细胞只有一条 X 染色体（另一条是 Y 染色体）。如果男性体内的这条 X 染色体有某种缺陷，会导致他是色盲；但是对于女性，需要两条染色体都有问题才会影响她的视觉，因为一条正常的 X 染色体就足够帮助她分辨颜色。假设有这种色盲缺陷的 X 染色体存在的概率为一千分之一，那么一千个男性中就会有一个是色盲。根据概率乘法定理，女性的两条染色体都有这种色盲缺陷的可能性是（详见第八章）：$\frac{1}{1000} \times \frac{1}{1000} = \frac{1}{1\,000\,000}$。所以，一百万个女性中才会有一个是色盲，这一概率比男性低得多。

我们再一起来想想，色盲丈夫和“正常”妻子的情况（如图 96a 所示）。他们的儿子不会从爸爸那里得到 X 染色体，而是从妈妈那里得到一条“优质的”X 染色体，所以他不会是色盲。

他们的女儿就不一样了，她会从妈妈那里得到一个“优质的”X 染色体，但是又从爸爸那里得到一条“有缺陷的”X 染色体。虽然她不会是色盲，但是她的孩子（儿子）很可能是色盲。

我们再反过来看看色盲妻子和“正常”丈夫的情况（如图 96b 所示）。毫无疑问，他们的儿子会是色盲，因为他的 X 染色体来自妈妈；而他们的女儿会从爸爸那里得到一条“优质的”X 染色体，也会从妈妈那里得到一条“有缺陷的”X 染色体。和上面的例子一样，女儿不会是色盲，但是女儿的儿子会是色盲。是不是很简单？

色盲这种遗传特性需要一对染色体都受到影响才会有明显的效果，因此叫作“隐性遗传”，它可以以隐藏的形式通过祖辈传给孙辈。也正是因为这一点，有时候两只漂亮的德国牧羊犬产下的幼犬会完全不像德国牧羊犬。

与隐性特性对应的是“显性遗传”，一对染色体中有一条受到影响，它就会显现出来。我们不妨抛开遗传学中实际的材料，通过一个假想的例子来了解一下显性性状。有一只兔子，生来就会长着米老鼠那样的耳朵，在这里，我们把“米老鼠的耳朵”作为遗传中的显性性状，也就是说一条染色体的改变就能让耳朵变得这样不伦不类（对兔子来说成了米老兔）。通过图97，我们可以预测如果最初米奇耳朵的兔子和正常兔子交配，之后每一代兔子的耳朵是什么样子。导致耳朵变样的异常染色体在图中标上了黑点。

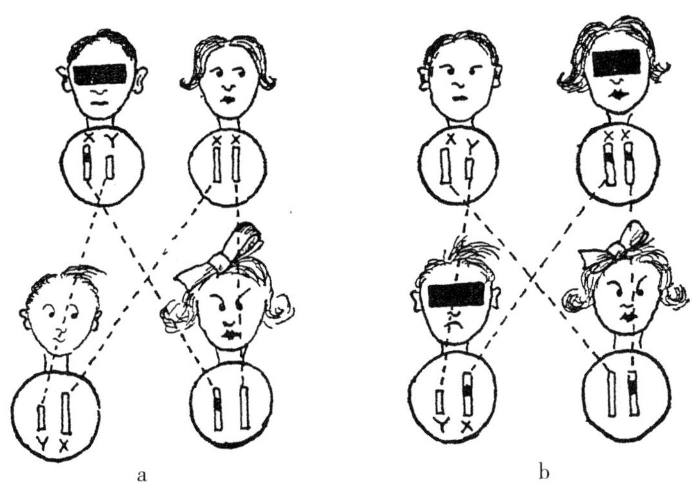

图 96
色盲的遗传

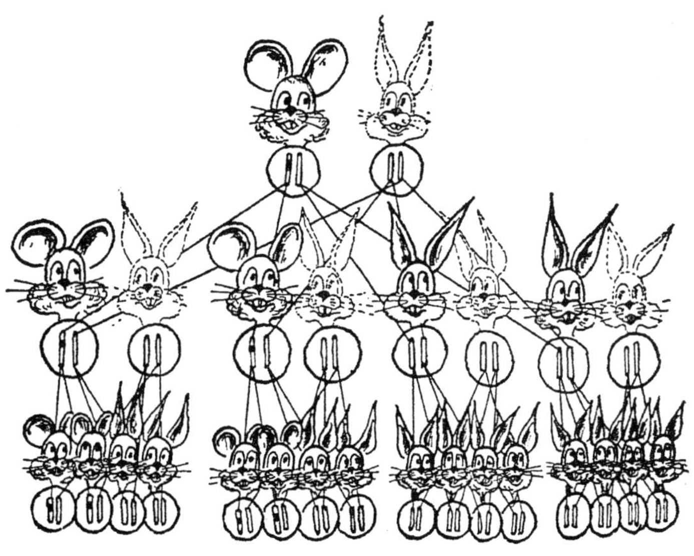

图 97

除了显性遗传和隐性遗传，还有一种“中性遗传”。假设花园里有红色和白色两种茉莉花。当一株红花的花粉（植物的精细胞）被风或昆虫带到了另一株红花的雌蕊中后，它们会与雌蕊底部的胚珠（植物的卵细胞）结合生成种子，还可以再长出红色的花。所以，如果一株白花里面的花粉使其他白花受精，下一代的花还是白花。但是如果一株白花的花粉掉到了一株红花上，或者反过来一株红花的花粉掉到了一株白花上，生出的种子长大后会开出粉色的花。但是显而易见，粉花的品种不具备生物稳定性。如果我们让粉花相互受精，会发现下一代的花 50% 是粉色，还有 25% 的红色和 25% 白色。

如果我们假设花是红色还是白色这一特性是由植物细胞中的一个染色体携带的，那么若想要花朵是纯色的，这一对染色体必须在这方面一样才可以。如果一条染色体是“红色”，而另一条染色体是“白色”，在一番混战之后，反而会开出粉色的花。图 98 展示了后代花中不同“颜色染色体”的分布示意图，我们也可以看出上面讲到的数量关系。通过再画一个类似于图 98 的图，让白色茉莉和粉色茉莉受精，就会发现下一代的花 50% 是粉色，还有 50% 是白色，但是却不会有红色。同理，如果是红花和粉花受精，则 50% 是红花，50% 是粉花，但是没有白花。19

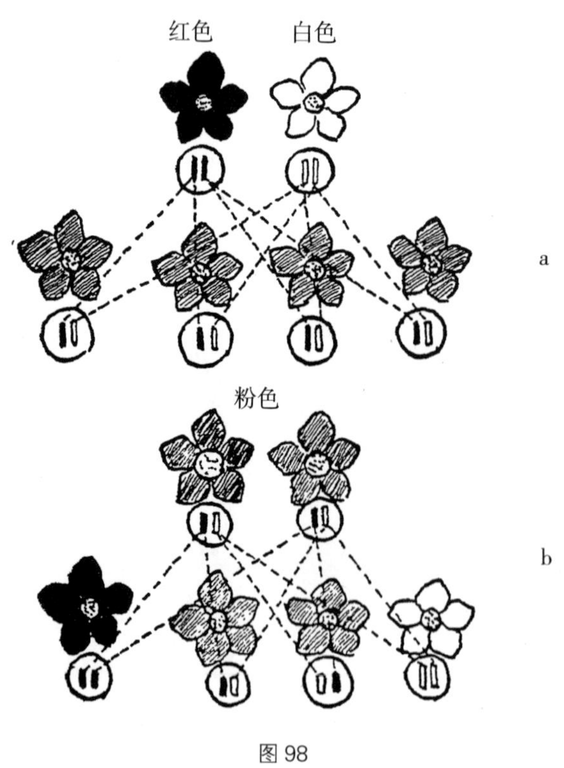

图 98

世纪，摩拉维亚神父格雷戈·孟德尔（Gregor Mendel）在布伦斯修道院种豌豆时，便首次发现了这个遗传定律。

到目前为止，我们已经讲到了许多由于染色体不同，从父辈传给下一代的遗传特性。但是，和染色体的数量相比（苍蝇每个细胞有 8 条染色体，人类每个细胞有 46 条染色体），不同特性的数量算得上是不计其数，因此，我们不得不承认每一条染色体上都携带着多种个体的遗传信息，在细长的染色体上分布排列着。照片 VA（详见附录）为果蝇（黑腹果蝇[①]）唾液腺上的染色体，我们一看就会觉得长长的染色体上的那些暗条就代表着染色体上携带的不同特性：有的暗条可能决定了果蝇的颜色，而有的决定了果蝇翅膀的形状，有的能让果蝇长出 6 条腿，有的让它长到 0.25 英尺长。正是这些遗传特性让它长得就像个果蝇，而不是蜈蚣或者小鸡什么的。

实际上，基因学家已经证实，我们的猜测是正确的。我们不仅可以证明染色体上这些微小的结构单元叫作“基因”，里面携带着多种个体遗传特性，我们还可以区分出某一种基因携带的是哪种具体特性。

当然，就算使用当前最大放大倍数的显微镜，所有的基因看上去也都是差不多的，它们在功能上的差异被隐藏在更深层的分子结构中。

因此，只有通过仔细研究特定植物和动物物种是怎么把不同的遗传特性一代代传承下来的，我们才能找到基因个体“存活的意义”。

我们知道任何新生的生物体，其染色体一半来自爸爸，一半来自妈妈。而父母的染色体也是以一半对一半的比例，分别来自祖父母。由此，我们可能会觉得，孩子只会遗传双方祖父母各一位的染色体。然而事实却不尽然，在某些情况下，双方祖父母四个人的某些特性都遗传给了孙辈。

但这是不是就意味着上述染色体转移的模式是错误的呢？这倒不是，它并没有错，只是说得不够全面。我们还需要考虑一点，就是预留生殖细胞分裂成两个配子，准备开始减数分裂的过程中，染色体对常常相互缠绕，甚至

① 果蝇的染色体比较特别，它比其他生物的染色体大，因此通过显微镜可以轻松观察到染色体的结构。

可能会互换某些部分。图 99a、b 就展示了这种交换的过程，来自父母双方的基因序列混合在了一起，这也就是混合遗传的原因。有的时候（如图 99c 所示）一条叠成了环状的染色体会以另一种方式被分裂成两个，从而打乱了内部的基因顺序（如图 99c 所示，详见附录照片 VB）。

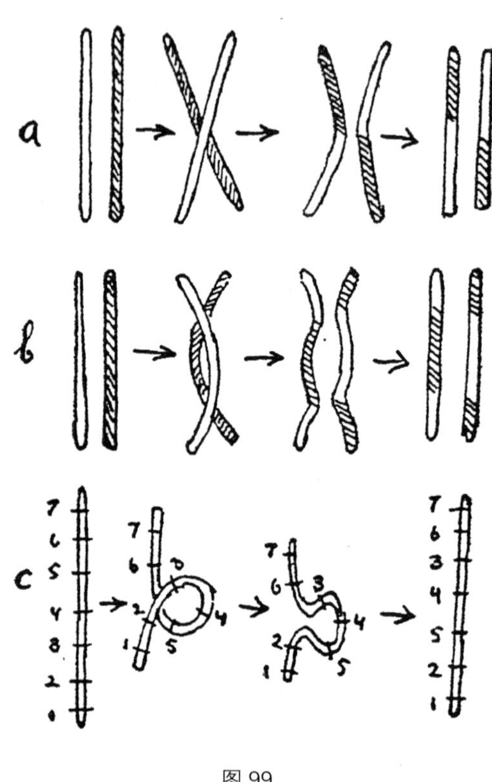

图 99

显然，不管是两条染色体之间，还是一条染色体之间，这种基因的重组都很可能会影响到基因的相对位置，而且越是以前距离较远的基因影响越大。同理，扑克切牌的时候，上半部分和下半部分的相对位置也会改变（同时会使得顶部和底部的牌连到一起），但是只有两张挨着的牌被拆开了。

因此我们发现，在染色体交叉的过程中，如果两个遗传特性几乎总是在一起，便可以得出结论：其相对应的基因是挨在一起的；反过来，在这个过程中相互独立的特性一定在染色体上离得很远。

根据这些研究推理，美国基因学家托马斯 · 亨特 · 摩尔根（Thomas Hunt Morgan）和他的学派成功确定了在果蝇染色体中确切的基因顺序，并将这一成果运用到他们的研究之中。图 100 展示了果蝇的 4 条染色体中不同特性的基因分布情况。

图 100 绘制的是果蝇的染色体，通过仔细详尽的研究，当然也可以绘制出包括人类在内的更复杂动物的示意图。

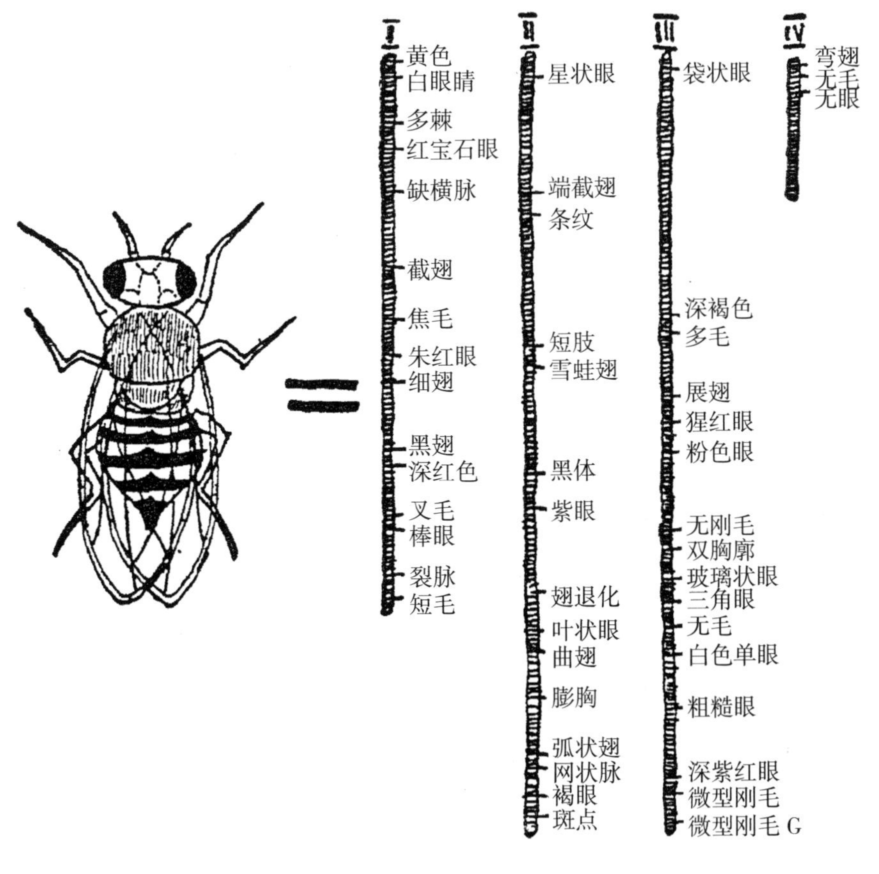

图 100

3. 基因——“活分子”

通过一步一步地分析生物体极为复杂的结构，我们似乎找到了生命最基本的单元。实际上，通过上面的内容，我们已经知道整个生命的发展过程，以及几乎可以说成：物体具备的所有特性都是由其深藏在细胞中的一套基因决定的。我们甚至可以说：每一种动物或者植物都是围绕其基因生长的。如果可以做一个简单的物理学类比，我们可以把基因和生物体之间的关系，比作原子核和大块无机物之间的关系。在这里，特定物质几乎所有的化学和物理属性都是由其原子核的基本性质决定的，同时原子核又能告诉我们电子的数量。比如说，携带 6 个基本电荷的原子核肯定被 6 个电子包裹着，由此，组成的原子也会倾向于排列成规则的六边形，形成一种极为坚硬的、高折射率的晶体，也就是我们所说的钻石。同理，分别带有 29、16 和 8 个电荷的一组原子核形成的原子也会连在一起，形成一种质地较软的蓝色晶体——硫酸铜。当然，哪怕是最简单的生物体也比晶体要复杂得多，但是这两种情况下都有一种典型现象，就是微观核心的细节决定了宏观组织。

那么，从香气四溢的玫瑰到体型硕大的大象，这种决定生物体所有特性的核心有多大呢？只要用普通的染色体的体积除以其所含的基因数量，我们就能轻松地找到问题的答案。通过显微镜观察，染色体的平均厚度为千分之一毫米，也就是说，它的体积是 10^{-14} 立方厘米。然而经繁殖实验表明，一条染色体携带着几千种不同的遗传特性，通过计算黑腹果蝇的巨大染色体上横着的暗条（每个暗条代表一个独立的基因），我们也可以直接得出这个数字[①]（详见附录照片 V）。把染色体的体积除以单独基因的数量，我们就发现一个基因的大小还不到 10^{-17} 立方厘米。由于原子的平均体积是 10^{-23} [约 $(2\times10^{-8})^3$] 立方厘米，我们可以得出结论：每个独立的基因大约是由 100 万个原子组成的。

我们还可以估算出人体内的基因总质量。我们在之前讲过，一个成年人的身体由 10^{14} 个细胞组成，而每个细胞又含有 46 条染色体。因此，人体内染色体的总体积约为 $10^{14}\times46\times10^{-14}\approx50$ 立方厘米，并且由于生物体的密度和水差不多，这些染色体的重量一定超不过 2 盎司。而正是这种小到可以忽略不计的“组织核心”，其周围构建起了复杂的“封套”，形成了重量是其几千倍的动物和植物。这些核心“从内部”决定着生物体每一步的成长、每一个结构特征，甚至大部分的行为。

但是，基因到底是什么呢？难不成我们要把基因看作一种复杂的“动

① 正常染色体非常小，用显微镜难以观察到单独的基因。

物”，并且还能继续将其细分成更小的生物单元？答案肯定是不能。基因是生物最小的生物单元。同时，尽管我们很确定生命和非生命相区别的所有特性都在基因上，但也很有把握地说，基因和复杂分子（比如蛋白质分子）紧密相关，它们都遵循着一般的化学定律。

换句话说，似乎生命和非生命之间缺失的链条就是基因。而基因就是我们在本章开头所说的“活分子”。

确实，一方面基因稳定性强，可以在几千代的传承里携带特定物种的特性，而不会有任何偏差；另一方面，基因所包含的独立原子的数量相对较少，我们只能把基因想成是一种设计好的结构，里面的原子和原子团都在预设的位置上待着。我们知道基因的不同特性决定了生物体多种多样的特征，那么，这些基因的特性也就可以理解成是由其内部结构中原子的不同分布导致的。

让我们举一个简单的例子。爆炸性材料 TNT 在两次世界大战中都扮演着重要角色。一个 TNT 分子由 7 个碳原子、5 个氢原子、3 个氮原子和 6 个氧原子组成，并按照下式排列：

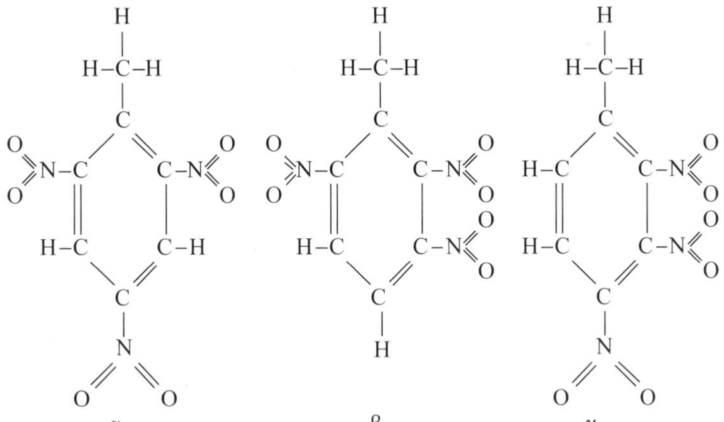

α　　β　　γ

3 种排列方式的不同区别在于$\mathrm{N}\begin{smallmatrix}\mathrm{O}\\ \mathrm{O}\end{smallmatrix}$原子团与碳环的连接方式，不同方式产生的材料分别是 α TNT、β TNT、γ TNT。这 3 种物质都可以在化学实验室中合成。它们都具有爆炸性，但是在密度、溶解度、熔点、爆炸威力等方面又存在细微的差别。通过常规化学方法，我们可以轻松地改变$\mathrm{N}\genfrac{}{}{0pt}{}{\mathrm{O}}{\mathrm{O}}$原子团的位置，把它从一个点移植到分子中的另一个点，由此就将 TNT 从一种改成了另一种。在化学中，这类的例子很多，并且分子越大，其可产生的种类（同分异构体）也就越多。

如果我们把基因看作一个巨大的分子，里面包含的原子有上百万个，那么在原子内的不同位置上，不同原子团的排列形式也有无数种可能。

我们可以把基因看作是一根长长的链条，上面的原子团周期性重复着，这些原子团上同时还有其他原子团，就像是一条迷人的手链上面还镶嵌着吊坠。如今生物化学飞速发展，我们已经可以画出这种“遗传手链”的示意图。它是由碳原子、氮原子、磷原子、氧原子和氢原子所组成的，叫作核糖核酸。图 101 这幅现实画作（没有氮原子和氢原子）展示了遗传手链中决定新生儿眼睛颜色的一段基因。从这 4 个“吊坠”中可以看出，这个宝宝的眼睛是灰色的。

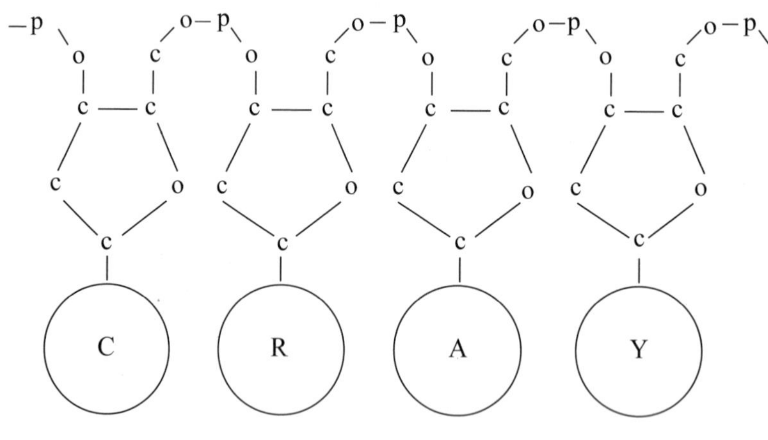

图 101

“遗传手链”的一部分（核糖核酸分子）决定了眼睛的颜色（高度简化图！）

通过改变挂钩上吊坠的位置，我们几乎可以得到无数种分布。比如，有 10 个不同吊坠的“遗传手链”，可以有 $1\times2\times3\times4\times5\times6\times7\times8\times9\times10=3\,628\,800$

种不同的分布方式。

如果有的吊坠是一样的，那么可能的分布数量也会随之变少。因此，若仅仅有 5 种吊坠（每种 2 个），就只有 113 400 种可能。然而，随着吊坠数量的增加，可能性的次数也急剧增长，假设我们有 5 种不同的共 25 个吊坠，那么可能的分布方式将近有 62 330 000 000 000 种！

由此可知，不同“吊坠”在长长的有机分子上许多个“悬挂处”的不同分配方式，有很多种可能性。因此，不管是已知的各种生物体，还是我们想象出来的那些荒诞不经、闻所未闻的动植物，这些不同组合都足以应对。

关于纤维状基因分子上不同特性吊坠的分布有很重要的一点，就是这些基因分布会自发地产生变化，相应地，整个生物体也会跟着有宏观变化。这种变化的主要原因就是一般的热运动，它能像狂风吹树枝一样，带着整个身体内的分子跟着扭曲。当温度足够高，其分子颤动的运动也跟着变强，以至于它们自己都四分五裂了——这个过程叫作热离解（详见第八章）。但是，就算温度很低，分子也还是一个整体，这种热颤动也会导致分子内部结构的变化。比如，我们可以假想，分子弯曲到某种形状，挂着的吊坠的另一头靠近了分子上的另一个点。在这种情况下，吊坠很可能在之前的挂钩上脱落，并连到新的点上。

这种现象叫作同分异构转换[①]，在普通化学相对简单的分子结构中，这种现象也很常见。同时，和其他化学反应一样，它遵循着化学动力学基本定律，即温度每上升 10℃，其反应速率就会提升将近一倍。

但是，由于基因分子的结构太复杂，不管有机化学家怎么努力，还是要一段时间才能研究明白。目前还没有办法通过直接的化学分析来证明这种同分异构转换。然而，从某种角度看，对于基因分子，我们有比实验室里的化学分析更好的办法：如果这种同分异构转换发生在一个雌配子或者雄配子中，而这对配子要发育成新的生命，那么这种同分异构转换会在基因分裂和细胞

① 我们之前讲过“同分异构”，指的是由相同的原子以不同的排列方式组成的分子。

分裂的过程中不断重复，由此产生的动植物也会受到其影响，出现很容易被观察到的宏观特征。

1902 年，荷兰生物学家德弗里斯（de Vries）发现了在基因研究中最重要的成果之一：生物自发的遗传变化会以间断跳跃的方式产生，而这种变化也叫作突变。

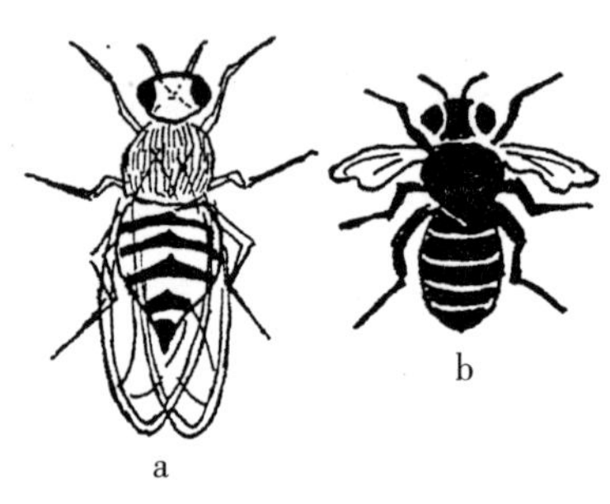

图 102
（a）正常型：灰身体，长翅膀
（b）突变型：黑身体，短（残）翅膀

我们不妨以果蝇（黑腹果蝇）的繁殖实验为例，这个实验在之前已经讲过。野生果蝇的身体是灰色的，还长着长长的翅膀，你随便在花园中抓的果蝇都是这个样子的。然而，如果在实验室中一代一代繁殖这些果蝇，在一段时间后就会生出一只“怪胎型”果蝇，它的翅膀很小，而且通体几乎是黑色的（如图 102 所示）。

重要的一点是，发现这只黑褐色身体、短翅膀的果蝇的同时，你不会发现其他果蝇身体的灰色深浅不同，或者翅膀长短不一。也就是说，从正常到极端［黑身体，短（残）翅膀］之间并没有一个过渡。就好像是规定一样，所有新一代的果蝇（可能有几百只！）身体都是一样的灰色，且其翅膀长度也相同，只有一只（或几只）完全不同。它们不是没有什么实质变化，就是产生惊天巨变（突变）。类似的例子得有几百个，比如说，色盲不一定是遗传，有的时候一个宝宝天生色盲，他的双方父母以及祖上都不是罪魁祸首。不管是这种色盲，还是短翅膀的果蝇，都遵循这种“要么都有，要么都没有”的原则。一个人分辨色彩的能力不存在强一点与弱一点——他要么能完全分得清楚，要么就完全分不清楚。

我们都听说过查尔斯 · 达尔文（Charles Darwin），也都知道新一代的特性变化和物竞天择、适者生存结合在一起，才有了物种进化的持续过程。[①]

① 基因突变的发现给达尔文经典理论带来的变化在于：进化不是像达尔文所说的那样，是持续的小变化，而是不连续的跳跃式的变化。

正是由于进化，几十亿年前的大自然之王——简单的软体动物，才能进化成高等智慧动物，像你一样能看懂这类复杂的书。

从上面讲到的基因分子同分异构变化的角度来看，遗传特性的这种跳跃式的变化其实很好理解。实际上，如果基因分子中决定特性的吊坠改变位置，它要不就待在原地，要不就连接到新的地方，总不能半空悬着。由此就引发了生物特性的这种不连续的变化。

突变的速率其实是由动植物繁殖环境的温度决定的，因此，基因分子同分异构变化引发“突变”的观点就得到了有力的理论支持。事实上，提莫菲也夫（Timoféeff）和齐默（Zimmer）关于温度给突变速率带来影响的实验可以表明：在不考虑周围介质和其他因素带来的复杂情况的前提下，突变和普通分子反应一样，都遵循同样的物理化学基本定律。基于这个重大发现，马克斯·德尔布吕克（Max Delbrück，最初是一位理论物理学家，后来又成了实验遗传学家）提出了一个划时代的观点：分子中的同分异构变化虽然仅仅是物理化学过程，但是和突变这种生物学现象是相同的。

我们可以无休止地讨论基因理论的物理基础，特别是通过在 X 射线和其他辐射所导致的突变研究中的发现，但是，我们讲的已经足够多了，相信你已经确信对于神秘的生命现象，当今科学已经跨出了单靠物理解释的门槛。

在本章节结束之前，我们不能不说到病毒这种生物单元，它似乎代表着自由基因，但其周围并没有包裹细胞。就在不久之前，生物学家仍然相信最简单的生命形式是各种各样的细菌。细菌是一种单细胞微生物，在动植物的活组织中生长、繁殖，有时候会带来各种各样的疾病。比如，通过显微镜研究发现，伤寒症是由一种特殊的杆菌引起的，这种细菌身子特别长，足足有 3 微米长，0.5 微米宽；而引起猩红热的细菌是一种直径为 2 微米的球菌。然而，还有很多疾病的病原体我们是没办法通过普通的显微镜观察到的，比如人类的感冒和烟草的花叶病。因为我们知道，这些“找不到细菌”的疾病和其他普通疾病一样，都是由病体“传染”给健康个体的，而且一旦“传染”上就会迅速扩散到感染者的全身，因此这些病应该和某些假想的生物载体有关，这些载体就是我们说的“病毒”。

最近超显微技术（使用紫外线）的发展，特别是电子显微镜的发明（用电子束取代普通的光线，使得放大倍数大大提高），微生物学家才得以看到之前隐藏起来的病毒结构。

研究发现，所有病毒都是很多单个的粒子，它们的大小差不多，但比细菌要小很多（如图 103 所示）。比如，流感病毒是直径为 0.1 微米的小球，而烟草花叶病毒则是纤细的棍状，长 0.28 微米，宽 0.15 微米。

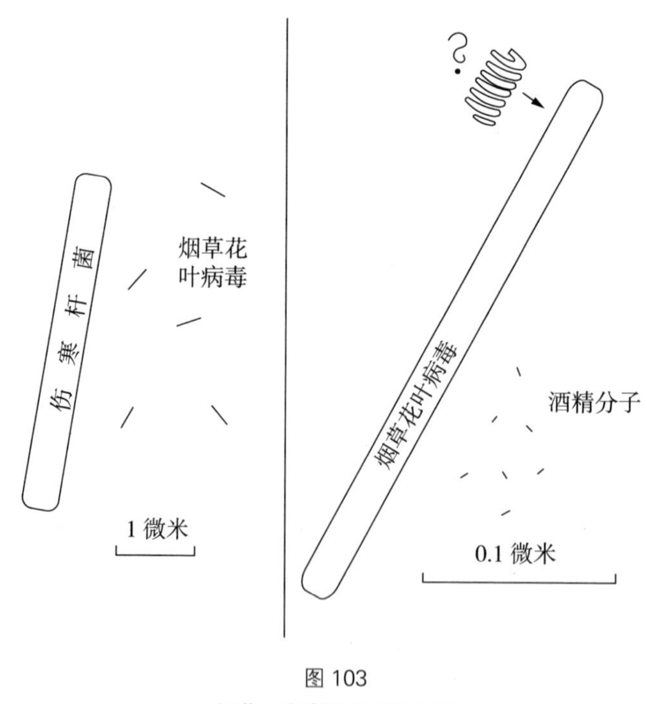

图 103
细菌、病毒和分子的比较

照片 VI（详见附录）为电子显微镜拍出的烟草花叶病毒，这是我们目前知道的最小的生命单元，其原子的直径只有 0.0003 微米。由此，我们能计算出，烟草花叶病毒的宽度上可以排开大约 50 个原子，而轴线上却可以排开 1000 个原子，这样的一个病毒所包含的原子加起来不到几百万个！[1]

这个数字马上让我们想起一个单独的基因所包含的原子数量，两个数字很接近，由此可以将病毒粒子看作是一种“自由基因”，它们不会连接在一起组成长长的群落，即染色体，也不会被大量的细胞原生质包住。

病毒粒子的繁殖过程，似乎确实和细胞分裂中染色体翻倍的过程完全一样：它们的身体沿着长轴方向分裂成两个和原来一样大的病毒粒子。通过图 91 中假想的酒精分子的合成，我们看到了基本的生殖过程。在这一过程中，病毒的复杂分子中沿其长度排列的各种原子团从周围介质中吸收相似的原子团，并将它们按照初始分子的模式排列。排列好后，已经成熟的新分子会从最初的分子上裂开。实际上，似乎这些原始生物并不会有正常的“生长”过程，而新生物完全是在旧生物上“按部分”组装起来的。这种情况就相当于一个人类宝宝在发育过程中是依附母体外部的，而长成之后说走就走（虽然作者很想画图解释，但是这种情况就不放插图了）。不用说，这种繁殖过程必须要在一种特殊的介质中完成。和有自己原生质的细菌不同，病毒只能在其他生物的活性原生质中繁殖，总体上讲，病毒颗粒对“食物”也算是够挑剔了。

病毒的另一个普遍特点：它们也会突变，而且突变的个体也会遵循我们熟悉的遗传定律，把它们新有的特征传给子孙后代。实际上，生物学家们已经成功区分出了同一病毒的不同遗传毒株，进而观察并研究它们的“种族发展”。当新的流感疫情肆虐的时候，我们很确定它们是由流感病毒突变导致的，而且会有新的恶毒特性，而人类对此还来不及免疫。

通过前几页，我们很明确地展示出病毒粒子应该被视为活的个体。我们在这里还可以拍着胸脯说，这些粒子也必须被看作常规的化学分子，因为它

---

① 组成病毒粒子的原子数量实际上可能没有几百万个，因为它们很可能是“中空的”，是由图 101 所示的盘绕着的分子链组成的。如果我们假设烟草花叶病毒是这种结构（如图 103 所示），那么这些原子团都在圆柱体的表面，病毒粒子的数量也就只有几十万个。当然，关于一个基因里的原子数量也存在着同样的争议。

们遵循了所有的物理和化学法则。实际上，我们仅仅通过对病毒材料的化学研究就发现了，某种特定的病毒能被看作是明确的化合物，可以和其他有机化合物（但是并没有生命的）用一样的方式处理，而且病毒粒子遵循不同的置换反应。生物化学家早晚能写出每个病毒的化学结构式，而这只是时间问题，到时候就像写酒精、甘油或者蔗糖的化学式一样简单。但是最令人震惊的还是特定病毒粒子的所有原子都完全一样大。

离开食物供给的介质，病毒粒子会自行排列成类似常规晶体的模式。比如，“番茄丛矮病毒”形成的晶体是很大的菱形十二面体，看上去非常漂亮！这种晶体完全可以放到矿物展示柜中，和长石、岩盐摆在一起也不会逊色。但是一旦被放回到番茄植物中，它们就又变成了一大群鲜活的生命。

最近，加州大学病毒研究所的海因茨 · 弗伦克尔 – 康拉特（Heinz Fraenkel-Conrat）和罗布利 · 威廉姆斯（Robley Williams）在将无机材料合成生物体方面迈出了重要的第一步。通过研究烟草花叶病毒，他们成功将病毒粒子分割成了两部分，每一部分都是复杂的、没有生命的有机分子。很久以前我们就知道这种病毒是长杆状的（详见附录照片 VI），它的中心是一束直的组织材料（我们称之为核糖核酸），外面缠绕着长长的蛋白质分子，就像铁棒外面缠绕着电线的电磁铁。而通过使用不同的化学试剂，弗伦克尔 – 康拉特和威廉姆斯成功地拆分了病毒粒子，将核糖核酸从蛋白分子中分离了出来，同时并没有对它们造成任何破坏。因此，他们在一个试管中得到了核糖核酸水溶液，另一个试管中得到了蛋白分子水溶液。在电子显微镜的照片中，我们只能看到两个试管中不同物质的分子，没有任何生命迹象。

但是，一旦将两种溶液混合，核糖核酸分子就开始相互结合，每束有 24 个，而蛋白分子开始缠绕在它们周围，和实验开始时的病毒粒子如出一辙。当把这些“被分割又被放回一起”的病毒放到烟草植物上时，这些导致花叶病的病毒粒子就好似从来没有分开过。当然，在这个例子中，试管中的化学化合物是通过分解活病毒得到的。它的意义在于，目前生物化学家已经有办法合成核糖核酸和蛋白分子这两种普通化学元素。尽管截止到 1960 年，我们只能实现两种物质较短分子的合成，但是我们深信，随着时间的推移，我们可以用简单的元素制作出和病毒分子一样长的分子。将它们放到一起，就能得到人造病毒粒子。

第四部分

宏 观 宇 宙

第十章　拓宽视野

1. 地球和它的邻居

现在，让我们结束在分子、原子和原子核领域的探索之旅。先回归到现实世界，然后再次启程。这一次，我们将前往一个截然相反的领域，我们将探索太阳、星星、遥远的星云和宇宙边界的秘密。

在研究宏观世界的时候，同研究微观世界时一样，科学的发展会使我们逐渐远离熟悉的日常琐碎事物，开阔我们的视野。

在早期人类的认知中，宇宙是极其有限的空间。那时的人们认为地球是一个巨大而扁平的圆盘，漂浮在环绕着它的海洋上面。下面是深不见底的海水，再往上是天空，是神居住的地方。这个圆盘非常大，容纳当时已知的所有陆地，包括地中海沿岸，毗邻欧洲、非洲和亚洲的部分地区。地球圆盘的北部边缘是由高耸的群山截断的，等夜幕降临，太阳就躲到了山的另一边，并在海洋上休息片刻。 图 104 展现了古人眼中的世界的大致轮廓。但在公元前 3 世纪，在基督出现之前，出现了一个人，他并不认同当时人们对世界这种普遍的认知。他就是古希腊著名哲学家（当时人们称其为科学家）亚里士多德（Aristotle）。

亚里士多德在他的《论天》一书中阐述了这样一种理论：我们的地球实际上是一个球体，一半是陆地，一半是水，并被空气环绕。当时他在论证的时候，用了很多我们时至今日都非常熟悉的观点。他提到，我们可以回想一下船在海平面消失的过程，船身先消失，然后船桅杆看着就像是从水中立起，这说明了海洋表面是弯曲的，而不是平的。他认为，月食一定是由于地球的影子掠过恒星表面遮住了光，而由于这些影子是圆的，所以地球本身

图 104
古时候对世界的认知

也一定是圆的。但在当时，赞同亚里士多德观点的人，可以说少之又少。因为如果他的话是真的，人们实在无法解释，为什么住在地球另一边的人（所谓的对跖点，澳大利亚对美国）可以倒着走而不会从地球上掉下来，或者为什么在对跖点的那些地方的水没有落向天空（如图 105 所示）。

图 105
反对地球是球形的论点

由此你可以发现，当时的人们完全不知道物体下落是受地心引力的影响。在他们的认知中，只有“上”和“下”这两个绝对的方向，并且这两个绝对方向也适用于所有地方。在那时如果你说，人在绕过大半个地球后，“上”可以变成“下”，而“下”也可以变成“上”，这类想法的疯狂程度就如同爱因斯坦相对论中的许多理论在今天的许多人看来是疯狂的一样。当时的人们认为，重物下落并不是因为我们现在所熟知的地心引力，而是由一种所有的事物都会下降的“自然趋势”导致的。所以，如果你冒险走向地球下方的部分，你就会直接坠入蓝天。

反对新思想的声音强烈且持久，人们很难接受新的观点。所以即使是在亚里士多德理论问世差不多两千年后，即到了15世纪，你还是可以看到很多画为了嘲讽地球是圆的这一观点，把对跖点的人们画成头朝地面、身子朝天的样子。伟大的哥伦布（Christopher Columbus）在开始他“寻找新大陆”之旅时，很有可能也并不百分百地确定自己计划的可行性。而事实上，当时由于美洲大陆的突然阻拦，他也并没有到达彼岸的印度。直至著名的费南多·德·麦哲伦（Fernãndo de Magalhães）环球航行之后，关于地球形状这一谜题，才最终被解开。

当人们第一次意识到地球是一个巨大的球体时，会很自然地想问，同当前已知的世界相比，这个完整的地球到底有多大呢？但是，如果不进行一次环球旅行，你如何测量地球的大小呢？所以这对于古希腊的哲学家来说，自然是不可能实现的。

那是不是这样就无解了呢？事实上并不是这样的，公元前3世纪在希腊位于埃及的殖民地亚历山大港，有一位著名的科学家埃拉托色尼(Eratosthenes）就提出了一种测量方法。在尼罗河上游距亚历山大港5000埃及天文单位远的地方，坐落着一座名为西兰尼①的城市。那儿的居民告诉埃拉托色尼，每当春分正午时分，太阳会照在正头顶上，所以地面上并不会产生影子。而埃拉托色尼则发现这样的事情从未在亚历山大港发生过。在亚历山大港，即使是春分正午，太阳跟天顶（正头顶）也会呈7°左右的角，

① 位于今天的阿斯旺水坝附近。

或者 1/50 个圆周。假设地球是圆的，埃拉托色尼给出了一个非常简单的解释，结合图 106，能够帮助您更好理解下面的解释。事实上，由于两个城市之间的地球表面是呈曲线状的，所以，当太阳光垂直落在西兰尼城的时候，必然会以一定的角度照射在更北的亚历山大港。从图中，你还可以看到，如果从地心画两条直线，一条穿过亚历山大港，而另一条穿过西兰尼，那么亚历山大港同西兰尼两地的夹角，同中心至亚历山大港那条线（亚历山大港垂直天顶的线）与太阳光照射所形成的夹角的角度是一样的。因为那个角度是整个圆的 1/50，所以地球的总坐标差应该是这两个城市之间距离的 50 倍，即 25 万个埃及天文单位。一个埃及天文单位等于 1/10 英里（1 英里=1609.344 米），因此，埃拉托色尼的计算结果相当于 2.5 万英里或 4 万公里。事实上，这个数据已经非常接近现代测算的结果了。

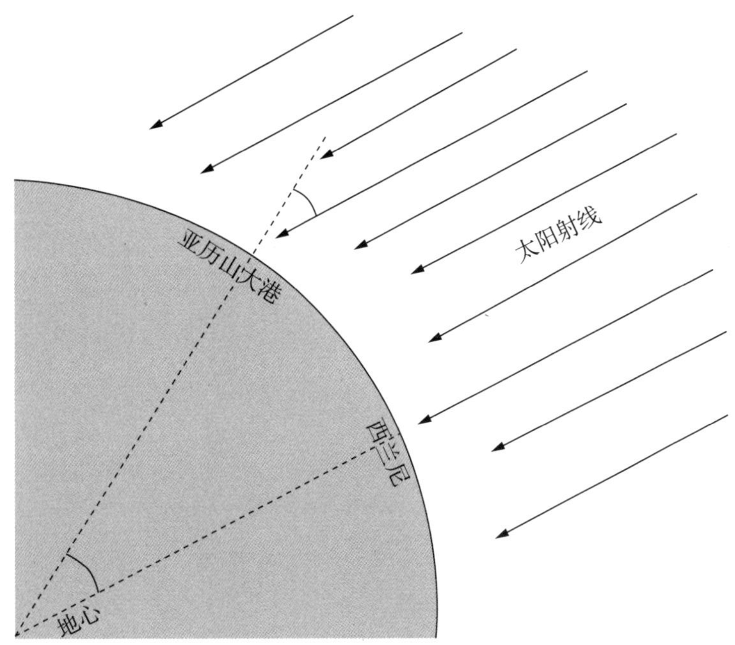

图 106

然而，对地球的第一次测量的重点并不在于所得数字的精确性，而在于认识到地球是如此之大的这一事实。为什么呢？因为这样估计出来的地表面积已经比所有已知的陆地加起来都还要大上几百倍！这是真的吗？如果是真的，那么在我们已知的地域之外的又是什么呢？又是哪里呢？

谈到天文距离，我们首先必须了解所谓的视差位移，或者简称为视差。这个词听起来可能有点吓人，但事实上，视差是一个非常简单且很有用的东西。

我们可以试着通过穿针引线这个例子来了解视差。首先，你可以试着闭上一只眼睛，你会发现线怎么都穿不到针上，要么戳到孔前方，要么会戳到孔后方。只睁一只眼，你很难准确判断孔和线的距离；但如果两只眼睛都睁着，你会发现，给针穿线就变成了一件很容易的事情，至少是一件很容易学会做的事情。当你用两只眼睛看物体时，你会自动地将两只眼睛同时聚焦在物体上。物体离得越近，双眼就向对侧转得越多，而这种双眼视线位置的调整会带来肌肉收缩，这种肌肉的收缩将有益于你更好更准确地判断事物的方位。

现在，当你不用两只眼睛同时看，而是闭上左眼，睁开右眼，再闭上右眼，睁开左眼。你会发现，相对于远处不变的背景（房间里的窗子）来说，你所观察的物体（如针）在视觉上的位置发生了变化。这种效应就是大家所熟悉的“视差位移”。如果你之前从未听说过“视差位移”，那么，你可以结合图 107 中所绘左右眼分别看到的针与窗子的相对位置，加以理解。

物体离我们越远，所产生的视差位移就越小，所以我们可以用它来测量距离。通过弧线的度数来测量视差位移的方法，要比基于眼球肌肉感觉进行简单判断距离的方法更加精确。

但由于两只眼睛瞳孔的距离只有大概 3 英寸，所以眼球能够用来估计的距离范围是十分有限的；对于较远的物体，两眼轴几乎平行，且视差位移极小。为了判断更远的距离，我们需要把两只眼睛之间的距离分得足够大，从而放大视差位移的角度。

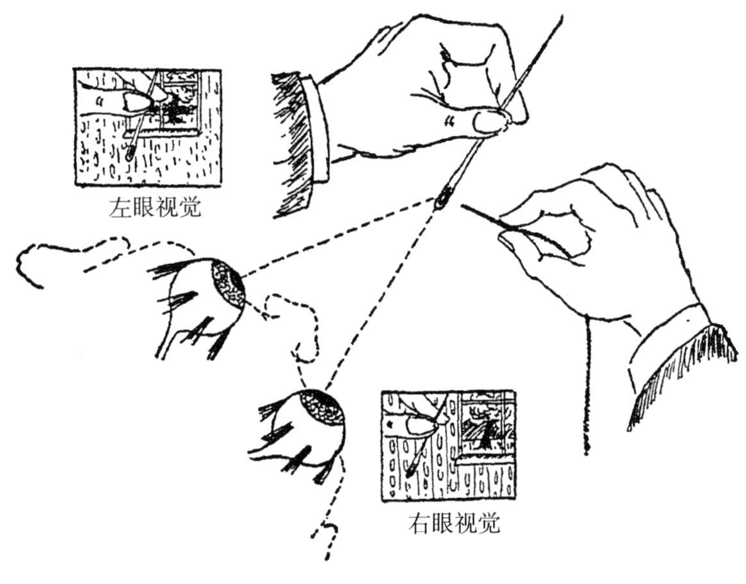

图 107

不要想得太恐怖！拉远双眼距离并不需要动手术，巧妙地运用镜子就可以实现。

图 108 中的装置是在雷达未发明之前，战争中海军常用的探测敌方船只距离的装置。装置的外形为一根长管，内置两面小镜子（A、A′）在两只眼睛前面，另外两块镜子 (B、B′) 在长管的两端。通过这种测距仪，实际上能

图 108

把你左眼的视觉距离拉伸到了 B 端，右眼的视觉距离拉伸到 B′ 端。两眼距离越远，所谓的视觉基础也就更好，你就可以观测更远的距离。当然，海军士兵不仅仅依靠眼球肌肉提供的距离感。为了更精准测量视差位移，测距仪会配备很多特殊的配件和刻度盘等。

即使敌军船只在海平面边缘，海军的测距仪也能很好地测量其与敌方的相对位置。但是这种测距仪却完全无法用于测量天体与天体间的距离，即使是离我们最近的月亮。

事实上，要想以恒星群为背景，通过视差位移原理测量月亮与地球的距离，两眼之间的距离至少要长达几百英里。当然，我们无须为实现一只眼睛从华盛顿方向看向月亮，另一只眼睛从纽约方向看向月亮，而布置专门的光学系统。我们所要做的，就是在这两个城市同时拍摄一张群星围绕的月亮照片。如果你把这两张图片放在一面普通的立体镜中，你会发现，那画面看起来就像月亮悬挂在恒星群背景前面。通过测量两个不同地方所拍摄的月球和周围恒星的照片（如图 109 所示），天文学家发现，从地球直径的两端观察到的月球的视差位移为 1º 24′ 5″。由此得出，月球到地球的距离为地球直

图 109

径的 30.14 倍，即 384 403 公里，或 238 857 英里。

根据这个地月距离和观察到的角直径，我们可以发现，月球的直径只有地球直径的 1/4，而它的地表总面积只有地球的 1/16，大约相当于非洲大陆的面积。

用类似的方法，我们也可以测量地球到太阳的距离，然而由于太阳远得多，所以测量起来就困难得多。天文学家测出地球到太阳的距离大约为 1 亿 4945 万公里 (9287 万英里)，是地球同月球间距离的 385 倍。而也正是因为太阳距离我们如此遥远，所以，在我们看起来，它才和月亮差不多大。事实上，太阳要大得多，太阳的直径是地球直径的 109 倍。

如果将太阳比作一个大南瓜，那么地球就是一粒豌豆，月亮就是一粒罂粟种子，这么一来，纽约帝国大厦就只有细菌那么小了，只有用上显微镜才能一睹其容。在这里，我认为非常有必要给大家介绍一位古希腊的先贤，他名叫阿那克萨哥拉（Anaxagoras），因为曾宣扬太阳是一个火球，和希腊一样大这个观点而被惩罚、驱逐出境，并最终给自己带来了杀身之祸。

天文学家以同样的方法估算出我们星系中各行星同太阳的距离。其中最远的一个，也是最近才发现的，叫作冥王星，它同太阳的距离是地日距离的 40 倍，确切地说，该距离为 36.68 亿英里。①

2. 恒星星系

我们在宇宙中的下一次飞跃将是从行星到恒星，并且这一次依然可以运用视差法。但是我们会发现，即使最近的恒星也是如此遥远，以至于即使是在地球上相距最远的两个观测点（地球相对的两侧），也没有任何显而易见的一般恒星背景下的视差偏移。但是，我们仍有方法去测量这遥远的距离。

① 2006 年，国际天文联合会（IAU）正式定义行星概念。新定义将冥王星排除在行星范围以外，将其归类为矮行星（类冥天体）。——编者注

如果我们使用地球的尺寸去测量地球绕太阳运行轨道的长度，那么为何不可以用地球轨道的长度去测量其到恒星的距离呢？换句话说，是否有可能从地球轨道的两端观测到至少一部分恒星的相对位移呢？当然，这意味着两次观测时间的间隔长达半年，但那又有何不可呢？

秉承这一理念，德国天文学家贝塞尔（Bessel）从1838年就开始对两个相隔半年的恒星的相对位置的观测情况进行比较。最初他运气并不佳，他选的两个恒星相距实在太远，即使以地球轨道直径为基础，也观测不到任何明显的视差位移。但是，瞧，一颗星体出现了：天文学目录中的天鹅座61星（天鹅星座中的第61颗暗恒星），似乎同半年前的位置略有偏差（如图110所示）。

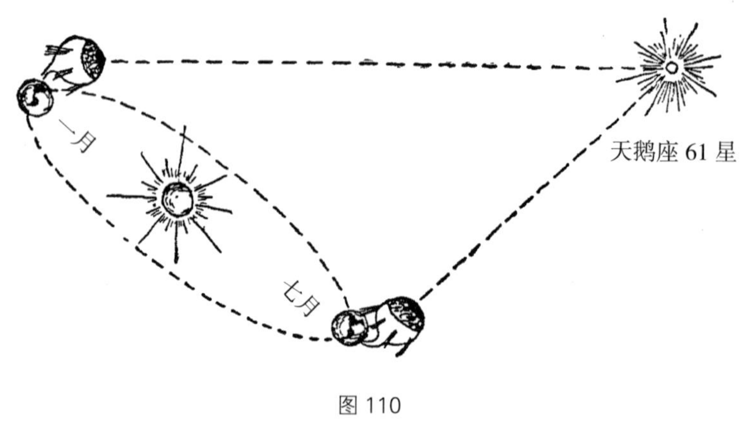

图110

半年后，这颗恒星又回到了其原先的位置。很明显，这就是视差效应。贝塞尔成为凭借尺子度量突破我们所在的古老的太阳系，进入广阔星际空间的第一人。

我们所观测到的天鹅座61星的年位移确实很小，只有0.6角秒。[①] 也就是等于你从500英里外看到一个人时你的视线所张开的角度！但是天文仪器是非常精确的，所以即使是这样的角度也可以被测量出来。贝塞

① 更确切地说是0.600″±0.06″。

尔根据观测到的视差和已知的地球轨道直径，计算出了这颗恒星距地球103 000 000 000 000公里，即比地日距离还要远690 000倍！也许我们对这一数字没有概念，在前文例子中我们说过，如果太阳是一个南瓜的话，那么地球就是一个在南瓜200英尺外围绕南瓜旋转的豌豆，而那颗恒星就在30 000英里外旋转！

在天文学中，我们通常将光以每秒30万公里的速度走过一段距离所用的时间来形容这段距离的长短。光绕地球一周仅需1/7秒，从地球到月球仅需1秒多一点，而到太阳大约需要8分钟；光从距离我们最近的宇宙邻居之一的天鹅座61星到地球需要大约11年时间。如果由于某种宇宙灾难，天鹅座61星的光被熄灭，或者是它突然爆炸（恒星经常发生的情况），那么要在11年后，直到爆炸的光芒穿越茫茫星际到达地球，我们才能从那颗恒星发出的最后一缕光芒中得知一条新闻：有一颗恒星永远地消失了。

根据观测出的天鹅座61星与我们之间的距离，贝塞尔计算出，这颗看似在遥远黑暗的夜空中安静地发着微弱的光芒的星星，实际上是一个巨大的发光体。而它的体积只比我们光彩夺目的太阳小30%，光也只比太阳暗一点点。这也成为哥白尼此前首次提出的革命性想法的第一个直接证据，即我们的太阳只是散布在无限空间中且彼此间隔遥远的无数恒星之一。

继贝塞尔之后，又有很多恒星的视差位移被测量出来。其中一些恒星比天鹅座61星更靠近地球，最近的就是半人马α星（半人马星座中最亮的恒星），它距离我们只有4.3光年，它的大小和光度与我们的太阳非常相似。其余大多数恒星距离我们很远，以至于即使以地球轨道直径作为测距基线也无法测算出视差。

人们还发现，恒星们的大小和光度相差很大。例如比太阳大400倍，明亮3600倍的参宿四这类的发光巨星（距地球300光年）；还有像直径是地球的75%，亮度只有太阳万分之一的范马南星（距地球13光年）这样的暗矮星。

现在我们来探讨另一个重要的问题，就是现存的恒星究竟有多少颗呢？

大多数人（其中可能就包括你）都相信没人能数清天上的星星。但是，正如真理总是掌握在少数人手中一样，这一大多数人都相信的观点其实是错误的，至少就我们肉眼可见的恒星而言。事实上，在地球的南北两个半球上能看到的恒星数量仅有 6000—7000 颗，又因为不管何时何地，我们都只能观测到一半的天空，并且近地表的光线在穿进大气层时，有大部分都被吸收了，所以即使是在一个晴朗无月的夜晚，肉眼可见的恒星数量也只有 2000 颗左右。因此，只要勤勉地以每秒 1 颗星的速度计数，你应该大约半小时就可以将其全部数完！

但是，如果使用双筒望远镜，你就能够多看到约 50 000 颗恒星，而 2.5 英寸口径望远镜能让你多看见 1 000 000 颗恒星。著名的加利福尼亚州威尔逊山天文台（Mt.Wilson observatory）的 100 英寸口径望远镜能让你看到大约十亿颗恒星。也就是说，从黄昏到黎明，如果每天以每秒 1 颗星的速度计数，天文学家要花费大约一个世纪，才能将它们全部数清！

但是，当然了，没人会尝试通过大型望远镜来一一数清所有可见的恒星。我们给天空分区，通过计算若干区域面积可见恒星数量取平均值，并将之应用到整个星际，来估算天空星星总数。

一个多世纪以前，英国著名的天文学家威廉·赫歇尔（William Herschel）在用自制的大型望远镜观测天空时，惊讶地发现了一条由大多数肉眼看不见的恒星组成的横穿夜空的微弱发光带（即星河）。多亏了他，天文学界才认识到星河并不是普通的星云，也不是遍布整个空间的气体云带，而是由相距甚远，并且光非常微弱的众多恒星构成的，因此我们的眼睛无法识别它们。

通过功能越来越强大的望远镜，我们已经能够看出星河中越来越多的独立恒星，但它们中的大部分看起来仍处在朦胧的状态中。然而因此就认为星河中的恒星分布比天空中其他地方都更密集的想法也是错误的。事实上，并非恒星在这个方向上分布更密集，而是在此方向分布延伸得更远，才使这一区域看起来似乎比天空中其他地方的星星更多。顺着星河延伸的方向，我们在目之所及之处皆可看到恒星（在望远镜的帮助下）。但是在其他方向，星星并没有延伸到视野尽头，在视野之外，我们所能看到的几乎是一片虚无。

沿着星河的方向看去，我们仿佛身处密林，其中树木枝杈交错重叠，连绵不断；而在其他方向上，我们却能看到星星间空白的区域，就像在林中抬头，透过树的枝丫所看到的头顶斑驳的天空。

因此，太阳作为恒星系统中一个微不足道的成员，在太空中以扁平的形状在星河中水平延伸了很长的距离，而在垂直于银河系的方向上则相对较薄。

一项几代天文学家的研究表明，我们的银河系系统包括约 40 000 000 000 颗独立恒星[①]，它们分布在直径约 100 000 光年、厚约 5000—10 000 光年的透镜状区域内。这项研究还表明，我们的太阳并不处在这个巨大的恒星系统的中心，而是更接近它的边缘，宇宙真是给了我们人类的骄傲一记响亮的耳光。

在图 111 中，我们试图向读者展示这巨型星体蜂巢的外观。顺便说一下，我们还没有提到过星河系统，用更科学的语言说应该是银河系(Galaxy，当然是拉丁语)。由于印刷的原因，图 111 中的银河系只有它实际大小的一万亿亿分之一，代表恒星的点的数量也远达不到 400 亿。

形成银河系的巨大恒星群的最大特征之一就是，像我们的太阳系一样，它处于快速旋转的状态。正如金星、地球、木星和其他行星沿着近圆轨道围绕着太阳运行一样，组成银河系的数十亿颗恒星也围绕着银河系中心转动。这个银河系中心位于射手座（人马座）方向，实际上，当你沿雾状的银河系穿过天空，你会发现越接近这个星座，银河系就越宽。这表明，你正在看向透镜中央较厚的部分（图 111 中的天文学家正在朝这个方向看）。

银河系的中心看起来是什么样的呢？我们无从得知，因为它不巧被太空中浓厚的星际暗物质遮挡了。实际上，如果你望向射手座方向比较宽的银河

① 根据天文学家的最新观测数据，银河系内的恒星数量在 1500 亿—4000 亿颗。——编者注

图 111

一个天文学家正在观察着缩小了 100 000 000 000 000 000 000 倍的银河系，天文学家的头部所在的位置大约就是太阳所在的位置

系[①]，你首先会想，这就像神话中被分成两条“单行道”的天河。但其实它并不是一个分支，而这种错觉仅仅是因为处在我们与银河系中心之间的星际尘埃和气体乌云遮挡了视线。因此，银河系两边的黑暗是因为它是空白空间，而中间的黑暗却是由不透明的暗云产生的。中央暗区中的几颗星实际上是位于地球与黑云之间的（如图 112 所示）。

诚然，遗憾的是，我们无法看到太阳和数十亿颗其他恒星都在围着旋转的神秘银河系中心。但是，从某种意义上说，我们可

图 112

如果我们将目光投向银河系中心，乍一看就像神话般的天路分成两条单行线

① 初夏晴朗的夜晚是最好的观测时间。

以通过观察散布在远远超出我们银河系最外层极限空间中的其他行星系统或星系，来推测出它的样貌。这个中心并不像太阳统治着太阳系中其他行星那样，有一个超级巨星统治着整个星族。对其他星系（我们将在稍后进行讨论）中心部分的研究表明，它们也由众多大质量的恒星组成，唯一的区别在于，那里的恒星要比太阳所在的星系外缘的恒星更加密集。如果将我们的行星系统视为由太阳统治的专制国家，那么星河就可以看作一个民主国家。在这里，有些成员占据了有影响力的中心位置，而另一些成员则不得不谦恭地待在政治边缘区。

如上所述，所有恒星，包括我们的太阳，都围绕银河系的中心大圆旋转。如何证明这一点？这些恒星的轨道半径是多少，以及绕一周又需要多长时间呢？

这些问题早在几十年前就由荷兰天文学家奥尔特（Oort）回答了。他所使用的观测银河系的方法与哥白尼发明的用于观测太阳系的方法非常相似。

让我们先来回忆一下哥白尼的观点。古巴比伦、古埃及以及其他文明的古人就已经发现，土星或木星这样的大行星似乎以某种独特的方式在空中运行。它们似乎会像太阳一样，沿着椭圆形轨道前进，然后突然停下来向后移动，接着，在第二次反向运动之后，继续沿原先的方向前进。在图 113 的下部，我们展示了土星在两年间的大致运行轨迹（土星绕日周期为 29.5 年）。由于宗教的偏见，过去的人们认为地球是宇宙的中心，并且所有行星和太阳本身都被认为是绕地球运动。因此，对于上述特殊的运动，人们只能假设：行星轨道是非常特殊的形状，且上面有许多小环。

事实证明，哥白尼更有头脑，他以天才的洞见解释了这神秘的循环现象：地球和所有其他行星都只是围绕着太阳在做简单的椭圆运动。在仔细研究图 113 顶部的示意图之后，就可以轻松地理解这种对环形效应的解释。

太阳位于中心，地球（小球体）沿较小的椭圆运行，土星（有星带）沿着较大的圆与地球同向运行。数字 1、2、3、4、5 分别代表地球在一年中的不同位置，而从土星的相应位置可以看出土星的移动要慢得多。由地球不同

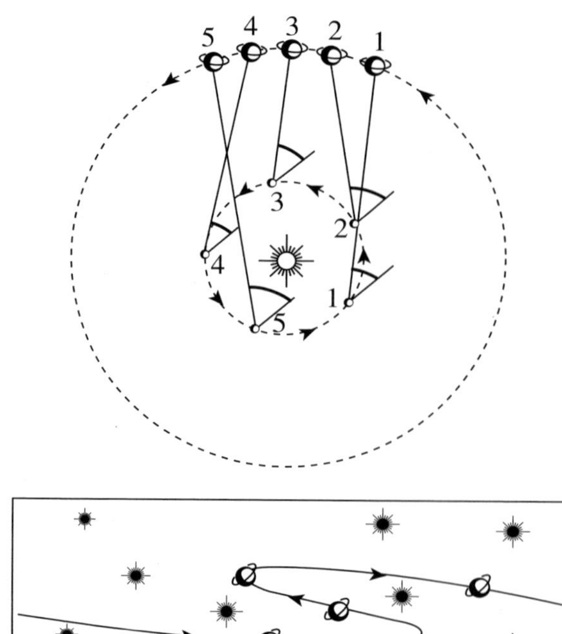

图 113

位置射出的垂线代表某个固定恒星的方向。通过绘制从地球各种位置到相应的土星位置的线，我们可以看到这两条线（朝向土星和固定恒星）所形成的角度先增大，再减小，随后又增大。因此，看似成环的现象并不能代表土星的运动有任何特殊性，而是由于我们在运动的地球上从不同角度观察也在运动中的土星的结果。

仔细观察图 114 之后，就可以理解奥尔特有关星系中恒星圆周运动的论点。在图片的下部，我们可以看到银河系中心（几乎都是暗物质！）周围有众多恒星遍布整个区域。3 个圆环代表了距中心不同距离的恒星轨道，中央的圈就是太阳运行的轨道。

让我们看这 8 颗恒星（用射线标记，以与其他点区分），其中两颗在与太阳相同的轨道上做同向运动，但一颗略微靠前，另一颗则稍落后于太阳，其他恒星位于稍大和稍小的轨道上，如图 114 所示。但我们需要留意的是，由于万有引力定律（参阅第五章），外层恒星的速度慢于太阳轨道上的恒星，而内层恒星的速度则更快（在图中分别用不同长度的箭头表示）。

如果从太阳或是从地球上观测，这 8 颗恒星的运动轨迹又会是什么样呢？我们在这里谈论的是恒星沿观测者视线方向的运动，通过多普勒效应[①]

① 见第十一章第三部分多普勒效应的内容。

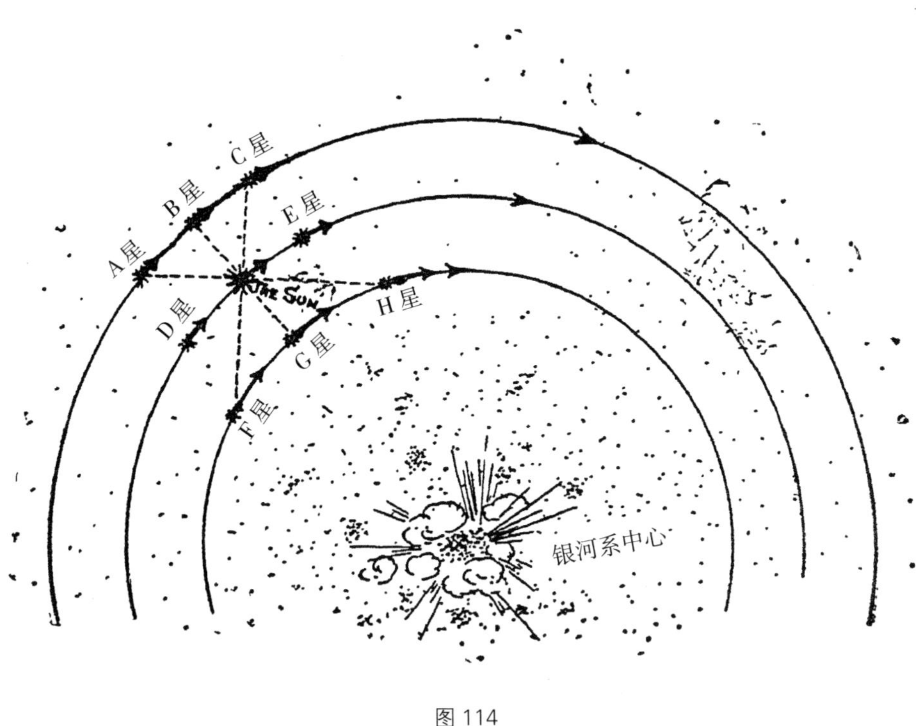

图 114

可以很方便地观察。首先，很显然，与太阳同轨同速的两个恒星（标记为 D 和 E）对于太阳（或地面）观察者来说似乎是静止的；另外两颗恒星（B 和 G）也是如此，因为它们与太阳平行移动，因此沿视线观测不到它们的速度。

那太阳外圈的恒星 A 和 C 呢？从图 114 中我们可清晰看出，由于它们的移动速度都比太阳慢，因此可以得出结论：恒星 A 会渐渐落后于太阳，而恒星 C 正被太阳逐步赶上。因此太阳距恒星 A 将会越来越远，而距恒星 C 则越来越近，并且来自两颗恒星的光则会分别显示出红色和紫色多普勒效应；对于内圆上的恒星 F 和 H，情况则会相反，对于 F 会有紫色的多普勒效应，对于 H 则是红色的多普勒效应。

假设刚刚描述的现象仅能由恒星的圆周运动引起，那么这一圆周运动的存在不仅可以使我们证明这一假设，还可以帮我们估算出恒星的轨道半径和运行速度。通过收集天空中恒星运动的观测材料，奥尔特能够证明预期的红色和紫色多普勒现象确实存在，进而可以证明银河系的旋转是毫无疑问的。

用类似的方法还可以证明：银河系的自转将影响垂直于观测者视线的恒星的视觉速度。尽管这一速度的精确测量是很大的挑战（因为即使遥远恒星的线速度非常大，对于地球上的观测者来说，也是极小的角位移），但奥尔特等人还是观测到了这种影响。

现在，通过精确测量恒星运动的奥尔特效应，就可以测量恒星的轨道大小并确定其运行周期。使用这种计算方法，我们知道了以射手座（人马座）为中心的太阳轨道半径为 30 000 光年，即整个银河系轨道半径的 2/3。太阳围绕银河系中心运行一个完整圆所需的时间约为 2 亿年。这时间是相当长的，但是请别忘了我们的银河系已有 50 亿年历史了。我们还发现，截至目前，我们的太阳及其行星家族已经完成了 20 多次完整的旋转周期。如果按照“地球年”的说法称太阳旋转周期为“太阳年”，我们可以说我们的宇宙只有 20 多岁。确实，在恒星世界中，事情进展似乎十分缓慢，而太阳年对于记录宇宙历史可以说是一个很方便的单位了！

3. 向未知的极限进发

正如我们上面所提到的，我们的星系并不是唯一一个漂浮在浩瀚宇宙中的恒星社会。望远镜技术的不断进步，揭示了在遥远的宇宙中，有很多与银河系非常相似的巨大恒星群。其中离我们最近的，是著名的仙女座星云，甚至用肉眼就能看到。在我们看来，它就是一个微小又细长的星云带。威尔逊天文台的大型望远镜曾拍下过这样两张图片：一张是从后发星座边缘横拍的星云图像，一张是从大熊星座上方从上往下拍摄的图像。通过观察这些图片我们可以发现，作为银河系特有的透镜形状的一部分，这些星云具有典型的螺旋结构，因此它们又被称为“旋涡星云”。[①] 有许多迹象表明，我们身处

① 银河系是棒旋星系而不是一个普通的旋涡星系，2005 年斯皮策空间望远镜的观测证实了这一点，这表明银河系中心的棒比之前预想的还大。——编者注

的银河系也是旋涡结构，但当你身处其中时，能做的只有推测，想下定论，就很困难了。事实上，我们的太阳很有可能位于“银河系大星云”旋臂的末端。①

在很长一段时间里，天文学家都并没有意识到，这种螺旋星云同我们所处的银河系类似，是一个巨大的恒星系统。他们将它与普通的弥漫星云（如猎户座）混淆，弥漫星云指的是那些悬浮在我们银河系恒星之间巨大的星际尘埃云。然而，后来人们发现，这些模糊的螺旋状物体根本不是雾，而是由不同的恒星组成的，当被最大限度放大时，可以看出它们每个都是微小的独立的点。但由于它们距离地球实在太远，所以用视差测量的方法无法测出实距。

这样看来，我们似乎已经到达了能测量天体距离的极限。但是没有！在科学上，当我们遇到无法克服的困难时，停滞往往只是暂时的。因为总有一些新事物、新发现会帮助我们重新踏上征程，走得更远。在这种情况下，哈佛天文学家哈洛·沙普利（Harlow Shapley）在所谓的脉动恒星，或者说造父变星（Cepheid variable star）②中，发现了一把“新尺子”，可以测量恒星距离。

天上的恒星数不胜数。虽然它们中的大多数都只是在天空中静静地发光，但也有一些星星在有规律地从明到暗，从暗到明。这些巨大的恒星像心脏一样有规律地跳动，它们的亮度也会随着这种跳动发生周期性的变化。③恒星越大，它的脉动周期就越长，就像长钟摆挥一下的时间要比短钟摆长是一个道理。所以，小一点的行星（这里说的是恒星）可能用几个小时，就能完成一个脉动周期，但巨型行星可能需要数年才能完成一次脉动。由于恒星越大其亮度也就越亮，所以我们可以发现在恒星的

① 天文学家的研究证明，太阳系位于猎户臂的螺旋臂的内侧边缘。——编者注

② 根据仙王座 δ（β-Cephei）命名。它是一类高光度周期性脉动变星，也就是其亮度随时间呈周期性变化。天文学家首次在造父变星上发现了脉动现象。

③ 千万不要把脉动的恒星和食双星搞混了。食双星是一种双星系统，两颗恒星互相绕行并交互通过对方，造成双星系统的光度发生周期性的变化。

脉动周期和恒星的平均亮度之间存在着明显的相关性。这种二者之间的相关性可以通过观测造父变星来被证实，造父变星离我们非常近，它同地球的距离和该星球的实际亮度都可以直接进行测量。

如果你现在发现一颗跳动的恒星超出了视差测量的极限，你所要做的就是通过望远镜观察这颗恒星，观察它的脉动周期所消耗的时间。当你知道了该恒星的脉动周期后，你就能够知道它的实际亮度，拿它的实际亮度同现在的表观亮度进行比较计算，你就能够很快得出该恒星同地球间的距离。沙普利（Shapley）正是通过这种方法，测算出了银河系内那些非常远的距离；同时用这个方法测量银河系大小也非常方便。

当沙普利用同样的方法测量嵌在仙女座星云中的几颗脉动恒星到地球的距离时，他得到了一个巨大的惊喜，其结果令他大吃一惊：从地球到这些恒星的距离，当然，也可以说是地球到仙女座星云的距离，竟然有 170 万光年。也就是说，比银河系的估计直径要大的多得多。也就是说，仙女座星云的直径只比银河系小一点点。威尔逊天文台观测到的后发座螺旋星云和大熊座螺旋星云则离我们更远，它们星系的直径同仙女座差不多。

这一发现彻底推翻了“螺旋星云是位于银河系相对较小的存在”这一假设，并且证实了螺旋星云是同我们所处的银河系十分类似的存在，螺旋星云是由恒星组成的独立星系。现在天文学家们也会赞同这样一种观点：如果仙女座星云中数十亿恒星的某一颗上有一个观察者正在望着我们的银河系，那他眼中银河系的样子，应该跟我们眼中仙女座星云的样子差不了多少。

能对这些遥远的恒星群做进一步研究，我们要感谢威尔逊天文台的星系观察者——E. 哈勃博士（E.Hubble），正是他的观察和发现，为我们揭示了许多有趣和重要的事实。结果表明，用一台好的望远镜观察到的星系，要比裸眼看到的行星还要多。星系不一定都是螺旋形的，而是呈现出千变万化的形状，有些星系呈球形，它们看起来就像边界外扩的光盘；还有不同方位延伸不太均衡的椭圆星系，螺旋本身会因“缠绕紧密程度”不同呈现不同形状；还有一些形状非常奇特的，被我们称为“棒旋星系”。

在观察的过程中，有一个很重要的发现，那就是，不管所观察到的银河系如何千变万化，都可以按一定规律把它们排列起来（如图 115 所示）。根据它们星系呈现的形状，为它们找到它们所处的星系演化阶段。

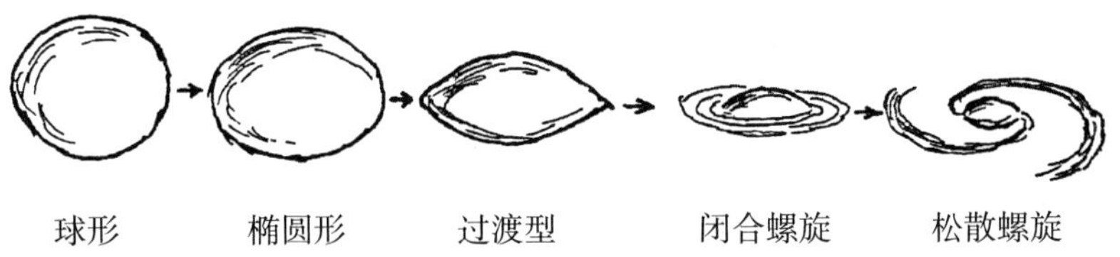

图 115
星系演化的不同阶段

虽然我们可能并不了解星系演化的具体过程，但也大概能猜到这是一个渐进收缩的过程。众所周知，当一个缓慢旋转的气体球遭受持续的收缩挤压，它的转速就会提升，形状就会慢慢变成扁平的椭球。当收缩到其半径是赤道半径的 7/10 时，该旋转体就会呈现透镜状，在其边缘会形成一道棱线。进一步的引力并不会改变透镜的形状，但是形成旋转物体的气体开始沿着赤道边缘流向四周，看起来像是给赤道平面蒙上了一层薄薄的面纱。

英国著名的物理学家兼天文学家詹姆士·金斯（James Jeans）爵士已用数学方法证明了上述关于旋转气体球的所有论述，并且这些理论在我们所说的巨大星云，也就是星系上也同样适用。事实上，我们可以把数十亿颗恒星的聚集看作是一团气体，而其中的一个恒星，就是组成气体的一个分子。

通过对比詹姆士的理论计算和哈勃对星系的经验分类，我们发现，这些恒星群落完全遵循理论中所描述的银河演化过程。而且我们发现，最细长的椭圆星系的极半径与赤道半径比为 7 ： 10，而这再往后，赤道就会出现明显的棱边。星系的后期演化显然是受快速旋转所喷射出的物质所影响，尽管到目前为止，关于螺旋为什么形成、如何形成以及是什么导致了简单旋涡星系和棒旋星系之间的差异这些问题，我们还是无法给出完美全面的解释。

对于银河系中恒星的结构、移动及内部组成，我们还有很多需要深入学习和了解的。例如，几年前，一位名叫巴德（W.Baade）的天文学家就在威尔士天文台观测到了一个很有趣的现象：虽然旋涡星云、球状星云和椭圆状星云的内核是同一种恒星类型，但旋臂却出现了一种截然不同的恒星群。

这种“旋臂”类型的恒星群，与中心区域的星群又有很大不同，这种恒星非常炽热又非常明亮，被称为“蓝巨星”。这种恒星在中心区域以及在球形和椭圆形星系中都是找不到的。随后，在第十一章中我们将有机会了解到“蓝巨星”很有可能代表的是那些最近形成的恒星，所以可以合理地推测，旋臂就像是新恒星群的繁殖地。我们可以做这样的想象：从收缩的椭圆星系赤道的隆起部位喷射出的大部分物质都是由原始气体形成的，当这些原始气体进入寒冷的星际空间后，就会凝结成单独的大块物质，然后通过随后的收缩，就会变得又热又亮。

在第十一章中，我们将再次探讨恒星诞生及其发展过程，但现在我们从总体的层面上考虑一下，在浩瀚的宇宙中各个星系的分布情况是什么样的。

首先我必须在这里声明：虽然通过脉动恒星来测量银河系与其周边一些星系的距离取得了不错的结果，但当我们想用其探寻宇宙更深处的时候，这种方法也就不再可用了；因为我们在这里需要测算的距离已经远到即使使用功能最强大的望远镜也很难分辨各个行星，星系也看起来像微小的细长星云。同行星不同，所有类型的星系都差不多大小，所以如果太远的话，也就只能通过可见尺寸辨别星系的大小了。就好比如果所有人的身高都相同，没有巨人也没有矮子，你就可以通过观察一个人的身高来判断这个人离你是远还是近。

哈勃博士用这种距离估计方法，不仅估算了遥远星系同地球的距离，而且还证明了在肉眼可见的范围内，星系大致是均匀分布的。我们说“大致均匀”是因为在许多情况下，星系团有时包含成千上万的成员，同恒星在星系中的聚集方式类似。

我们所居住的银河系，显然只是一个相对较小的星系群的成员，该星系群由3个旋涡星云（包括银河系和仙女座星云）、6个椭圆星云和4个不规则星云（其中两个是大小麦哲伦星云）组成。

然而，除了这种偶然的星云集群之外，我们通过帕洛玛山天文台200英寸的望远镜看到，各星系在10亿光年的距离内相当均匀地分散在太空中。两个相邻星系之间的平均距离约为500万光年，而宇宙的可见视野范围内包含了大约几十亿个独立的恒星世界！

在先前的比喻中，我们把帝国大厦比喻成一个细菌，把地球比喻成一个豌豆，把太阳比作一个南瓜，就这个比喻来看，银河系就像是几十亿个大致分布在木星的轨道内的南瓜组成的南瓜群，还有大大小小单独的南瓜团被分散在一个半径仅仅比离其最近的恒星半径小一点的球状体中。是的，要找到衡量宇宙距离的合适尺度是非常难的，所以，即使我们把地球比作一粒豌豆，已知的宇宙大小依然是一个无法表达的天文数字！结合图116我们将向您解释天文学家们是如何一步步地探索宇宙距离的，从地球到月球，到太阳，到星星，到遥远的星系，最后延伸到未知的极限。

现在是时候正面回答一下宇宙到底有多大这个问题了。我们到底应该视宇宙为有限的还是无限的？如果科学家坚持不断探索，宇宙是否能做到无穷无尽、永远地向天文学家展现自己全新的和未被探索的空间？还是我们应该相信，宇宙虽然广阔，但确实是有限的，至少理论上，我们是有机会探索完全部恒星的？

我们在谈宇宙是“有限大小”这个可能性的时候，并不是说，太空探索者在数十亿光年之外的某个地方会遇到一面空白的墙壁，墙上贴着“请勿侵入”的告示。

事实上，在第三章我们就提到过，空间可以是有限但却不一定受边界限制的。它可以简单地绕一圈，然后“自我闭合”。基于这种理论，假设一个太空探索者，试着把他的火箭飞行器尽可能地保持直线，想飞到宇宙的尽头，但实际上则是会在太空中描出一条测地线，然后回到他开始的地方。

当然，这种情况与古希腊一名探险家所遇到的情况十分相似，他从故乡雅典向西出发旅行，经过一段漫长的旅途后，发现自己回到了雅典的东

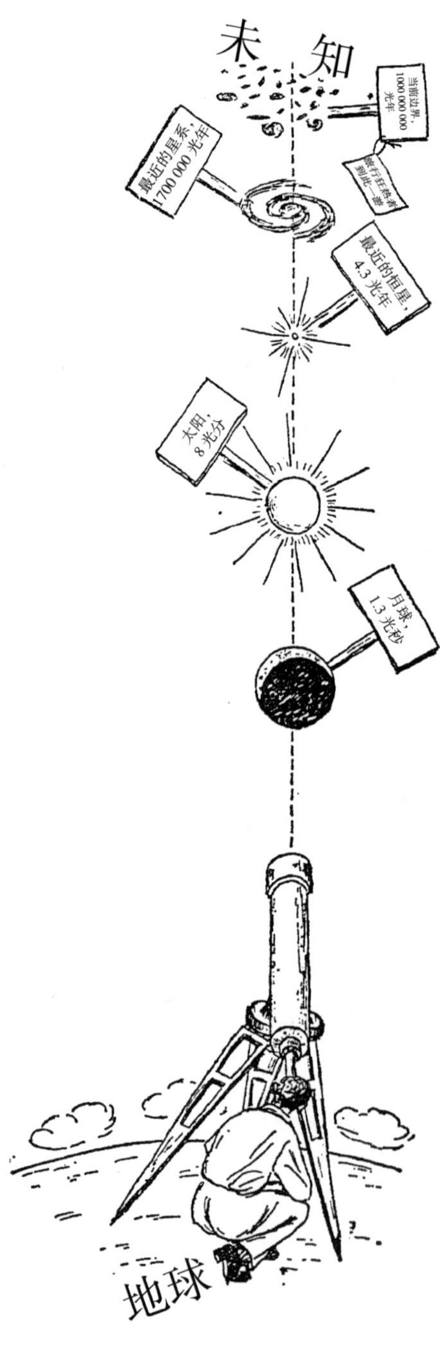

图 116
宇宙探索的里程碑，光年丈量的天体距离

大门。

正如要想知道地球表面的曲率，并不需要环游世界才能获得答案，只要学习一小部分几何学；同理，关于宇宙三维空间曲率的问题就可以通过用望远镜观测后，运用几何学知识，获得答案。在第五章中，我们已经了解到，需要分辨的曲率有两种：一种是正曲率，一种是负曲率。正曲率对应的是有限体积的封闭空间，负曲率对应的是马鞍状开放式无限空间（如图 42 所示）。这二者的主要区别在于：在封闭式空间中，均匀散射的物体数量增加的速度小于距离的立方，而开放空间则截然相反。

在我们的宇宙中，“均匀分散的物体”的角色是由不同的星系所扮演的，因此，为了解决宇宙曲率的问题，我们所要做的就是数一数离我们不同距离的独立星系的数量。

整个计数过程是由哈勃教授完成的，根据教授的观测，他发现星系数量增加的速度似乎比距离的立方慢，所以也就说明宇宙空间呈正曲率并且是有限的。但是需要注意的是，哈勃观测到的效果并不好，仅在观测者距离 100 英寸口径的威尔逊望远镜视线尽头时效果才变得明显。即使在帕洛玛山上使用口径 200 英寸的反射器也尚未对这个重要问题给予更多的帮助。

导致有关宇宙有限性的最终答案不确定的另一原因在于，我们仅能根据视亮度来判断遥远星系的距离（遵循平方反比定律）。该方法假定所有星系的亮度相同，但这可能会导致错误的结果，因为单个星系的亮度随时间而变化，也就是星系的亮度取决于它的年龄。同时不要忘记，我们通过帕洛玛山望远镜能看到的最遥远的星系距离我们 10 亿光年，所以我们看到的其实是它们十亿光年前的状态。当星系随着时间流逝而逐渐变暗（也可能是由于其中某个恒星成员的消亡使活跃星体的数量逐渐减少），那么哈勃得出的结论就必须要进行修正了。实际上，在 10 亿光年的过程中银河系亮度的变化仅占很小的比例（约仅占其总年龄的 1/7），但正是这很小的变化就有可能颠覆我们目前关于宇宙是有限的结论。

因此，革命尚未成功，在我们可以确定地说出宇宙是有限的还是无限前，还有很多事物有待我们探索发现。

第十一章　初创之日

1. 行星的诞生

对于我们这些生活在世界七大洲的人们（包括南极洲）来说，“坚实的大陆”实际上是稳定和持久的代名词。对我们来说，地球表面所有我们所熟知的样貌，大陆和海洋、山脉和河流，仿佛是从最开始就存在的。事实上，地理历史数据表明：地貌正在逐年变化，而陆地的大部分地区可能会被海水所淹没，而被淹没的地区也可能会浮出水面。

我们还知道，古老的山脉会被雨水侵蚀而逐渐变得低平，新的山脊由于板块运动而时不时地出现。但是，所有这些变化仍然仅是地球坚硬外壳的变化。

不难发现，地球肯定经历过还没有这样的固体外壳的时期，那时的地球还只是一颗灼热的融岩石球体。实际上，对地球内部的研究表明，地球的大部分仍然处于熔融状态，而我们经常说的“坚实的大陆”实际上只是一块漂浮在熔融岩浆表面上的比较薄的薄片而已。要想验证此结论，最简单的办法就是测量地球内部在不同深度的温度。经过研究，我们得出结论：深度每增加 1000 米，温度就会提升 30℃左右（或 16 华氏度每千英尺）。因此，假如在世界上最深的矿井（南非罗宾逊山矿井），井壁会热到必须安装空调设备以防矿工被活活烤死的程度。

以这样的速度增长，地球的温度在地表以下仅 50 千米的深度处，就可达到岩石的熔点（1200—1800℃之间），而这还不到距地心距离的百分之一。再往深处走，组成地球质量 97%以上的物质肯定都处于完全熔融状态。

显然，情形并非永远是这样。现在，我们观测到的地球正处于逐渐冷却的阶段，而这一阶段从很久以前地球仍是完全熔融状态时就已开始了，并将会在遥远的未来当它从地表到地心都固化时才结束。对冷却速度和地壳生长的粗略估计表明，这一冷却过程肯定在数十亿年前就已经开始了。

通过估算形成地壳岩石的年龄，也可以获得这一数据。尽管乍一看岩石并没有任何变化，因此，人们有了“磐石无转移”的表达；但事实上石头是大自然的钟表，它们向那些有经验的地质学家低语着它们从熔融状态的前世到凝固以来所经历的漫漫时间长河。

这种揭露岩石年龄的地质钟，就是微量的铀和钍，它们通常存在于地表和地下不同深度的各种岩石中。正如我们在第七章中所见，这些元素的原子自发进行着缓慢的放射性衰变，并最终随着形成稳定性元素铅而结束衰变。

要想确定含有这些放射性元素的岩石的年龄，我们只需要测量它们由于放射性衰变而在数个世纪内积累的铅含量即可。

实际上，只要岩石的材质仍是熔融状态，那么放射性衰变的产物就可以通过扩散和对流过程而不断流失。但是，一旦熔岩固化形成岩石，由放射性元素转变而来的产物就会开始积累，这种累积量可以使我们准确了解到这一过程持续了多长时间。正如通过数一数太平洋岛上棕榈树之间的空啤酒罐的数量，敌方间谍就能知道海军陆战队在这个岛上已经驻扎了多久。

根据最近的研究，人们可以利用进一步精进的技术，来精确测量铅同位素和其他的不稳定化学同位素（如铷 87 和钾 40）的衰变产物在岩石中的积累量。据估计，目前已知的最古老的岩石年龄约为 45 亿岁。因此，我们能得出结论：地球地壳是由大约 50 亿年前的熔融物质形成的。

因此，我们可以将 50 亿年前的地球想象成一个完全熔融的球体，它被浓厚的空气、水蒸气和其他可能极易挥发的物质包围着。

那么，这一团宇宙热物质是如何形成的呢？又是什么样的力量使它成形，而又是谁为它的形成提供了材料？这些涉及了地球起源以及太阳系中每个其他行星起源的问题，这一直是天体演化学（又称宇宙起源理论）的基本探究方向，在多个世纪以来，这些问题一直在天文学家的脑海中盘旋。

1749 年，著名的法国博物学家布丰（Buffon）伯爵在其总共四十四卷的著作《自然史》中首次尝试用科学的手段来回答这些问题。在他看来，太阳系是太阳与星际深处的彗星碰撞产生的结果。他以丰富的想象力描绘了一幅“决定命运的彗星”的生动的图画：一颗拖着长而光亮的尾巴的彗星冲向那时孤独的太阳，并从其巨大的身体上撞掉了一些小“水滴”，而这些“水滴”受力旋转进入太空（如图 117a 所示）。

几十年后，德国著名哲学家伊曼纽尔·康德（Immanuel Kant）对太阳系的起源则提出了完全不同的看法，他更倾向于是太阳在没有其他任何天体的干预情况下自行构成了其行星系统。康德将太阳的早期状态想象成一个巨大的、相对凉爽的气体团，它占据了当前太阳系的整个体积，并绕着自己的轴心缓慢地旋转。球体通过辐射放能而不断冷却，并导致它逐渐收缩，并相应提升了转速。由这种旋转引起的离心力的增加必定导致原始太阳的气球态逐渐变平，从而使一系列气态环沿着赤道的延伸面弹出（如图 117b 所示）。普拉多（Plateau）曾通过一个经典实验证明了这种由质量旋转而形成环形的情况：他让一个大的油球（不是像太阳一般的气态）悬

a. 布丰的碰撞说　　b. 康德的气体环形说

图 117

浮在一些密度相当的其他液体中，并使它们在机器的辅助下迅速旋转，当速度超过其特定极限时，在油球的周围就会形成油环。依照康德的理论，以这种方式形成的环在不久后会破裂，并凝结成各种围绕太阳旋转的不同距离的行星。

这一观点后来被法国著名数学家拉普拉斯（Laplace）侯爵继承和发展，他在1796年出版的《宇宙系统论》一书中向公众阐释了这一观点。尽管拉普拉斯是一位伟大的数学家，但他并未尝试采取任何数学方法来对这些想法进行论证，而仅对该理论进行了半通俗性的定性讨论。

60年后，当英国物理学家克拉克·麦克斯韦尔（Clerk Maxwell）首次尝试以数学方法去论证康德和拉普拉斯的宇宙论观点时，遇到了不可逾越的矛盾之墙。实际上，他通过数学计算能得出：如果目前太阳系的各个行星是由均匀分布在太阳系内的物质形成的，而这些物质的密度如此地小，以至于引力也无法将它们聚集成独立的行星。因此，太阳收缩过程中抛出的环将永远保持环的形状，就像土星环那样，它是由无数小颗粒形成的，而这些小颗粒在围绕土星的圆形轨道上运行，并且没有“凝结”成一颗固体卫星的趋势。

要摆脱这种困难的唯一方法是：假设太阳的原始外层所包含的物质比我们现在所知的行星物质多得多（至少是100倍），且其中的大部分物质又落回了太阳，仅有约1%的物质能形成行星体。

但是，这种假设将会导致另一个同样严重的矛盾。如果这么多与行星运行速度相当的物质落回了太阳，那么它们必将使太阳的旋转速度提升5000倍，即每小时旋转7圈，而不是现在的约4个星期一圈。

这些考量似乎给康德－拉普拉斯的观点宣判了死刑，而天文学家的目光也随即转向他处。布丰的碰撞理论则被美国科学家张伯伦（Chamberlin）和莫尔顿（Moulton）以及英国著名的科学家詹姆斯·金斯爵士重新带回科学界的关注视野。当然，随着时代和科学的发展，布丰观点中的某些概念也得到了很大的改进和完善。布丰认为彗星与太阳相撞的想法到那时已经被人们抛弃了，因为那时的人们已经认识到，即使与月亮相比，彗星的质量也小到可忽略不计。因此，人们认为撞击太阳的星体是大小和质量都与太阳相当的另一颗恒星。

然而，看似摆脱了康德 - 拉普拉斯基本困境的再生碰撞理论，在当时似乎仍是在泥泞之地行走。当时人们仍旧无法理解，为什么在与另一颗恒星猛烈冲撞时，太阳抛出的碎片会沿着行星的圆形轨道运行，而非划出细长的椭圆形轨迹。

为了自圆其说，当时的人们假设，在太阳被撞击形成行星时，会形成均匀旋转的气态包层，而这使椭圆形的行星轨道变成了规则的圆。由于目前在行星空间中尚未找到这种介质，因此可以假定它后来逐渐地消散在星际空间，而在地球公转轨道和太阳相交的黄道平面附近看到的微弱的光，就是这光圈留下的余晖。这套康德 - 拉普拉斯原始气环说与布丰碰撞说的混合理论并不怎么令人满意。但是，正如谚语所说，“两害相衡取其轻”，因此行星系统碰撞起源的假说为人们所接受。直到今日，所有科学论文、教科书和大众文学都在使用这个假说（包括笔者的两本书：《太阳的诞生与死亡》，1940年出版；《地球传记》，1941 年首次出版，1959 年修订版）。

直到 1943 年秋天，年轻的德国物理学家魏茨泽克（C.Weizsäcker）才突破了行星理论的困境。他利用搜集到的当时最新的天体研究信息，证明了对康德 - 拉普拉斯假设的所有旧异议都可以被轻松驳倒，并且按照这条思路，可以建立起详细的行星起源理论，甚至触及许多旧理论未能阐释的有关行星系统重要特点的问题。

魏茨泽克的工作能取得突破的要点在于，在过去的 20 年里，天体物理学家已经完全改变了对宇宙中化学物质的看法。之前的人们普遍认为，太阳和所有其他恒星内部的化学元素构成比例与地球内部的化学元素构成比例差不多。对地球化学成分的分析显示，地球的主体主要由氧气（包括各种氧化物）、硅、铁和少量其他重元素组成。而氢和氦等轻质气体（以及氖、氩等其他稀有气体）则在地球上占很小的比例。[①]

在没有更好的证据的情况下，当时的天文学家就假定这些气体在太阳和其他恒星中也是非常罕见的。但是，丹麦天体物理学家斯特龙根（B. Stromgren）在对星体结构进行详细的理论研究后得出结论：这种假设完全是错误的。事实上，太阳中至少有35%的物质是纯氢，后来，他又把这一估值增加到了50%以上。此外，他还发现，太阳中有相当一部分是纯氦。无论是对太阳内部的理论研究（最近施瓦西的重要著作），还是对它的表面所进行的更为精细的光谱分析，都使天体物理学家得出一个惊人的结论：形成地球的主要化学元素仅占太阳质量的1%，而其余质量几乎被氢和氦平均分配了，其中前者略占优势。这种对于太阳结构的分析，显然也是符合其他恒星的。

此外，现在我们都知道，星际空间并不完全是空无一物，而是气体和微尘的混合物。混合物的密度约为每1 000 000立方英里1毫克。这种分散而高度稀薄的物质显然是太阳和其他恒星的构成物质。

尽管密度极低，但这种星际材料的存在还是很容易被证明的。因为遥远恒星的光必须经过数十万光年才能被我们的望远镜观测到，而星际材料有很明显的选择性吸收来自遥远恒星的光。这些“星际吸收线”的强度和位置能帮助我们更好地估计该扩散材料的密度，并进一步判断出它几乎是由氢和氦组成的。实际上，由各种地球物质的小颗粒（直径约为0.001mm）形成的灰尘，仅占地球总质量的不到1%。

让我们再回到魏茨泽克理论的基本思想。我们可以这么说，有关宇宙中物质的化学组成的新知识推动了康德－拉普拉斯假设的发展。实际上，如果包裹太阳的原始气体是由这些化学物质组成的，那么其中只有一小部分（即较重的那部分地球物质元素）可以用来建造我们的地球和其他行星。以无法冷凝的氢气和氦气为代表的其余部分则必然被分离开，要么被太阳吸收，要

① 在地球上，大部分的氢元素与氧结合，并以水的形式存在。尽管水覆盖了地表面积的3/4，但其总质量与地球质量相比仍是非常小的。

么散布到周围的星际空间中。如上文所述，由于第一种可能性会导致太阳的自转速度大大提升，因此我们只能接受另一种可能，即气态的“多余物质”在地球元素凝固成型后不久便被散布到太空中了。

这使我们脑海中对行星系统的形成逐渐有了画面：当我们的太阳最初由星际物质凝结而形成时（请参阅下一节），这些物质中的很大一部分（可能是目前行星系总质量的一百倍）在太阳的外层形成了一个巨大的旋转包层（产生这种现象的原因很简单，因为星际气体凝结成原始太阳包层的各个部分的旋转状态存在着差异）。这种快速旋转的包层由不凝性气体（氢气、氦气和少量其他气体）和各种地球物质（例如氧化铁、硅化合物、水滴和冰晶）构成的尘埃颗粒组成。它们漂浮在气体内部，并随气体的旋转而运动。由于尘埃粒子之间的碰撞以及它们逐渐聚集，越来越大，大块的“地球物质”，即我们现在称之为行星的天体就诞生了。图 118 展示了碰撞所产生的结果，这种碰撞的速度与陨石相当。

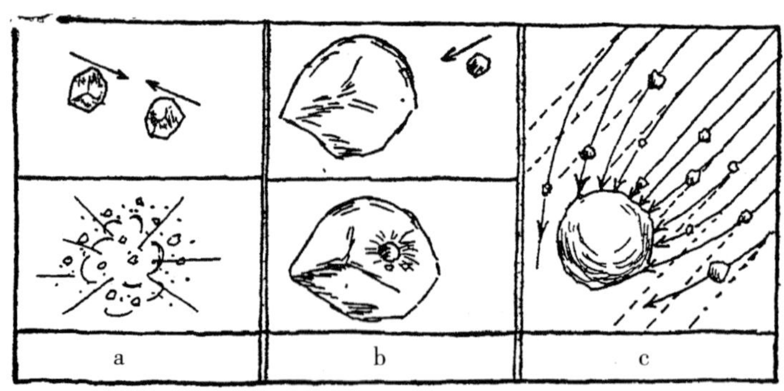

图 118

根据逻辑推理，在这样的速度下，两个等质量粒子的碰撞将使它们同时粉碎（如图 118a 所示），而这一过程不仅不会使星体质量增大，反而会导致两个粒子的毁灭；另一方面，当一个小粒子与一个大的粒子相撞时（如图 118b 所示），很显然，小粒子会撞击并埋进后者的身体中，进而形成一个新的且更大的物质。

很明显，图 118b 的过程都将导致较小的粒子逐渐消失，而融合形成更大的团块。在后期，由于较大的团块会不断地吸引路过它们的质量较小的粒子，并将它们吸收进其自身体积中，因此，该过程将会变得越来越快。图 118c 就阐释了在这种情况下，大物质捕获效率提高的情形。

魏茨泽克已经证明，现在散布在我们整个行星系统中的微尘，在经过数亿年的时间后，将成为组成新行星的物质。

只要行星在绕日旋转的过程中持续吞并各种大小的宇宙物质，体积不断增长，那么其表面就会一直保持高温。然而，随着可吸收的星尘、卵石和较大岩石的耗尽，行星停止了进一步的生长，那么其向星际空间的辐射就会使其外壳迅速冷却并形成新的天体外层——硬壳。由于内核的缓慢冷却仍在进行，硬壳的厚度会越来越大。

另一个任何行星起源理论都想攻克的重点是：对支配不同行星与太阳之间距离的奇特规则（又称提丢斯－波得定则）的解释。下表列出了太阳系 9 个行星及小行星带与太阳的距离，小行星带显然是例外的情况，即小碎片没能聚集成大团块的情况。

行星名称	与太阳的距离（以日地距离为准）	各行星到太阳的距离与前一行星与太阳距离的比值
水星	0.387	—
金星	0.723	1.86
地球	1.000	1.38
火星	1.524	1.52
小行星带	约 2.7	1.77
木星	5.203	1.92
土星	9.539	1.83
天王星	19.191	2.001
海王星	30.07	1.56
冥王星	39.52	1.31

最后一栏的数字格外有趣。尽管有一些变化，但很显然，没有一个与数字 2 相差很大，由此我们能够模糊地猜测出一条规则：每个行星轨道的半径大约都是比它更靠近太阳的前一个行星轨道半径的两倍。

有趣的是，这样的规则也适用于行星的各个卫星，例如，下表给出的 9 颗土星的卫星的相对距离即可证明。

卫星名称	距土星半径的距离	相邻两颗卫星距离比
土卫一	3.11	—
土卫二	3.99	1.28
土卫三	4.94	1.24
土卫四	6.33	1.28
土卫五	8.84	1.39
土卫六	20.48	2.31
土卫七	24.82	1.21
土卫八	59.68	2.40
土卫九	216.8	3.63

就像行星的距离比一样，在卫星这里我们也遇到了有较大偏差的数字（特别是土卫九！），但是，我们仍然可以相信这一规律是明确存在的。

那么，我们又如何解释一些不争的事实，即为什么围绕太阳的原始尘埃云发生的聚集，没有形成一个单独的大行星，而为何这些小块形成的行星在距太阳一定的距离有规律地分布着呢？

为了回答这个问题，我们必须对原始尘埃云中发生的运动进行更细致的调查。首先，我们需时刻牢记，每个物质物体——无论是微小的尘埃粒子、小型陨石，还是根据牛顿万有引力定律绕太阳运动的行星——都必定会按照一个以太阳为焦点的椭圆轨道运行。如果形成行星的物质以前是单独的粒子形式，例如，直径为 0.0001 厘米的粒子①，那么必定存在大约 10^{45} 个粒子沿

① 差不多和形成恒星际物质的尘埃微粒一样大。

着各种不同大小和长度的椭圆轨道移动。显然，在如此繁忙的交通中，各粒子之间必然会发生多次碰撞，并且，由于这些碰撞，整个尘埃群的运动才会逐渐井然有序。实际上，不难理解，这种碰撞粉碎了“交通违规者”，或者迫使它们“绕道而行”，进入拥挤程度较低的“交通车道”。是什么样的规则在支配这种井然有序的，至少部分井然有序的“交通”呢?

为了向解决这一问题迈出第一步，我们先选出一组绕日旋转周期相同的粒子。它们中的一些沿相同半径的圆形轨道运动，而另一些则或多或少沿着椭圆形轨道运行（如图 119a 所示）。现在我们试着从围绕太阳中心旋转的坐标系（X, Y）的角度来描述这些粒子的运动，这一坐标系的运转周期与粒子的公转周期相同。

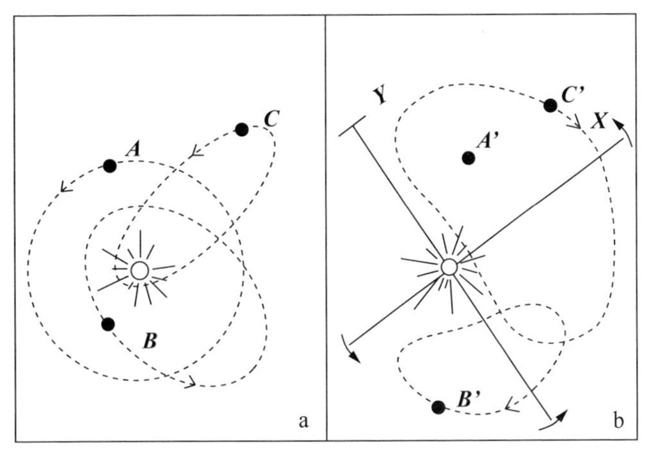

图 119

从静止（a）和旋转（b）坐标系看到的圆周和椭圆运动

a. 在静止坐标上观察到的圆形及椭圆形运动

b. 在旋转坐标上观察到的圆形及椭圆形运动

首先，很明显，从这种旋转坐标系的角度来看，沿圆形轨道（A）移动的粒子似乎完全在定点 A' 处静止。沿着椭圆形轨道在太阳周围移动的粒子 B 则距离太阳时远时近，离得近时角速度较大，离得远时则角速度较小，因此，它有时会领先于均匀旋转的坐标系（X, Y），有时会落后。不难看出，从该坐标系的角度来看，B 粒子以封闭豆形轨迹运行，在图 119 中标记为 B'。另一个粒子 C 沿着更扁的椭圆轨道运动，以坐标系（X，Y）为参考，它的运动轨迹像一个更大的豆荚，标记为 C'。

现在，很明显，如果我们要安排整个粒子群的运动，并使它们永不相互碰撞，则必须以这样一种方式进行操作：坐标系（X，Y）中由这些粒子画出的豆形轨迹必须互不相交。

要记住，具有共同旋转周期的粒子在绕日运行时与太阳的平均距离相同。我们会发现在系统（X，Y）中粒子的非交叉模式运行轨迹看起来像是围绕着太阳的“豆项链”。

上述分析的目的（对于读者而言可能有些太难了，但其原理其实是相当简单的过程），是清晰展示跟太阳平均距离相等，并因此而具有相同旋转周期的单个粒子组是如何在无交叉的情况下运行的。由于在围绕原始太阳的原始尘埃云中，我们可能会遇到各种不同的平均距离以及相应的不同的旋转周期，因此实际情况必定更加复杂。这样一来也会有不止一条“豆项链”以各种速度彼此相对旋转。通过仔细分析，魏茨泽克指出，为了维持这样整个系统的稳定性，每条“项链”必须包含五个独立的旋涡系统，以便整个运行图看起来像是图 120 所示那样，这样才能确保每个环内的交通“安全畅通”。但是，由于这些环内的旋转周期不同，因此一定会发生两环相撞的“交通事故”。在这些项链相交的公共区域中如若发生相互碰撞，一定会造成大量粒子聚集，这也是导致在距中心即太

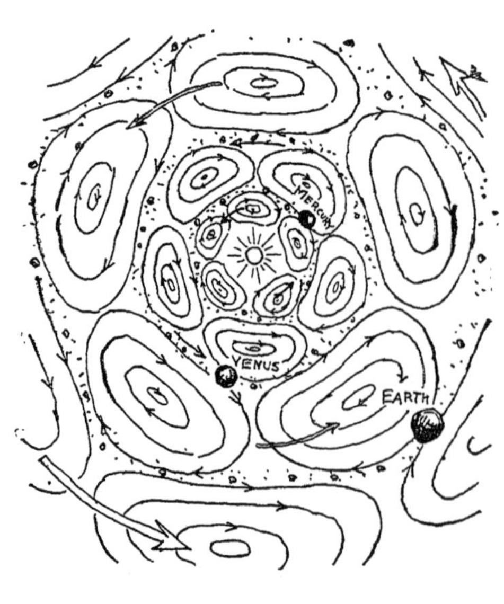

图 120
原始太阳包层结构中的星尘交通道

阳特定距离处形成越来越大的行星的原因。因此，每个项链内物质逐渐稀薄，且在它们之间的边界区域物质逐渐积累，最终形成了行星。

以上的描述为我们提供了一个行星系统形成过程及行星轨道半径规律的简单解释。实际上，只需通过简单的几何推理，就能得知在如图 120 所示的模式中，各条相邻项链之间的连续边界线半径组成了一个简单的几何级数，且每个环的几何级数是前一个环的两倍。我们还可以得知为什么这个规律并不很精确，实际上，这不是某些严格的规律对原始尘埃云中的粒子运动进行控制的结果，而是在原本就不规则的星尘运动过程中逐渐表现出的某种趋势。

同样的规则也适用于我们系统中不同行星的卫星。这一事实表明，卫星的形成过程大致也是这样进行的。当太阳周围的原始尘埃云被分解成独立的颗粒群并分别形成行星时，在每个粒子群中，这一过程也在重演：粒子群中的大部分物质都集中在中心以形成行星体，并且其余部分围绕其旋转并逐渐形成卫星群。

在我们对相互碰撞的尘埃粒子的讨论中，我们没有谈到原始太阳的包层部分发生了什么。如果你还记得，原始的太阳包层部分约占其整体质量的 99%，那么这个问题就会变得相对简单。

当尘埃粒子碰撞并形成越来越大的团块物质时，那些无法参与该过程的气体会逐渐消散到星际空间中。通过比较简单的计算可以看出，这种消散所需要的时间大约为 100 000 000 年，而这与行星形成的时间几乎相同了。因此，当行星最终形成时，原始太阳包层的大部分氢和氦基本已经从太阳系中逸出，仅留下可忽略不计的极小一部分，即上面提到的黄道光。

魏茨泽克理论的一个重要结论就是：行星系统的形成并非偶然的，而是几乎所有恒星在形成过程中都会发生的事件。这一说法与碰撞理论形成了鲜明的对比，碰撞理论认为，行星形成的过程在宇宙历史上是非常特殊的。实际上，据计算，在银河系的 40 000 000 000 颗恒星中，在数十亿年的时光里，形成行星系统的恒星碰撞原本就是极为罕见的事件。

如果现在看来，每颗恒星都拥有一个行星系统，那么仅在银河系内部就有数百万个行星，其物理条件几乎与地球上的物理条件相同。如果在这些“可居住”的世界中还没有发展出最高形态的生命，那会是多么奇怪。

实际上，正如我们在第九章中所看到的那样，最简单的生命形式（例如不同种类的病毒）实际上只是足够复杂的分子，它们主要是由碳、氢、氧和氮原子组成的。而这些元素肯定是足够丰富地存在于任何新形成的行星的表面上的。因此我们有理由相信，一旦地球的固体地壳形成，大气中的蒸汽汇聚成大量水体之后，迟早会有一些分子在偶然的时机，由必要的原子以必要的顺序组合出现。可以肯定的是，活分子的复杂性使这种意外形成的可能性非常小，这一概率低的就像我们随意晃动一下七巧板就能得到想要得到的图案的概率。但是，另一方面，我们也不要忘记，无数的原子在不断相互碰撞，且时间又很长，所以预期的结果总会出现。生命是在地壳形成后不久就出现在了地球上的事实表明，虽然看似不可能，但是在几亿年中靠偶然形成一个复杂的有机分子仍是有可能的。一旦最简单的生命形式出现在刚形成的行星表面上，其有机繁殖以及逐渐进化的过程就会使越来越复杂的生命形式出现。[①]

尽管或许我们能够在不遥远的将来，通过核动力宇宙飞行器研究火星和金星（太阳系中最“宜居”行星）上可能存在的生命形式，但是对于其他成千上万光年以外的恒星世界中可能存在的生命和生命形式的问题，却似乎是永远无法解决的科学问题。

2. 恒星的“私生活”

关于恒星如何形成它的行星家族，我们已经有了大致了解，现在，是时候思考一些有关恒星本身的问题了。

① 关于生命起源和演化详见作者的另一本书《地球传记》（纽约，维京出版社）。

比如：恒星过去的生命历程是什么样的？它在诞生时有哪些细节？成长过程中经历了哪些变故？最终的结局是什么？

我们可以通过研究太阳来解答这个问题，因为太阳是组成银河系的数十亿颗恒星中的一个典型成员。首先，我们知道我们的太阳是一颗相当古老的恒星，因为据古生物学的数据显示，几十亿年来，它一直以不变的强度发光，使地球上的生命得以发展。在这么长的时间内，没有其他任何寻常的能源可以提供如此多的能量，所以太阳辐射问题一直是科学界最困惑的难题之一，直到我们发现元素的放射性嬗变特性以及人工嬗变特性，这一发现揭示了在原子核深处蕴藏着巨大能量。在第七章我们已经了解到，几乎每种化学元素都代表一种潜在的具有巨大能量输出的燃料，并且可以通过将这些材料加热到数百万度来释放这种能量。

尽管在地球上的实验室中，这样的高温几乎是无法达到的，但在恒星世界中，这样的高温是相当普遍的。在恒星世界中，拿太阳打比方，其表面温度仅为 6000℃，越向内，温度越高，而太阳中心部位的温度已经能够达 2000 万℃。要计算出这个温度并不难，仅需根据观测到的太阳表面温度再结合已知的太阳气体的导热特性，就能轻而易举地计算出这一数字。这就好比如果我们知道热土豆的表面温度以及它的热导率，那么我们可以不用切开它就能计算出土豆的内部温度。

将太阳中心温度与核转化反应速率的信息相结合，我们就可以发现是哪种特定反应导致了太阳内核能量的产生。这个重要的过程叫作“碳循环”，是由两个对天体物理学问题感兴趣的核物理学家贝特（H.Bethe）和魏茨泽克同时发现的。

主要负责产生太阳能量的热核过程不仅限于单次核转化，而是一系列转化的共同作用，这些转化共同形成了一条反应链。这一反应链最有趣的特征之一是它是一条闭合的环形链，每 6 步之后，便又回到起点。从图 121 中可以看出这个反应链的工作原理，其主要参与者是碳核和氮核，以及和它们碰撞的热质子。

例如，从普通碳（C^{12}）开始，我们看到它与质子碰撞的结果，是形成了较轻的氮同位素（N^{13}），并以 γ 射线的形式，释放了一些亚原子能射线。核物理学家对这种特殊的反应是再熟悉不过的，并且，他们还通过使用人工加速的高能质子在实验室中复现了此反应过程。N^{13} 的原子核不稳定，它通过发射正电子或带正电的 β 粒子，并变为较重的碳同位素（C^{13}）的稳定原子核来自我调节，我们知道在煤中就有少量这种元素存在。若这个碳同位素被另一个热质子撞击，那它就会在强烈的 γ 辐射中转化成普通的氮（N^{14}）。然后这个 N^{14} 的原子核（从这里开始同样很容易就能描述这一反应链）与另一个（第三个）热质子发生碰撞，并产生不稳定的氧同位素（O^{15}），该同位素会快速放出一个正电子，并变为稳定的 N^{15}。最终，N^{15} 在其内部接收到第 4 个质子时，就会分裂成两个不相等的部分，其中一个是我们开始时使用的 C^{12} 原子核，而另一个则是氦原子核，或称 α 粒子。

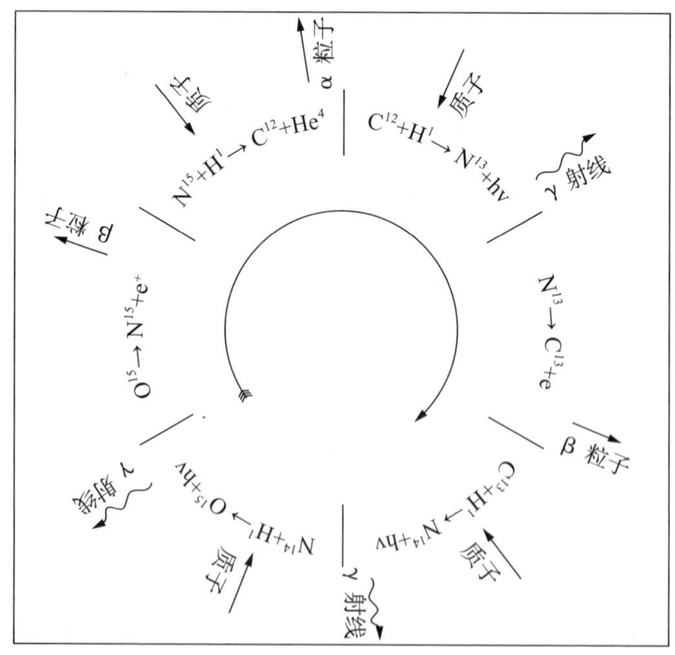

图 121

太阳内部循环核反应链——太阳能量的来源

由此，我们可以看到，循环反应链中的碳核和氮核是不断再生的，并且，就像化学家所说的那样，它们只是起催化剂的作用。反应链的最终结果，是依次进入循环反应的4个质子最终形成一个氦原子核。因此，我们可以将整个过程描述为由高温诱导并由碳和氮的催化作用辅助的氢到氦的转化。

贝特向人们证明了在2000万℃时，这一反应链的能量释放与太阳辐射的能量实际上是相同的。由于所有其他可能的反应所产生的结果与天体物理学观测的证据不一致，因此，碳氮循环肯定是为太阳提供能量的主要过程。此处还应注意，处在太阳内部温度的条件下，进行图121所示的一个完整循环大约需要500万年，因此每当周期结束，最初进入反应的每个碳（或氮）核都会像它刚开始时一样重新出现。

鉴于碳在这一过程中起着重要的作用，所以，以前人们都认为太阳的热量来自煤炭。现在，当我们了解到这一过程时依然可以这么说，只是这里说的“煤”不是我们日常生活中的煤，而更像是传说中的“火凤凰”。

在此需要特别留意的是，尽管太阳能量反应的速率主要取决于其中心区域的温度和密度，但在某种程度上还取决于太阳能中的氢、碳和氮的含量(形成太阳体的材料)。这样一来，我们就会想到一种实验方法，通过调节不同浓度的反应物，使其发出的光的亮度与太阳相符，由此再倒推分析出太阳气体的组成。这种计算方法是由施瓦西先生最近提出的。他发现，太阳物质的组成一半以上是由纯氢形成的，但另一半却不全然是由纯氦组成的，因为其中还掺杂了一小部分的其他元素。

对于太阳能量的解释，能够轻易地扩展到其他的大多数恒星，其结论是：质量不同的恒星具有不同的中心温度，因此能量产生的速率也不同。因此，被人们称为波江星 O_2C 的恒星，其质量约是太阳的1/5，相应地，它的亮度就是太阳的1%。此外，被人们通常称为小天狼星的恒星，它的质量约是太阳的2.5倍，其亮度则是太阳的40倍。还有一些巨大的恒星，比如像天鹅座Y380这样的巨星，比太阳重约40倍，亮度则比太阳亮几十万倍。在所有这些情况下，较大的恒星质量与其较高的发光度之间的关系，可以通过较高的中心温度引起较快的“碳循环”反应速率得以解释。遵循这种所谓的“主序列”恒星，我们还发现质量增加导致恒星半径增加（从半径为太阳半径43%的波江星 O_2C 到半径为太阳的29倍的天鹅座Y380恒星），但是它们的平均密度却随着质量的增大而减小（波江星 O_2C 平均密度是2.5，太阳的密度是1.4，天鹅座Y380的密度是0.002）。有关于此的数据见图122。

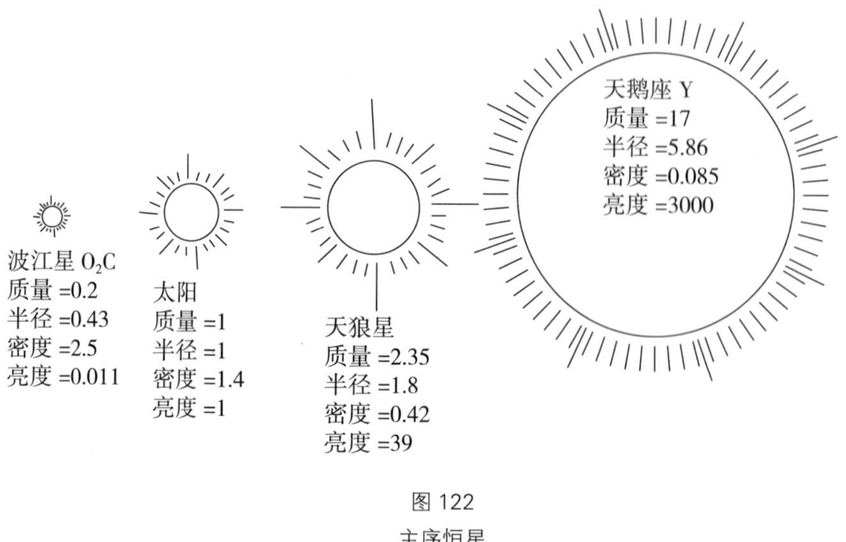

图 122

主序恒星

除了半径、密度和亮度由质量决定的“正常”恒星外，天文学家还在天空中发现了一些显然不符合这种简单规律的恒星。

首先就是所谓的“红巨星”和“超巨星”，它们虽然具有与相同亮度的“正常”恒星相同的质量，但是其体积却更大。图123给出了这组不规律恒星的示意图，其中包括御夫座 α、飞马座 β、金牛座 α、猎户座 α、武仙座 α 和御夫座 ε，以及其他著名的星座。

显然，由于我们尚不了解这些恒星的内部构造，所以它们的大小被某种内部力量“鼓吹”到了几乎难以置信的程度，也导致了它们的平均密度大大低于其他恒星的密度。

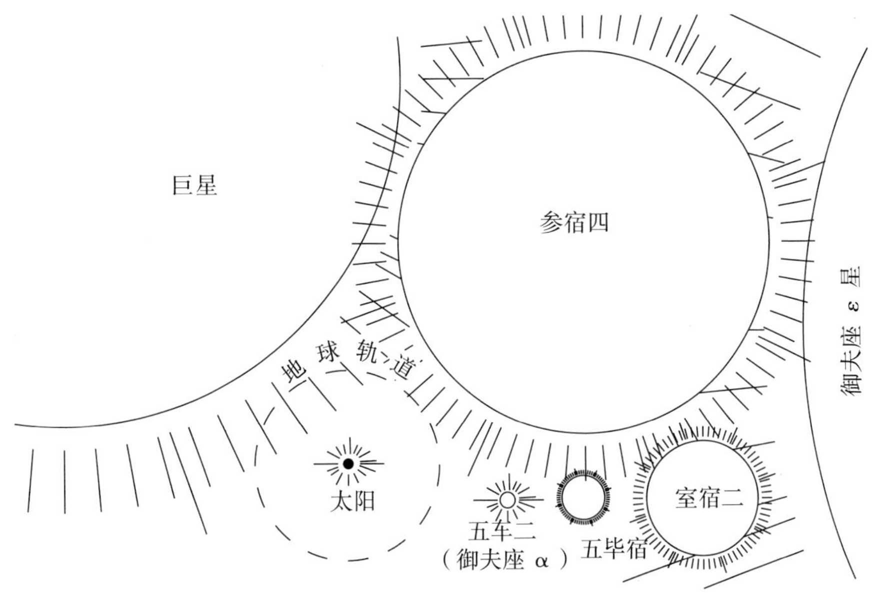

图 123
巨星和超巨星与太阳系的尺寸对比

与这些“膨胀”的恒星相反，我们也有另一组较普通直径异常小的恒星，此类恒星被人们称为“白矮星”。① 图 124 即将地球与白矮星进行了比较。作为“天狼伴星”，这类白矮星的直径仅比地球大三倍，但质量却与太阳差不多大小，而其平均密度则比水大五十多万倍！无疑，白矮星代表的正是恒星演化的后期阶段，此时恒星已经消耗了所有可用的氢燃料。

正如我们在前面所讲，恒星的生命来源，在于氢缓慢地转化为氦的进程。由于一颗恒星是由弥散的星际物质凝结而成的，它的氢含量超过其总质量的 50%，因此我们可以预测恒星的寿命非常长。例如，根据我们观察到的

① “红巨星”和“白矮星”这两个术语，源于它们的亮度与其表面的关系。由于稀疏恒星，即密度很小的恒星，用来释放其内部能量的表面积非常大，所以其表面温度相对较低，表面就会呈现出红色。从另一方面来说，密度高的恒星表面温度极高，呈现白热的状态。

太阳光度计算出，它每秒消耗约6.6亿吨氢；因为太阳的总质量是 2×10^{27} 吨，其中有一半是氢，所以我们发现太阳的寿命是 15×10^{18} 秒或者说约500亿年！要知道太阳现在只有三四十亿岁①，因此我们会认为它还很年轻，并且在未来数十亿年中，它将继续以不亚于目前的强度发光。

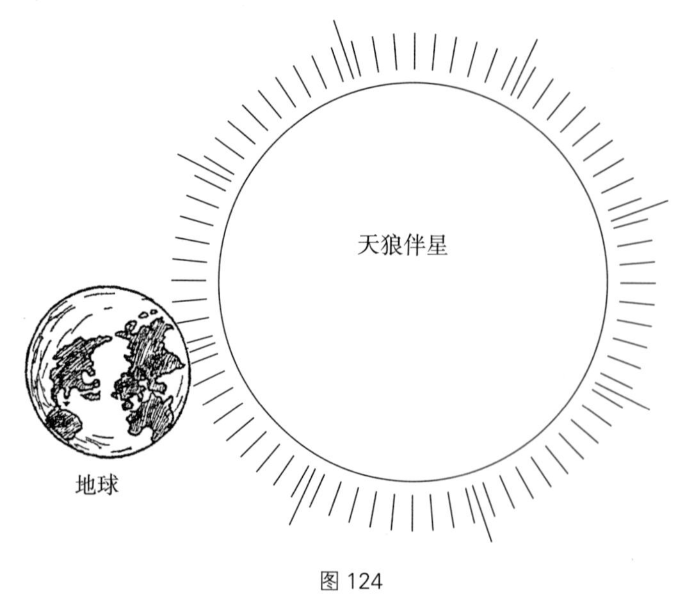

图124
白矮星与地球比较

但是，恒星的质量越大，其亮度也更大，相应地，它消耗氧的速度也更快。以小天狼星为例，它比太阳重2.3倍，因此氢燃料也比太阳多2.3倍，但其发光度比太阳高39倍。因此，在一定的时间内，小天狼星消耗燃料的速度也是太阳的39倍，而氢的总供应量只有太阳的2.3倍，因此，小天狼星会在30亿年内燃烧殆尽。在亮度更大的恒星中，如天鹅座Y380（质量是太阳的17倍，亮度是太阳的30 000倍），其氢燃料的供应会在1亿年内消耗光。

当恒星的氢供应量最终耗尽时，会发生什么呢？

① 根据魏茨泽克的理论，肯定是先有的星系，后形成的太阳。因为估算出的地球年龄大约是三四十亿年，所以太阳的年龄也差不多。

当长期维系恒星寿命的核能源消耗完之后，恒星的主体就会开始收缩，密度会越来越大。

天文学的观测表明，存在着大量这样的“收缩星”，它们的平均密度比水的密度高出数十万倍。这些恒星仍然非常炽热，由于它们仍具有较高的表面温度，所以发出明亮的白光，与主要序列的普通淡黄色或淡红色恒星形成了鲜明的对比。但是，由于这些恒星非常小，因此它们的光度相当低，只有太阳的大约几千分之一。天文学家称这些演化后期的恒星为“白矮星”，其中的“矮”指的是体积与光度。随着时间的流逝，白矮星的夺目光彩将逐渐消失，最终变成普通的天文观测所无法看到的由大量冷物质组成的“黑矮星”。

值得一提的是，用尽了所有氢燃料的“年迈”恒星的收缩和逐渐冷却的过程并不总是安静有序的，而且，它们的“最后一程”经常会爆发巨大的能量，仿佛在与命运抗争。

这种灾难性事件被称为“新星爆发”和“超新星爆发”，是天体研究最令人兴奋的话题之一。因为在几天之内，一颗看上去与天空中其他恒星并无二致的恒星光度会增加数十万倍，并且表面会变得异常炽热。对这种亮度突然增加的光谱变化研究表明，恒星的主体会迅速膨胀，其外层甚至以每秒高达 2000 千米的速度膨胀。但是，光度的增加只是暂时的，到达最大值之后，恒星开始缓慢平稳下来。尽管通常在相当长的时间间隔后能观察到其辐射的微小变化，但通常需要大约一年的时间，恒星的发光度才会恢复到它之前的样子。尽管恒星的光度再次恢复正常，但恒星的其他特性并没有恢复。恒星大气的一部分会在爆炸阶段参与膨胀，并随后继续向外扩散，这样恒星就会被直径逐渐增大的发光气体包围。目前关于恒星自身永久性变化的证据还不确定，因为我们只拍摄到一张恒星（御夫座新星，1918 年）爆炸前的光谱。但是，这张照片看起来并不完美，且关于表面温度和其前期半径的结论也是非常不确定的。

通过对超新星爆炸的观察，我们可以获得有关恒星爆炸结果的更好的证据。这些巨大的恒星爆炸在我们的恒星系统几个世纪才发生一次（而普通新星则相反，以每年大约 40 次的频率出现），爆炸时，其亮度超过普通新星光度数千倍。在光度最大值期间，这种恒星发出的光与整个恒星系统发出的光相当。第谷 · 布拉赫（Tycho Brahe）在 1572 年观察到的一颗爆炸恒星甚至在明亮的日光下肉眼可见，而中国天文学家也在 1054 年，发现了一颗爆炸恒星，可能还有伯利恒星，都是我们银河系中这种超新星爆炸的典型例子。

1885 年，在邻近的恒星系大仙女座星系中观察到了第一颗系外超新星，其光度超过了该系统中所有其他新星光度的一千倍。尽管这些剧烈大爆炸非常罕见，但是由于巴德（Baade）和兹维基(Zwicky)的观测，近年来对它们性质的认识已取得了相当大的进步。同时，这两位天文学家率先认识到这两种类型的爆炸之间存在巨大差别，并开始对遥远星系中的超新星做系统研究。

尽管光度存在巨大差异，但爆炸的超新星仍具有与普通新星相似的许多特征。二者都有光度先快速升高随后缓慢降低的曲线图（当然度量单位不同）。就像普通新星一样，超新星爆炸会产生迅速膨胀的气壳，但它占据了恒星质量的很大一部分。实际上，尽管新星的气壳越来越薄，并逐渐溶解在周围的空间中，但超新星喷射出的气体却能够形成会爆炸的亮度极高的巨大星云。例如，在 1054 年人们观测到的“蟹状星云”就是由该爆炸过程中排出的气体形成的（详见附录照片Ⅷ）。对于这种特殊的超新星，我们还有它爆炸后残骸的证据。实际上，观测表明，在蟹状星云的正中心存在一颗光度微弱的星体，根据观测到的特征，我们将其归类到密度极高的白矮星。

这表明超新星爆炸的物理过程十分类似于普通新星的物理过程，只不过前者的规模比后者要大很多。

在认可新星和超新星的“坍塌理论”之前，我们首先需要思考的，是什么可能导致整个恒星体如此迅速地收缩。目前公认的原因是，恒星是由大量炽热的气体组成的，那么，在平衡状态下，恒星的主体完全由热物质内部的高气压支撑着。且只要前文所述的“碳循环”在恒星中心顺畅进行，那么从恒星表面辐射出的能量就可以从其内部产生的原子能处得到补充，维持恒星的稳定状态。但是，一旦氢含量完全耗尽，就不再有原子能可用，恒星就会开始收缩，从而将潜在的重力势能转化为热能辐射。但是，由于恒星材料的热传导率很低，这种重力收缩的过程将极其缓慢，因为从内部到表面的热传递也是缓慢的。例如，我们可以估计出，我们的太阳如果要收缩到当前半径的一半，将需要一千万年以上的时间。任何让收缩更快的尝试都会立即导致释放更多的重力势能，这将使内部的温度和气压升高并减缓收缩。

从上述过程可以看出，加速恒星收缩并使其快速坍缩的唯一方法（就像新星和超新星的情况）就是将恒星内部由于收缩而产生的能量去除。例如，如果可以将恒星的热传导率提升数十亿倍，那么其坍缩将以相同的比例加速，这样一来，一颗收缩中的恒星在几天内就会坍塌。但是，这种可能性完全不现实，因为目前的辐射理论明确表明，恒星物质的热传导率是其密度和温度的确定函数，别说十分之一，就连降低百分之一都不可能。

最近，笔者和同事申贝格（Schenberg）博士提出一种构想，就是恒星坍塌的真正原因是中微子的集聚。在本书的第七章中我们就已详细探讨了中微子这种微小的核粒子。恒星的整个主体对中微子而言就像窗户玻璃对普通光一样宛如透明，因此它们有可能从收缩的恒星内部去除多余能量的。但收缩恒星内部是否会产生中微子，并且数量是否足够多到去除恒星能量，还有待进一步观察。

各种元素的原子核捕获快速移动的电子必将伴随着中微子的发射。当快速运动的电子进入到原子核时，就会发射出高能中微子，而电子则得以保留，这时原子核就会转变为具有相同原子量的不稳定核。由于不稳定，这个新形成的核只能存在一段时间，随后衰变，释放一个中微子和一个电子。然后这一过程又从头开始，并继续产生新的中微子……（如图 125 所示）。

如果温度和密度足够高（就像收缩的恒星内部的环境），那么由于发射中微子而产生的能量损失将非常高。因此，就像铁原子核对电子的捕获和再发射那样，通过中微子转移的能量高达每克每秒 10^{11} 尔格[①]。如果将铁换为氧（产生物是不稳定的放射性氮，衰变期为 9 秒），则恒星每克每秒的能耗可多达 10^{17} 尔格。在后一种情况下，能量损失是如此之高，以至于恒星要完全坍塌只需 25 分钟。

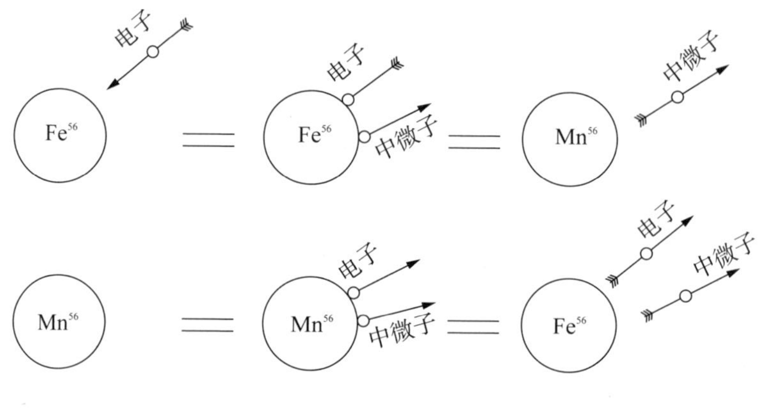

图 125
铁原子核中发生的尤卡过程（Urca Process）可使中微子无限生成

由此可见，用收缩恒星中心区域的中微子辐射来解释恒星坍缩完全解释得通。

必须指出的是，尽管估算出中微子辐射的能量损失速度相对容易，但对坍塌过程本身的研究仍存在诸多数学方面的难题，因此目前我们只能对此进行定性研究。

可以想象，由于恒星内部的气压不足，形成其巨大外部物质的质量会在重力的作用下逐渐向中心陷落。但是，由于每颗恒星通常都或多或少处于快速旋转的状态，因此坍缩过程并非均匀进行的，而是球体极地位置（位于旋转轴附近）会先向内部坍缩，并把赤道区的物质向外挤（如图 126 所示）。

① 尔格是一个热量和做功的单位，1 尔格 $= 1\times10^{-7}$ 焦耳。

图 126
超新星爆炸早期及末期情形

这就会使之前隐藏在恒星内部深处的物质逸出，并被加热至几十亿摄氏度的高温，正是这种高温令恒星亮度骤增。而随着过程的演进，坍缩物质在原有恒星中心凝聚成一个密度极高的白矮星，而被逸出的物质则会逐渐冷却，并继续膨胀，最终会形成我们在蟹状星云中观察到的那种星云。

3. 原始混沌和宇宙膨胀

当我们把宇宙看作一个整体，则下一步需要面对的问题就是：宇宙是否是随着时间的流逝而不断演化的？我们是否应该假定，宇宙从古至今一直未曾改变，并且将永恒保持现状？还是应该认为宇宙是一直不断变化着的，经历了不同的进化阶段呢？

通过从不同的科学分支广泛收集经验事实，并在这些经验事实的基础上来研究宇宙，我们终于得出了确切的答案：是的，我们的宇宙一直处于不断变化的过程中，而在遥远的未来，宇宙将以 3 种截然不同的状态存在。通过对所收集的大量科学事实进行研究的结果表明，我们的宇宙是有开端的。从初创时到现如今，宇宙的发展是一个漫长且逐渐演变的过程。正如我们上面所看到的一样，我们的行星系的年龄大概为几十亿年，这些数据已经通过多方面、多领域的验证，绝对是经得起推敲的。如此说来，我们大概能够猜想到月球是怎么形成的。月球原本是地球的一部分，因为受到太阳强大引力的影响，所以在几十亿年前，最终从地球剥离，成了一个独立的星球。①

对单独恒星演化的研究表明，我们现在在天空中看到的大多数星星也都有几十亿年的历史。通过对一般恒星运动进行的研究，以及对特殊的双恒星和三恒星系统的相对运动的研究，再加上对更复杂的关于银河系团，又称为恒星群的研究，天文学家最终得出结论：这种宇宙结构存在的时间不可能超过几十亿年。

通过对各种化学元素丰度的考量，尤其是已知的正在逐渐衰变的钍和铀等放射性元素的数量逐渐下降，又为我们的论证提供了相当独立的证据。尽管这些元素在不断衰减，但直至今日它们依然存在宇宙中，所以我们可以假定虽然有消亡的元素，但也一定会有新生元素的诞生，很有可能是由其他较轻原子核产生的，或者它们就是在遥远的过去，由大自然形成的最后残余。

根据我们目前对核转变过程的了解，第一种假定是站不住脚的。因为即使是在最热的恒星内部，其温度也达不到生成放射性核的条件。事实上，正如上节所提到的，恒星内部的温度是以几千万摄氏度来测量的，所以，要想让较轻元素的原子核生成放射性原子核，温度至少要达到几十亿摄氏度。

① 目前天文学界普遍接受的月球形成理论是“大碰撞说”，即一颗火星大小的天体（被称为忒伊亚，神话故事中月球女神塞勒涅的母亲）与原生地球碰撞，爆裂出的物质进入环绕地球的轨道，经由吸积形成月球。——编者注

因此，我们必须假定重元素的原子核是在宇宙演化的早期形成的，并且在那个特殊的时期，所有的物质都受到极高温和极高压的共同影响。

我们还可以大致估计出这个宇宙“炼狱”阶段的大致时间。我们知道，钍和铀 238 的平均寿命分别为 180 亿年和 45 亿年，因为它们目前的数量和其他一些稳定的重元素差不多，所以它们从形成之初到现在一直没有实质上的衰变。另一方面，铀 235 的平均寿命大约只有 5 亿年，其数量也只是铀 238 数量的 1/140。现在地球上依然有大量的铀 238 和钍元素，表明这些元素的最初形成的时间不可能发生在几十亿年前。而铀 235 的数量较少，能帮助我们进一步估算出更准确的时间。事实上，如果铀 235 的数量每 5 亿年减少一半，那么大约需要 7 个这样的周期，也就是 35 亿年才能减少到原本数量的 1/140，即 $\left(\frac{1}{2}\right)^7=\frac{1}{128}$。

这些完全由核物理学的数据估算出来的化学元素年龄，同通过纯天文数据得到的行星、恒星和恒星群的年龄完全一致！①

但在几十亿年前，万物刚开始形成的初创时期，宇宙又是怎样的呢？在之后的漫长岁月中，宇宙又经历了些什么，才有今天的面貌呢？

要想获得最完整的答案，你需要从“宇宙膨胀”现象着手研究。从上一章我们已经了解到，宇宙的广阔空间被数量繁多的巨型恒星系所占据，而我们的太阳只是银河系的星系中数十亿颗恒星中的一颗。我们还看到，在肉眼（借助 200 英寸的望远镜）可见的范围内，这些星系或多或少均匀地散布在太空中。

通过研究来自遥远星系光的光谱，威尔逊天文台的天文学家哈勃注意到，它们的光谱线都稍稍向光谱的红端偏移，越遥远星系的光谱，这种所谓的“红移”也就更明显。事实上，后来人们发现在不同星系中观察到的红移程度与它们同我们之间的距离成正比。

---

① 目前科学家对宇宙年龄的估算主要是通过对宇宙微波背景辐射和宇宙膨胀的观测，据此推测的宇宙年龄在 138 亿年左右。——编者注

要想解释这一现象，最简单自然的方法就是假设所有星系远离我们的速度随着距离的增加而增加。该解释所基于的理论就是我们所熟知的“多勒普效应”：当光在朝向我们运动时，光的颜色向光谱的紫色端移动；背向远离我们的时候，光的颜色向光谱的红色端移动。当然，要想观测出明显的变化，光源与观测者之间的相对速度必须足够大才行。伍德（Wood）教授因为闯红灯在巴尔的摩被捕时，他对法官辩解说，因为颜色偏移现象，在他接近红灯的过程中，光源到了他眼睛里变成了绿色，当然教授只是在跟法官玩文字游戏罢了。

如果法官多少对物理学有一些了解，他就会请伍德教授当场计算一下，要以怎样的速度开车，红灯才会在眼中变成绿灯，然后以超速对他进行罚款!

现在，让我们再次回到星系的“红移”问题上来。乍一看，我们得出的结论有些不对，这看起来好像宇宙中其他所有的星系都在逃离我们的银河系，就好像我们的银河系是个怪物！那么，我们的银河系有哪些可怕的属性呢？为什么它在其他星系中都那么不受欢迎呢？其实只要你稍微思考一下这个问题，就能很快找到答案：我们的银河系其实没有什么特别的问题，事实上，其他的星系并不是只远离银河系，而是宇宙中的所有星系都彼此远离。想象一个表面涂有圆点图案的橡胶气球（如图 127 所示）。如果你开始吹大这个气球，并让它膨胀，它的表面就会逐渐被拉得越来越大，点和点之间的距离也会不断增加。所以，如果这个过程中，昆虫一直坐在其中一个点上，它会觉得其他的点都在“逃跑”。此外，膨胀气球上各点的衰减速度，与它们和昆虫观测点之间的距离成正比。

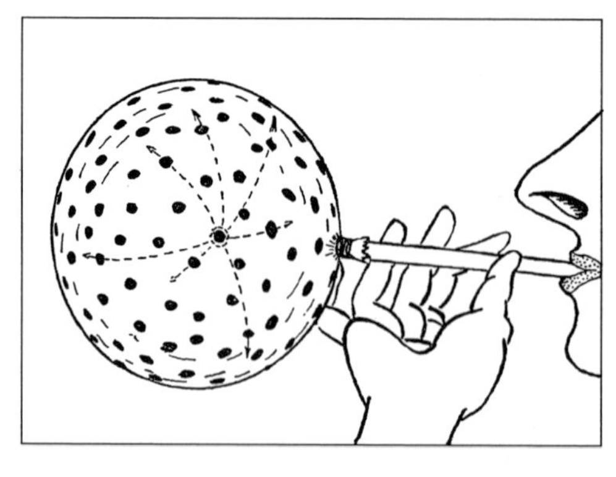

图 127
当橡胶气球膨胀时，所有的点都会彼此远离

这个例子非常清楚地表明了哈勃所观察到的星系衰退现

象并不是由我们星系特殊的性质或位置导致的，而是由于星系散落的宇宙空间正在缓慢、均匀地膨胀所导致。

根据观测到的膨胀速度和目前银河系与其相邻星系之间的距离，我们可以很容易计算出，宇宙膨胀大约开始于 50 亿年前。①

在那之前，被我们今天称之为行星系的独立恒星云还在形成期，整个宇宙均匀地分布着恒星。在更早的时候，我们可以发现恒星们都被挤压在一起，因为只有这样它们才能持续给宇宙分散热气。再往前追溯，我们发现这种气体密度更大，温度更高，这显然是不同化学元素（尤其是放射性元素）形成的时期。继续追溯，我们会发现宇宙的物质都被挤进了高密度的高热核流体中，关于热核流体相关内容我们在第七章中有所涉及。

现在让我们好好整理一下这些观测结果，并将其按照正确的发展顺序排列，然后看看是哪些事件在宇宙的演化过程中起着标志性的作用。

故事要从宇宙的萌芽阶段开始讲起，那时，我们现在能看到的一切物质都分散在太空中，当使用威尔逊天文台的望远镜（观测半径为 5 亿光年）进行观测时，所能看到也只是所有物质都被挤进一个半径仅为太阳半径 8 倍的球体内。②

然而，这种高密度的状态并没有持续很久，因为快速膨胀这一过程仅需两秒钟，就能让宇宙密度降低到水密度的 100 万倍，然后，仅需数小时，宇宙密度就能降低到与水的密度差不多。而大约在这个时候，以前连续的气体一定已经分解成单独的气体球，这些球体形成了现在的这些独立的恒星。这

① 根据哈勃的原始数据，两个相邻星系之间的平均距离约为 170 万光年（或 1.6×10^{19} 千米），而它们相互远离的速度大约是每秒 300 千米。假设膨胀速率是相同的，那么膨胀时间为 $1.6\times10^{19}/300=5\times10^{16}$ 秒 $=1.8\times10^{9}$ 年。但是根据最新数据，宇宙膨胀时间应该比这更长。

② 由于核液的密度是 10^{14} 克 / 立方厘米，目前宇宙物质的平均密度为 10^{-30} 克 / 立方厘米，可以计算出宇宙的线性收缩为 $\sqrt[3]{\frac{10^{14}}{10^{-30}}}\approx5\times10^{14}$。因此，现在 5×10^{8} 光年的距离，在当时只有 $\frac{5\times10^{8}}{5\times10^{14}}=10^{-6}$ 光年 =10 000 000 千米。

些恒星在不断膨胀的过程中会被分离开，然后就形成独立的恒星云，我们也称之为星系。直至今日，它们仍在彼此远离，向着宇宙未知的深处退去。

现在我们应该问问自己，是什么力导致了宇宙的膨胀，这种膨胀是否会停止甚至变成收缩呢？宇宙不断膨胀的物质是否有可能反过来挤压我们的恒星系、银河系、太阳、地球以及我们人类，把我们挤压成具有核密度的肉团？

据目前研究结论表明，这种事永远不会发生。很久以前，在宇宙演化的早期阶段，膨胀的宇宙就已摆脱了全部枷锁，现在宇宙正在按照惯性定律，无限地膨胀。而上句中提到的枷锁是由防止宇宙物质彼此分离的重力形成的。

为了更方便大家理解，我们来举一个简单的例子。假设我们试图在地球表面发射飞往太空的火箭，我们都知道，现有的火箭，即使是声名赫赫的 V-2 火箭，都没有足够的推进力能逃逸到自由空间。它们在升天过程中，总是受到重力的影响，被拉回地球。但是，如果我们能够给火箭提供动力，使它以超过每秒 11 公里的初始速度远离地球（这似乎是核动力喷射火箭能够尝试发展的目标），助推力将能够超越地球引力，帮助火箭成功逃逸地球进入自由的太空，然后它将可以实现无阻碍的继续行进。每秒 11 公里的速度通常又被称为脱离地球引力的“逃逸速度”。

现在请想象一下，一枚炮弹在半空中爆炸，其碎片向四面八方散射（如图 128a 所示）的场景。爆炸产生的碎片在爆破冲击力的作用下，克服了将它们拉回共同中心的引力，而向四面发散。但就上面所举示例的情况，不用明说，我们也能知道，在那种情况下，碎片间的相互引力是很微小的，且可以忽略不计，因为它们之间的引力太弱了，所以根本不会影响其在空间中的运动。但如果这些作用力变强了，它们很有可能能够成功阻碍碎片的飞行，让它们重新回到共同的中心（如图 128b 所示）。碎片到底会落回来还是向无穷远飞去，是由它们运动的动能和引力势能的相对值决定的。

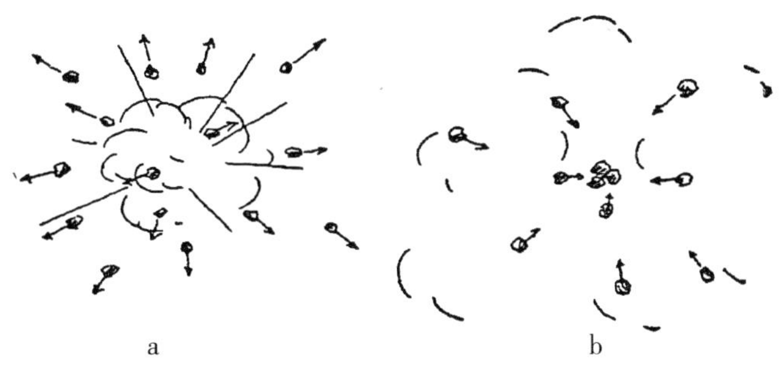

图 128

现在我们把玻璃碎片换成星系，现在你脑海中大致会自动浮现前文中的宇宙膨胀图了。但在这里，由于星系的质量非常大，引力势能就变得跟动能同样重要了[①]，所以要想了解宇宙膨胀的未来走向，我们就需要对这两个相关量进行细致、谨慎的研究。

根据现有的有关银河系质量的最可靠信息，似乎目前后退星系的动能比它们的重力势能要大好几倍，由此推断，我们的宇宙正在无限膨胀，再也没有机会被引力凝聚到一起了。但是，我们需要记住，目前关于整个宇宙的大多数数据都不是很精确，而未来的研究是有可能推翻现今结论的。但即使宇宙突然停止膨胀，转为收缩，那也需要再经过几十亿年的时间，黑人诗歌里所描绘的场景才会到来："当星星开始坠落"，我们就会被收缩的星系压扁了。

那么，到底是什么物质能助推宇宙碎片以如此惊人的速度向外飞散呢？答案可能有些令人失望，这个词可能并没有"爆炸"的意思。宇宙现在正在膨胀，是因为在过去某个历史时期（当然，没有任何记录），它曾从无限大收缩到高密度的状态，然后就开始反弹，可以说，之所以会反弹，是由压缩物质中固有的强弹性力推动的。如果你进入一个游戏房间，看到一个乒乓球从地板升到空中，你会得出结论（想都不用想）：一定是在你进门之前，球刚从一定高度落下，然后由于其具有弹性，所以很容易回弹起来。

① 运动粒子的动能与它们的质量成正比，但它们之间的引力势能与它们的质量的平方成正比。

我们现在可以放飞想象力，设想一下，当宇宙处在前压缩阶段时，是否所有现在正在发生的事情在那时都是以相反的顺序发生的呢？

如果是在 80 亿或 100 亿年前，看这本书时你是否会从最后一页看起？当时的人们是不是会从嘴中吐出一只炸鸡，然后炸鸡会在厨房复活，接着，它们会被送去农场，由老变小，最后钻回蛋壳中，然后几周后变成新鲜的鸡蛋呢？尽管这些问题很有趣，但不能从纯科学的角度来进行解答，因为宇宙所具有的最大的压力，会把所有的物质都压缩成均匀的核流体，并且一定会完全抹去早期压缩阶段的所有记录。

附录 照片

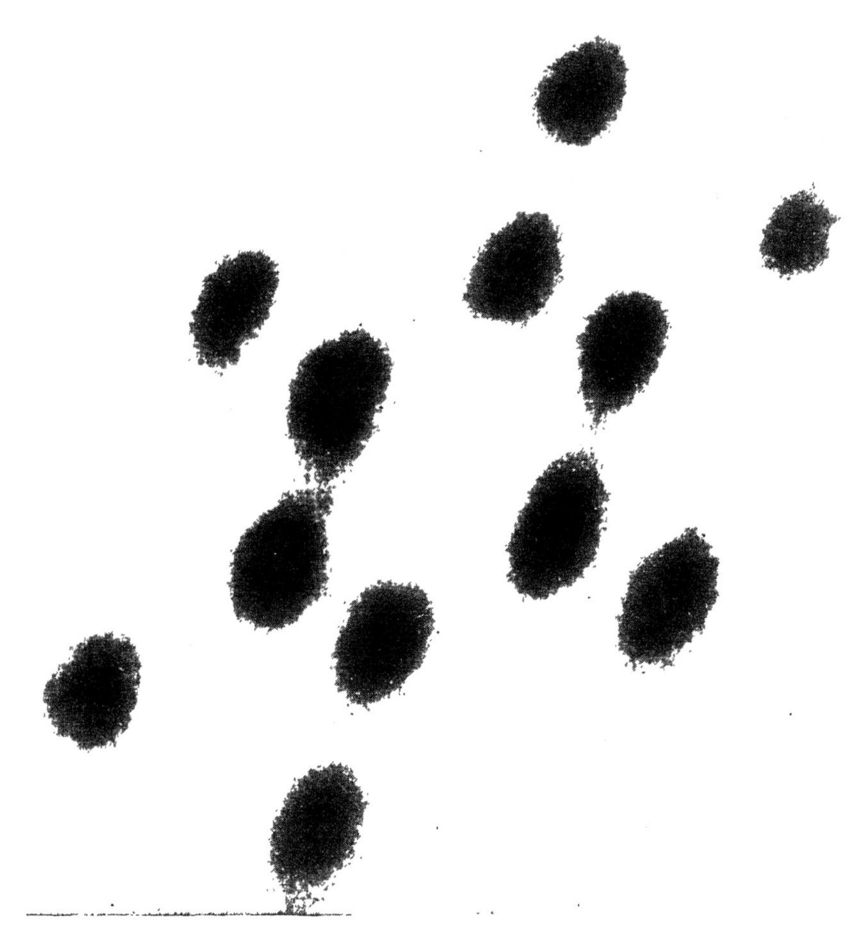

照片 I

放大 175 000 000 倍的六甲基苯分子

（承蒙伊士曼柯达实验室的哈金斯博士提供照片）

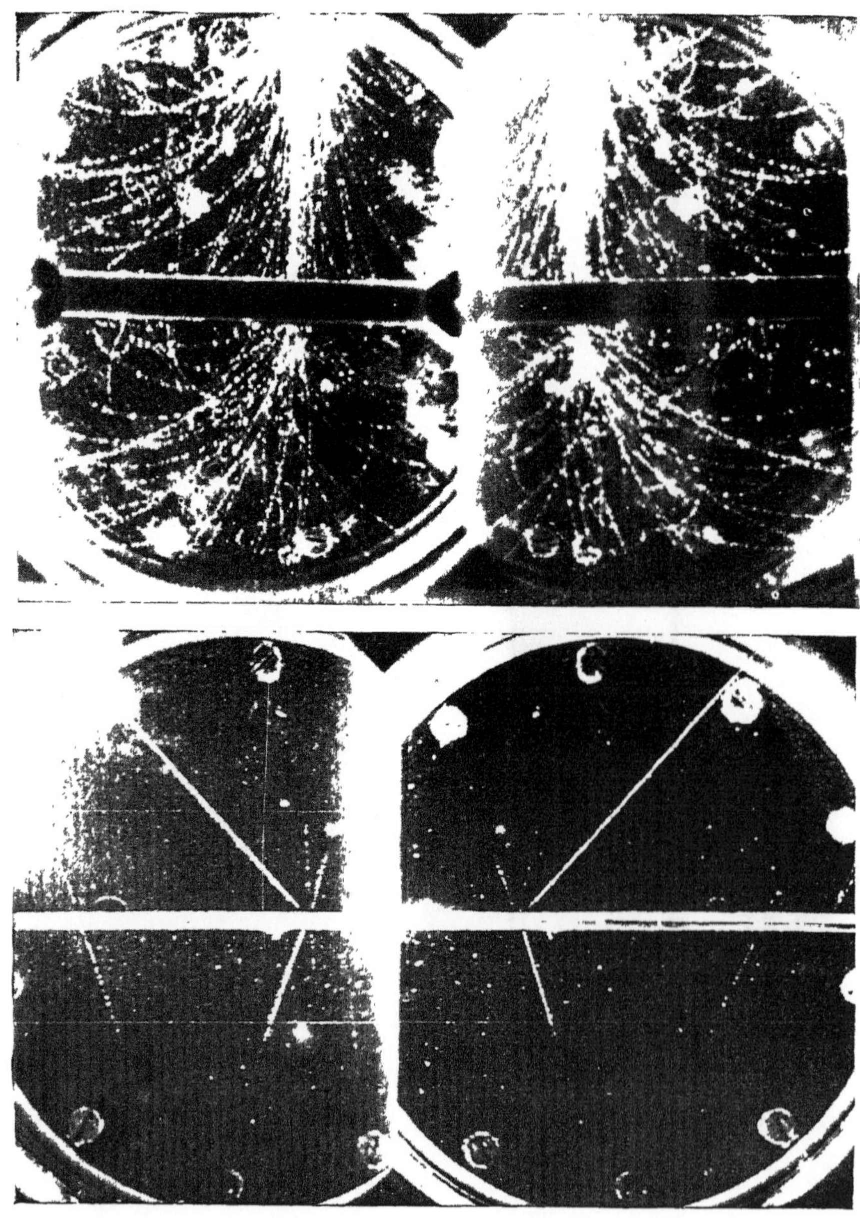

照片 II

A. 云室外壁和中间铅板处的宇宙射线群。组成射线群的正负电荷在磁场中会朝着相反的方向偏离。

B. 宇宙射线粒子在隔板中央引发的核衰变。

［照片由加州理工学院的卡尔·安德森（Carl Anderson）提供］

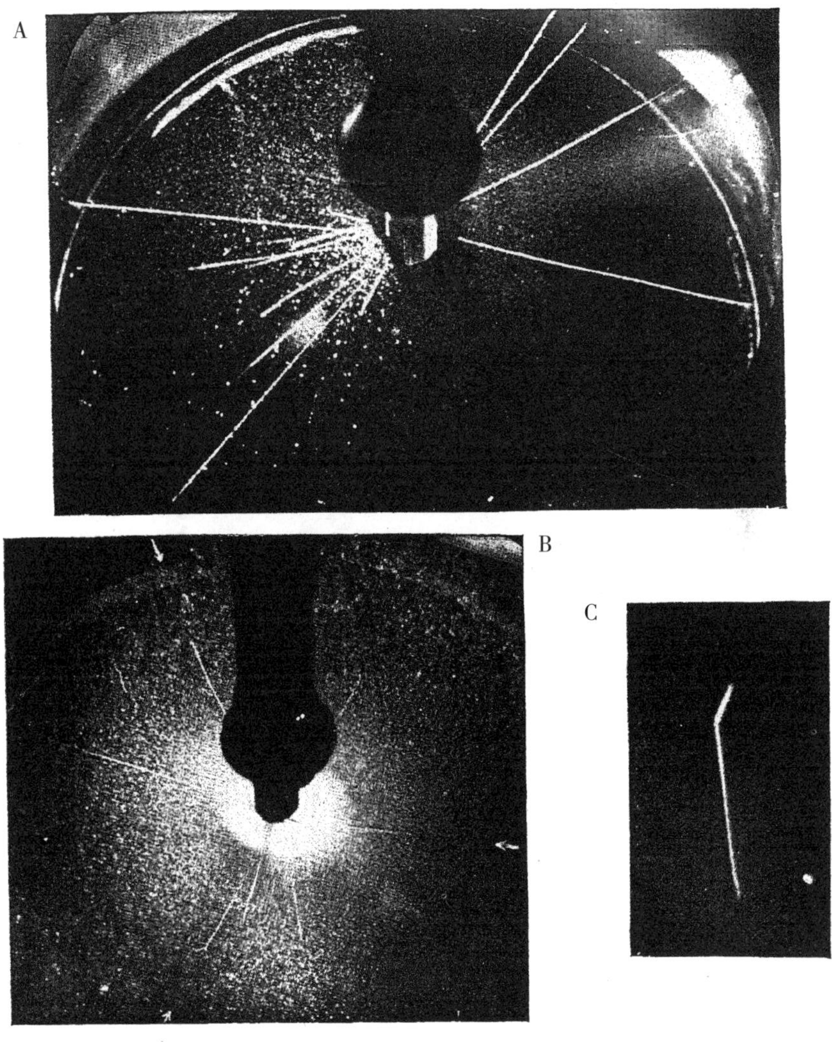

照片Ⅲ

人工加速器的轰击粒子引发的原子核嬗变

A. 一个快速运动的氘核在云室内撞倒了另一个氢气的氘核，形成了一个氚核和一个普通的氢原子核（${}_1D^2+{}_1D^2 \rightarrow {}_1T^3+{}_1H^1$）。

B. 一个快速运动的质子撞倒了一个硼原子核，使硼原子核分裂成三个相同的部分（${}_5B^{11}+{}_1H^1 \rightarrow 3{}_2He^4$）。

C. 一个图中看不到的中子从左向右运动，击碎了一个氮原子核，形成了一个硼原子核（向上的轨迹）和一个氦原子核（向下的轨迹）（${}_7N^{14}+{}_0n^1 \rightarrow {}_5B^{11}+{}_2He^4$）。

［照片由剑桥大学的迪亚（Drs. Dee）和费瑟（Feather）提供］

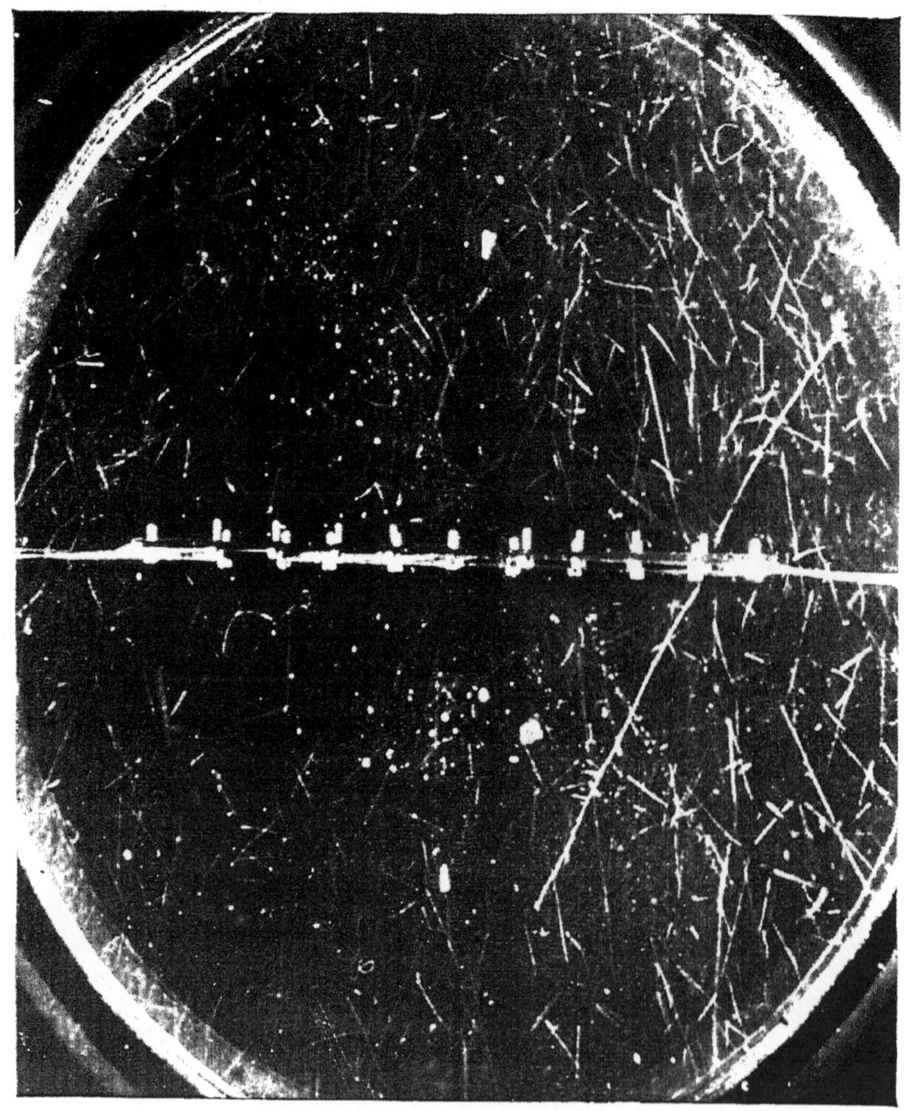

照片Ⅳ

铀核裂变的云室照片。一个中子（照片中显然看不出来）击中横跨云室的一个薄层上的铀原子核。两个轨迹对应的两个裂变碎片分别带着 100 兆电子伏特的能量向外飞去。

［照片由哥本哈根理论物理研究所的 T.K. 伯吉尔德（T. K. Boggild）、K.T. 布罗斯托姆（K. T. Brostrom）以及汤姆·劳利特森（Tom Lauritsen）提供］

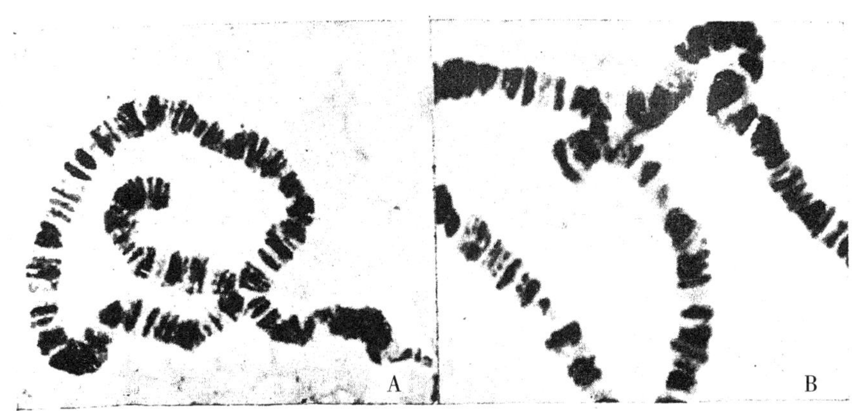

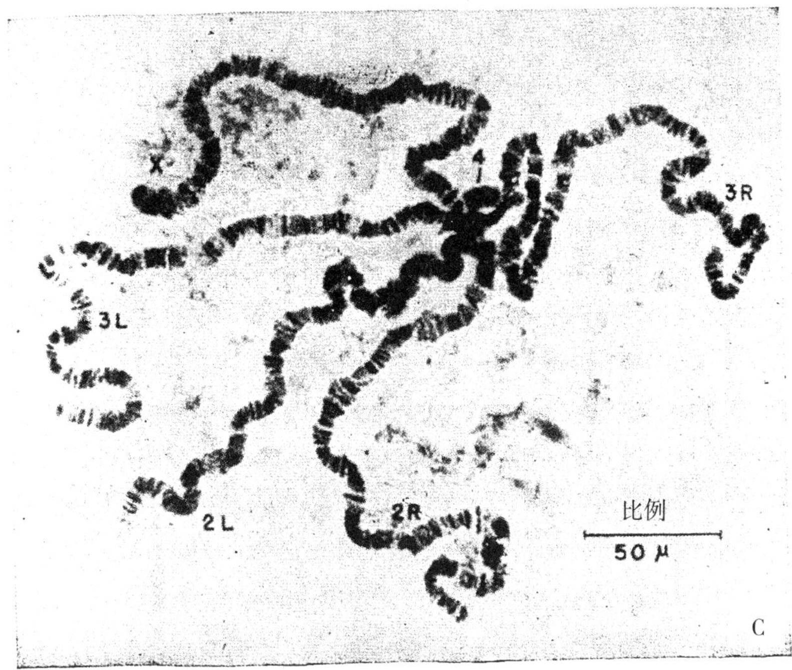

照片 V

图 A、B 为黑腹果蝇唾液腺染色体的显微照片，显示出了基因转位和基因互换。

图 C 为黑腹果蝇雌性幼虫的显微照片。图中的 X 为一对挨在一起的 X 染色体，2L 和 2R 分别为第二对染色体的左右两支，3L 和 3R 分别为第三对染色体的左右两支，标记为 4 的是第四对染色体。

（照片摘自《果蝇指南》，作者 M. 德莫里克，B.P. 卡夫曼，华盛顿卡内基基金会，1945 年。德莫里克先生授权使用）

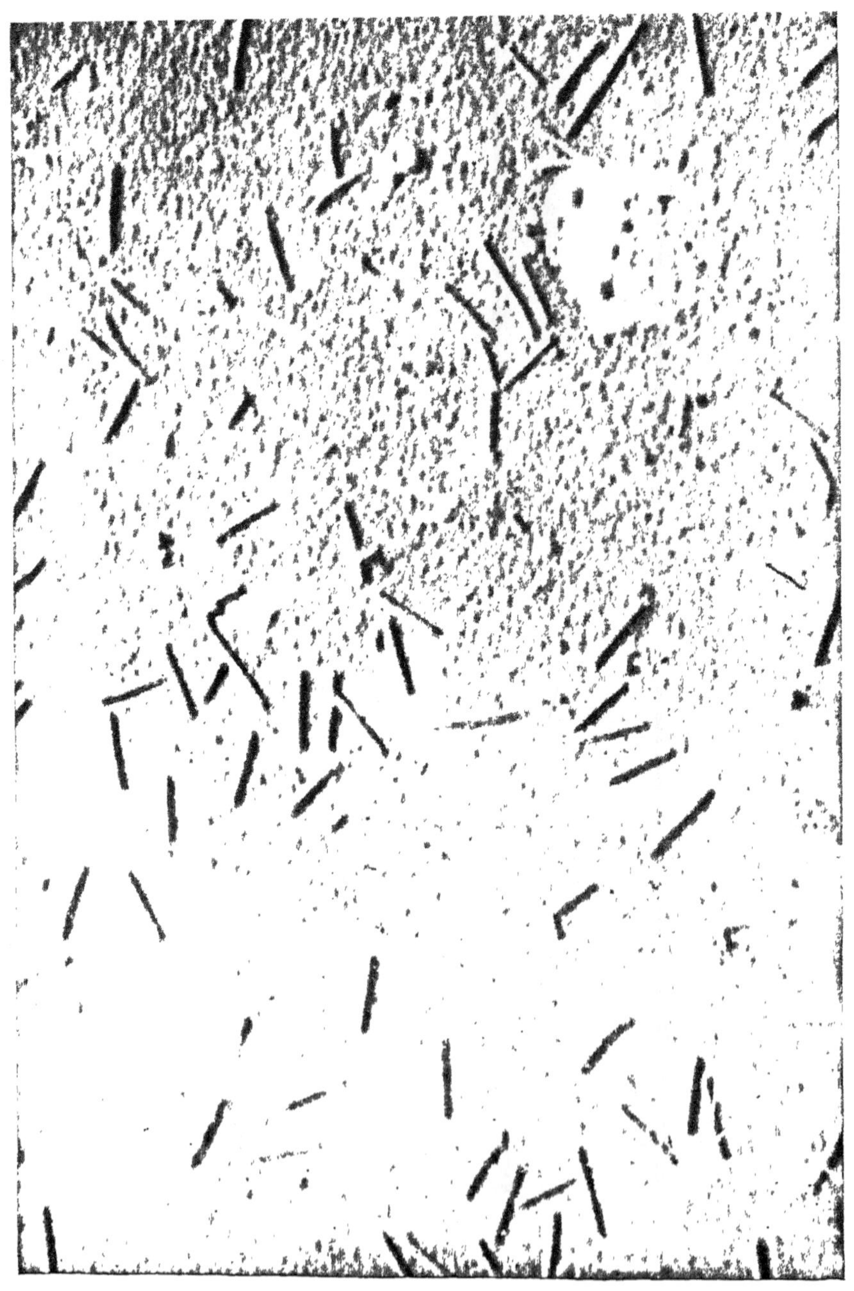

照片Ⅵ

烟草花叶病毒微粒放大了 34 800 倍的照片。这张照片是用电子显微镜拍摄的。

（照片由奥斯特博士和 W.M. 斯塔米博士提供）

A

B

照片Ⅶ

A. 大熊座旋涡星云俯拍图，一座遥远的宇宙岛屿。

B. 后发座旋涡星云侧视图，另一座遥远的宇宙岛屿。

（威尔逊天文台拍摄）

照片Ⅷ

蟹状星云。人们认为蟹状星云的中心星即为中国宋代（约 1054 年）记载的金星座客星爆发后的残骸，蟹状星云则是超新星爆发后，抛出的壳层遗迹。

（照片由威尔逊天文台的 W. 巴德提供）